CUIDAR DA TERRA, PROTEGER A VIDA

Leonardo Boff

CUIDAR DA TERRA, PROTEGER A VIDA

Como evitar o fim do mundo

EDITORA RECORD
RIO DE JANEIRO • SÃO PAULO

2010

CIP-Brasil. Catalogação-na-fonte
Sindicato Nacional dos Editores de Livros, RJ.

B661c Boff, Leonardo, 1938-
Cuidar da Terra, proteger a vida: como evitar o fim do mundo /
Leonardo Boff – Rio de Janeiro: Record, 2010.

Inclui bibliografia
ISBN 978-85-01-09100-0

1. Ecologia. 2. Proteção ambiental. 3. Recursos naturais –
Conservação. 4. Homem – Influência sobre a natureza. 5. Política
ambiental. 6. Espiritualidade. I. Título.

CDD: 363.7
10-3109 CDU: 504.6

Copyright © Animus/Anima Produções Ltda., 2010

Capa: Adriana Miranda
Diagramação de miolo: editoriârte

Todos os direitos reservados. Proibida a reprodução, armazenamento ou
transmissão de partes deste livro, através de quaisquer meios, sem prévia
autorização por escrito.

Este livro foi revisado segundo o novo Acordo Ortográfico
da Língua Portuguesa.

Direitos exclusivos de publicação em língua portuguesa para o Brasil
adquiridos pela
EDITORA RECORD LTDA.
Rua Argentina 171 – Rio de Janeiro, RJ – 20921-380 – Tel.: 2585-2000

Impresso no Brasil

ISBN 978-85-01-09100-0

Seja um leitor preferencial Record.
EDITORA AFILIADA
Cadastre-se e receba informações sobre nossos lançamentos
e nossas promoções.

Atendimento e venda direta ao leitor:
mdireto@record.com.br ou (21) 2585-2002.

À amiga Marina Silva, que representa a mulher e a política do novo paradigma, cujo propósito é cuidar da Terra e salvar a vida humana, especialmente a dos pobres e a dos excluídos.

ÍNDICE

Introdução – O velho agoniza e o novo custa a nascer   11

Capítulo I
Ecologia integral – A Mãe Terra: dignidade e direitos

1. Somos todos africanos   17
2. Eras do humano: espírito, matéria e vida   19
3. Alarme ecológico: ou mudamos ou morremos   22
4. A Terra como Gaia: um desafio ético e espiritual   29
5. A Terra como sujeito de dignidade e de direitos   40
6. Armagedon humano?   47
7. Pode o capitalismo ser suicida?   50
8. Quando começou o nosso erro?   52
9. Resgatar o que perdemos   55
10. O ilimitado respeito a todo ser   57
11. Resgatar o coração   60
12. Argumentos em favor da Terra como Mãe   62

Capítulo II
Espiritualidade da Terra: não há Céu sem Terra

1. Espiritualidade da Terra   71
2. A força curativa da ecologia interior   74
3. O Cristo cósmico e os muitos "cristos" na história   76
4. Ciência e espiritualidade   85
5. Espiritualidade nos negócios   87

8 Leonardo Boff

6. O universo com propósito: a soma não zero 89
7. O resgate da utopia 91
8. A verdadeira alternativa: ou a vida ou a ressurreição 94
9. Amor franciscano 96
10. O eixo do amor: Rûmî e São Francisco de Assis 97
11. Cristianismo e destino humano 108
12. A porção feminina de Deus 113
13. Cristo e Buda se abraçam 119
14. Como pensar Deus e o homem depois do Holocausto? 122
15. Resiliência e drama ecológico 125
16. A centralidade das mulheres para a fé cristã 127
17. Atualidade do zen-budismo em face da crise atual 131
18. Yin e yang e o equilíbrio de que precisamos 135
19. Qual é a felicidade possível nesta vida? 137
20. Felicidade Interna Bruta 141
21. O sentido do humor e da festa 143
22. O Espírito chega antes do missionário 145
23. Como falar diferentemente do amor 147

Capítulo III
Ética ecológica: em busca de uma ética mundial

1. Caminhos da ética hoje 155
2. Em busca de um *ethos* planetário 157
3. A urgência de rever os fundamentos 175
4. Não desperdiçar as oportunidades da crise 177
5. A cosmologia da dominação em crise 180
6. A quem pertence a Terra? 182
7. A crise econômico-financeira: o buraco perfeito 184
8. O caminho mais curto para o fracasso 187
9. Guerra total contra Gaia 189
10. Tendência suicida do capitalismo 191
11. Seremos todos socialistas por razões estatísticas? 194
12. Viver melhor ou bem viver? 196

Cuidar da Terra — proteger a vida   9

13. Consumo solidário e responsável   198
14. Desenvolvimento e sustentabilidade: conceitos em conflito?   200
15. Ética e situações terminais   207

Capítulo IV
Política ecológico-social: quem deve cuidar da Terra?

1. O novo patamar da história: a noosfera   221
2. Quem deve cuidar do planeta?   223
3. O individualismo tem ainda futuro?   225
4. Pessimismo capitalista e darwinismo social   228
5. Pecados do capitalismo: ecocídio, biocídio, geocídio   231
6. Economia rasa e economia profunda   250
7. Como escapar do fim do mundo   253
8. A sociedade mundial da cegueira   257
9. O verdadeiro choque de civilizações   259
10. Uma sagrada aliança entre ciência e religião   261
11. Ecologia e socialismo   263
12. Democracia ecológico-social   268
13. O ser humano entre o poético e o prosaico   273
14. Qual será o próximo passo da humanidade?   275
15. Um sonho bom: o triunfo da razão cordial   284
16. Que futuro nos espera?   288

Capítulo V
Narrativas que fazem pensar

1. O triste fim do puro crescimento material   295
2. Um Deus que sabe chorar   297
3. Cristo chorou sobre o Vaticano   299
4. Jesus teve dúvidas, medo e desesperança   301
5. O feliz casamento entre o Céu e a Terra   304
6. Uma ancestral sabedoria ecológica   306
7. Índios e negros: má consciência para os cristãos   309

10   Leonardo Boff

8. O encanto dos orixás   313
9. A narrativa cosmológica e a questão de Deus   316

Conclusão — A era da mão estendida   323

BIBLIOGRAFIA   327

OUTRAS OBRAS DO AUTOR   331

INTRODUÇÃO

O velho agoniza e o novo custa a nascer

A humanidade se confronta com muitos problemas, alguns conjunturais e outros estruturais, que nos obrigam a pensar e a tomar decisões radicais. Especialmente três são os mais desafiadores: a grave crise social mundial, as mudanças climáticas e a insustentabilidade do sistema-Terra.

A crise social mundial já vem de longa data e está ligada diretamente ao modo de produção que ainda impera em todo o mundo, que é o capitalista. Sua dinâmica leva a uma exacerbada acumulação de riqueza em poucas mãos à custa de uma espantosa pilhagem da natureza e do empobrecimento da grande maioria dos povos. Ela é crescente e os gritos caninos dos famélicos e considerados "zeros econômicos" não podem mais ser silenciados e tornados inaudíveis.

Esse sistema deve ser denunciado como inumano, cruel, sem piedade e hostil à vida. Ele tem uma tendência suicida e se não for superado historicamente, poderá levar o sistema-vida a um grande impasse e eventualmente ao extermínio de porções significativas da espécie humana.

O segundo grave problema é constituído pelas mudanças climáticas, que se revelam por eventos extremos: grandes frios de um lado e prolongadas estiagens de outro. Essas mudanças sinalizam um dado irreversível: a Terra mudou, pois já nos encontramos dentro do aquecimento global, fruto, em grande parte, de

12   Leonardo Boff

séculos de violenta intervenção humana na natureza produzindo gases de efeito estufa que estão elevando a temperatura do planeta a níveis ameaçadores. Até 2°C de aumento o sistema-Terra é ainda administrável, desde que se façam estratégias de adaptação às mudanças e de mitigação de seus efeitos danosos. Se não fizermos o suficiente para estabilizar o estado da Terra e o clima atingir até 4°C de aumento (conforme advertem sérios centros de pesquisa), então a vida, assim como a conhecemos, não será mais possível. Alguns humanos sobreviverão em oásis ou portos de salvação, mas numa Terra devastada e coberta de cadáveres.

Nunca a Humanidade como um todo se confrontou com semelhante alternativa: ou mudar radicalmente ou aceitar a nossa destruição e a devastação da diversidade da vida. A Terra continuará, mas sem nós.

Importa entender que o problema não é a Terra. É nossa relação agressiva e não cooperativa para com seus ritmos e dinâmicas. Ela encontrará um novo equilíbrio, provavelmente reduzindo a biosfera, eliminando seres vivos que nela habitam, não excluindo seres humanos.

O terceiro problema é a insustentabilidade do sistema-Terra. Hoje sabemos empiricamente que a Terra é um superorganismo vivo que harmoniza com sutileza e inteligência todos os elementos necessários para a vida, a fim de continuamente produzir ou reproduzir vidas e garantir tudo o que elas precisam para subsistir.

Ocorre que a excessiva exploração de seus recursos naturais, muitos renováveis e outros não renováveis, fez com que ela não conseguisse, com seus próprios mecanismos internos, se autorreproduzir e autorregular. A humanidade consome atualmente 30% mais do que aquilo que a Terra pode repor. Quer dizer, consumimos hoje o que deveríamos consumir amanhã e depois de amanhã. Dessa forma, ela não se torna mais sustentável e o demonstra pelos muitos desequilíbrios que se notam em todos os quadrantes do planeta. Há crescentes perdas de solos, de ar, de águas, de florestas, de espécies vivas, de oceanos e da própria fertilidade humana. Quando essas perdas vão parar? E se não pararem e continuarem a crescer, qual será o futuro da vida e das condições que permitem à Terra ser nossa Mãe generosa?

Tudo isso nos obriga a uma mudança de paradigma civilizacional. Como está, o mundo não pode continuar. Caso contrário, iremos todos ao encontro do imponderável. Mudança de civilização implica fundamentalmente um novo começo, uma nova relação de sinergia e de mútua pertença Terra e humanidade, a vivência de valores ligados ao capital espiritual, como o cuidado, o respeito, a colaboração, a solidariedade, a compaixão, a convivência pacífica com as diferenças culturais, a tolerância, o amor à condição humana, assim como é uma abertura para as dimensões transcendentes que dizem respeito ao sentido de nossa existência nesta Terra e ao sentido terminal do universo inteiro.

Sem uma espiritualidade, vale dizer, sem uma nova experiência radical do Ser e sem um mergulho na Fonte originária de todos os seres de onde nasce um novo horizonte de esperança, certamente não conseguiremos fazer uma travessia bem-sucedida.

Enfrentamos uma dificuldade que vai ser superada: o velho ainda persiste e o novo custa a nascer. Mas vai nascer e fazer outra história melhor.

O título deste livro revela nossa preocupação e nossa esperança: *Cuidar da Terra − proteger a vida: como escapar do fim do mundo*. Os temas aqui abordados recolhem reflexões que o autor vem fazendo ao longo dos últimos anos, participando de muitos fóruns, nacionais e internacionais, auscultando os anseios dos movimentos sociais populares e colaborando na redação de textos importantes, como a Carta da Terra e a Declaração Universal do Bem Comum da Terra e da Humanidade, que se pretendem inspiradores de princípios e valores de um novo ensaio civilizatório.

Vivemos tempos urgentes. São as urgências que nos fazem pensar e são os perigos que nos obrigam a criar arcas de Noé que nos poderão salvar a todos. Oferecemos a nossa humilde contribuição a todos os que, inconformados com a atual situação da Terra, ainda assim creem que está ao nosso alcance construir um mundo do "bem viver", em harmonia com todos os seres e com as energias da natureza e, principalmente, em cooperação com todos os seres humanos e numa profunda reverência para com a Mãe Terra.

Leonardo Boff
Petrópolis, Páscoa de 2010

CAPÍTULO I

ECOLOGIA INTEGRAL — A MÃE TERRA: DIGNIDADE E DIREITOS

1. Somos todos africanos

Sempre que entram em crise, as civilizações começam a olhar para o seu passado, buscando inspiração para o futuro. Hoje estamos no coração de uma fenomenal crise planetária que afeta todas as culturas e todos os povos. Ela pode significar um salto rumo a um estado superior da hominização, bem como uma tragédia devastadora para toda a nossa espécie. Num momento assim radical, não é sem interesse sondar as nossas raízes mais ancestrais e aquele começo seminal em que deixamos de ser primatas e passamos a ser humanos. Aqui deve haver lições que nos podem ser muito úteis.

Hoje é consenso entre os paleontólogos e antropólogos que a aventura da hominização se iniciou na África, cerca de sete milhões de anos atrás. Ela se acelerou passando pelo *homo habilis, erectus, neanderthalense* até chegar ao *homo sapiens* cerca de cem mil anos atrás. Da África ele se propagou para a Ásia, há 60 mil anos, para a Europa, há 40 mil anos, e para as Américas, há 30 mil anos.

A África não é apenas o lugar geográfico de nossas origens. É o arquétipo primal, o conjunto das marcas, impressas na alma

18 Leonardo Boff

do ser humano, presentes ainda hoje como informações indeléveis, à semelhança daquelas inscritas em nosso código genético. Foi na África que o ser humano elaborou suas primeiras sensações, onde se articularam as crescentes conexões neurais (cerebralização), brilharam os primeiros pensamentos, se fortaleceu a juvenilização (processo semelhante ao de um jovem que mostra plasticidade e capacidade de aprendizagem) e emergiu a complexidade social que permitiu o surgimento da linguagem e da cultura. Há um espírito da África presente em cada um dos seres humanos.

Vejo três eixos principais do espírito da África que podem significar verdadeira terapia para a nossa crise global.

O primeiro é a *Mãe Terra*. Espalhando-se pelos vastos espaços africanos, nossos ancestrais entraram em profunda comunhão com a Terra, sentindo a interconexão que todas as coisas guardam entre si. Mesmo mais tarde sendo vítimas da exploração colonialista, os atuais africanos não perderam esse sentido materno da Terra, tão bem representado pela queniana Wangari Mathai, ganhadora do Prêmio Nobel da Paz por plantar milhões de árvores e devolver, assim, vitalidade à Terra. Precisamos nos reapropriar desse espírito da Terra para salvar Gaia, nossa Mãe e única Casa Comum.

O segundo eixo é a *matriz relacional (relational matrix*, no dizer dos antropólogos). Os africanos usam a palavra *ubuntu*, que significa "a força que conecta a todos", formando a comunidade dos humanos. Quer dizer, eu me faço humano através do conjunto das conexões com a vida, com a natureza, com os outros e com o Divino. O que a física quântica e a nova cosmologia ensinam acerca de interdependência de todos com todos é uma evidência para o espírito africano.

A essa comunidade pertencem os mortos. Eles não vão ao Céu, pois o Céu não é um lugar geográfico, mas um modo de ser

Cuidar da Terra — proteger a vida   19

deste nosso mundo. Os mortos continuam no meio do povo como conselheiros e guardiães das tradições sagradas. Eles não são ausentes. São apenas invisíveis.

O terceiro eixo são os *rituais*. Experiências importantes da vida pessoal, social e sazonal são celebradas com ritos, danças, músicas e apresentações de máscaras, portadoras de energia cósmica. É nos rituais que as forças negativas e positivas se equilibram e se aprofunda o sentido da vida.

2. Eras do humano: espírito, matéria e vida

As sínteses históricas são, amiúde, arbitrárias. A nossa também o é. Mas elas atendem a uma exigência por marcos orientadores que nos ajudam a entender a nós mesmos e nossa própria história. Fazemos então uma espécie de leitura de cego, que capta apenas os pontos relevantes. Vejo três grandes percursos, verdadeiras eras, que assinalam as relações do ser humano com a natureza e com o universo.

A primeira é a era do *espírito*. Ela plasmou as culturas originárias e ancestrais. Os seres humanos sentiam-se movidos por forças que agiam no cosmos e realidades numinosas e omni-englobantes que lhes conferiam proteção e segurança. Era a experiência xamânica do espírito que perpassava todas as coisas, criando uma *union mystique* com todos os seres e dando a percepção de pertença a um todo maior.

Grandes símbolos, ritos e mitos davam corpo a essa experiência fontal. Foi então que se projetaram imagens do Divino. Essas imagens, continuando imagens, significavam também centros energéticos da vida e da natureza com os quais o ser humano devia se confrontar e ouvir seus apelos. Havia também todos os avatares da condição humana, mas era o espiritual que dava sen-

20 Leonardo Boff

tido a todas as instâncias. Essa era marcou nosso inconsciente coletivo até os dias atuais. Por isso há um transfundo espiritual em nossa existência que nenhum secularismo, agnosticismo e ateísmo pode apagar.

A segunda é a era da *matéria*. Os seres humanos descobriram a força física da matéria e da natureza. Já não viam aí uma imagem do Divino. Era um objeto para o seu uso. A agricultura do neolítico há 10 mil anos revela a presença dessa era. Surgiram as vilas, as cidades, os primeiros Estados e impérios e com eles as leis, a burocracia, as hierarquizações e a guerra.

Os pais fundadores do método científico, como Descartes e Francis Bacon, deram-lhe um quadro teórico, dizendo que a natureza não tem consciência, portanto podemos tratá-la como queremos. Ela é apenas uma *res extensa*, uma coisa que está aí, mensurável e quantificável. Interferiram nela num ritmo acelerado, com o processo industrialista, até chegar ao mundo atômico, subatômico, da genética e da nanotecnologia.

O ser humano acumulou um poder imenso, especialmente destruidor, cuja primeira amostra, assustadora, foi a construção da bomba atômica e seu lançamento sobre Hiroshima e Nagasaki. Hoje esse poder pode danificar profundamente a biosfera e, no limite, pôr fim à espécie humana.

As forças espirituais e psíquicas da era anterior foram consideradas magia e superstição e, como tais, combatidas. A concentração nessa experiência introduziu a profanidade e a secularização. O que conta é o mundo, e não Deus e o universo dito "sobrenatural".

Deus é pensado sem o mundo, fazendo com que surgisse um mundo sem Deus. Operou-se pelas energias arrancadas da matéria a dominação da natureza e a ilimitada exploração de suas riquezas em função da acumulação privada sem solidariedade social.

Atualmente, dada a voracidade produtivista e consumista, ultrapassamos os limites de suporte da Terra e dispomos de meios de nos destruir totalmente. Mas surgiu também uma nova responsabilidade e a exigência de uma ética do cuidado.

Estamos entrando agora na era *da vida*. A vida une matéria e espírito. Ela representa uma possibilidade da matéria quando distante do equilíbrio e em contexto de alta complexidade. Então irrompe a vida como um imperativo cósmico, como pensam alguns biólogos e astrofísicos.

Para eclodir, a vida supõe a teia de interdependências do físico com o químico, da biosfera com a hidrosfera, com a atmosfera e com a geosfera. Tudo está ligado à vida, seja como precondição, seja como ambiente. Portanto, ela ocupa a centralidade. Formou-se uma comunidade de vida, pois todos os seres vivos, e também o ser humano, são construídos a partir de um código genético comum, os 30 aminoácidos e os quatro ácidos nucleicos.

No conjunto dos seres, o ser humano, por ser portador de consciência e inteligência, tem esta missão: de ser o jardineiro e curador da vida. A ele cabe salvaguardar a vida de Gaia, preservar a biodiversidade e garantir um futuro para si e para todos. É o desafio do atual momento de aquecimento global.

A era da vida está ameaçada. Urge manter as condições de sua continuidade e coevolução. A vida, e não o crescimento, deveria ser o grande projeto planetário e nacional. Não perceber esse deslocamento é autoenganar-se, como estão fazendo as grandes potências econômicas, interessadas mais em salvar o sistema econômico-financeiro do que a vida e as condições de vitalidade da Terra.

O bom tempo nos conclama à sabedoria bíblica: "Eu lhes proponho a vida ou a morte. Escolha, pois, a vida, para que você e seus descendentes possam viver" (Deut. 30,19).

Ou escolhemos a vida e reforçamos a era da vida ou conheceremos o inominável e o inimaginável.

A antropologia social relevou a importância dos ritos e das festas sociais. É por tais eventos que a sociedade refaz suas rela-

22   Leonardo Boff

ções, que podem, com o correr do tempo, desgastar-se, cria a coesão social e vive o lado gratuito e gratificante da existência. Nem tudo é trabalho e luta. Há a celebração da vida, da *grandeur* do universo, o resgate das memórias coletivas e a recordação das vitórias sobre ameaças vividas.

Se reincorporarmos o espírito da África, a crise não precisará ser uma tragédia, mas a passagem purificadora para outro patamar de história e de consciência.

3. Alarme ecológico: ou mudamos ou morremos

Os impasses da expressão "desenvolvimento sustentável"

A expressão "desenvolvimento sustentável", cunhada pelo Relatório Brundland da ONU em 1972, entrou em todos os documentos oficiais dos organismos internacionais e nas políticas governamentais dos países e das próprias empresas.

Desde o início, porém, a expressão sofreu críticas significativas, por causa da contradição que se verificava nos próprios termos, pois eles conflitam. A questão não é apenas de termos. É que os termos ocultam uma dinâmica do processo de crescimento/desenvolvimento que entra em choque com a sustentabilidade.

A categoria *desenvolvimento* é tirada da economia realmente existente, que é a capitalista, ordenada pelos mercados hoje mundialmente articulados. Ela possui uma lógica interna fundada na exploração sistemática e ilimitada de todos os recursos da Terra para atingir estes três objetivos fundamentais: aumentar a produção, potenciar o consumo e gerar riqueza. Esse tripé constitui ainda hoje o objetivo das políticas governamentais de todos os países. Ai do país que não apresentar anualmente bons índices de crescimento em seu PIB.

Essa lógica implica uma lenta, mas progressiva, extenuação dos recursos naturais, devastação dos ecossistemas e considerável extinção de espécies, na ordem de três mil por ano, quando o normal no processo de evolução é de 300.

Em termos sociais, essa mesma lógica cria crescentes desigualdades sociais, pois se rege não pela cooperação e solidariedade, mas pela competição e pela mais feroz concorrência. Mais da metade da humanidade vive na pobreza.

Esse modelo hoje globalizado parte na crença de dois infinitos. O primeiro infinito é o de que a Terra possui recursos ilimitados. Podemos continuar a explorá-la indefinidamente. O segundo é o de que o crescimento pode ser infinito e sempre, ano após ano, apresentar índices positivos.

Ambos os infinitos, porém, são ilusórios. A Terra não é infinita, pois se trata de um planeta pequeno, com recursos limitados, muitos deles não renováveis. E o crescimento também não pode ser infinito porque não pode ser universalizado. Como foi já calculado, precisaríamos então de outras três Terras iguais a esta.

Hoje nos damos conta de que o planeta Terra já não aguenta mais a voracidade e a violência desse modo de produção e de consumo. Alguns analistas, como Eric Hobsbawn, da parte da história, e James Lovelock, da parte da ciência, afirmam: ou mudamos de rumo ou poderemos conhecer o mesmo destino dos dinossauros.

Nossa geração criou, pela primeira vez na história humana, os meios de sua completa destruição através de armas químicas, biológicas e nucleares. Os efeitos das bombas atômicas sobre Hiroshima e Nagasaki e o acidente da usina atômica de Chernobyl nos deram os terríveis sinais de uma Terra completamente devastada e inabitada pelos seres humanos. Logicamente, gran-

24 Leonardo Boff

de parte do sistema-vida (95% são invisíveis), feita de microrganismos, bactérias, fungos e vírus, continuaria quase indiferente ao nosso trágico destino. Nós, porém, teríamos sido banidos do cenário da evolução.

A crise é sistêmica e paradigmática. Reclama outro projeto civilizatório alternativo a este imperante se quisermos salvar Gaia e garantir um futuro para a humanidade.

A segunda categoria, *sustentatibilidade*, provém das ciências da vida, da biologia e da ecologia. A sustentabilidade sinaliza que no processo evolucionário e na dinâmica da natureza vigoram interdependências, redes de relações inclusivas, mutualidades e lógicas de cooperação que permitem que todos os seres convivam, coevoluam e se ajudem mutuamente para se manter vivos e garantir a biodiversidade. A sustentabilidade vive do equilíbrio dinâmico, aberto a novas incorporações, e da capacidade de transformar o caos em novas ordens (estruturas dissipativas de Ilya Prigogine).

A Convenção sobre a Biodiversidade de 1993, no artigo 10, define assim o uso sustentável dos recursos naturais: "A utilização de componentes da diversidade biológica de modo e em ritmo tais que não levem, no longo prazo, à diminuição da diversidade biológica, mantendo, assim, seu potencial para atender às necessidades e aspirações de gerações presentes e futuras."

Essa concepção, conceitualmente correta, está, de fato, em conflito com a dinâmica da economia realmente existente. "Desenvolvimento" e "sustentabilidade" representam lógicas opostas e contraditórias. São termos que se repugnam. A expressão "desenvolvimento sustentável" como proposta global para sairmos da crise mundial é um engodo. Senão vejamos.

O Relatório de Avaliação Ecossistêmica do Milênio, que envolveu mais de dois mil cientistas, divulgado pela ONU em 2005, apresenta cenários preocupantes: "As atividades antrópicas estão mudando fundamentalmente e, em muitos casos, de forma irreversível a diversidade da vida no planeta Terra... As projeções e cenários indicam que essas taxas vão continuar ou se acelerar, no futuro... É improvável que os níveis atuais da biodiversidade possam ser mantidos globamente apenas com base em considerações utilitárias."

O mesmo documento suscita questões que podem pôr em risco o futuro de todos: "Até quando os ecossistemas do planeta suportarão a ação predatória do homem? É possível reverter esse processo de degradação ambiental e social? Qual o futuro caso sejam mantidos os atuais padrões de produção e consumo?"

Apesar das críticas, importa reconhecer que o conceito "desenvolvimento sustentável" pode ser útil para qualificar um tipo de desenvolvimento em regiões delimitadas e em ecossistemas definidos. Quer dizer, é possível existir a preservação do capital natural, vigorar um uso racional dos recursos e manter-se a capacidade de regeneração de todo o ecossistema. Assim, por exemplo, é possível, mantendo a floresta amazônica de pé, desenvolver um manejo tal de suas riquezas naturais que ela conserve sua integridade, aberta a atender a demandas das gerações presentes e futuras. Mas em termos de estragégias globais que envolvem todo o planeta com seus ecossistemas, o paradigma utilitarista, devastador e consumista imperante produz uma taxa de iniquidade ecológica e social insuportável pelo sistema-Terra.

Em razão dessas constatações sinistras, cresce mais e mais a convicção de que a crise não poderá ser resolvida com medidas somente políticas e técnicas. Elas, embora necessárias, são, no entanto, paliativas. *A solução demanda uma coalização de forças mundiais ao redor de uma nova sensibilidade ética, novos valores, outras formas de relacionamento com a natureza e novos padrões de produção e consumo*. Numa palavra, faz-se urgente um novo paradigma de convivência natureza, Terra e Humanidade que dê centralidade à vida, mantenha sua diversidade natural e cultural e garanta o substrato físico-químico-ecológico para sua perpetuação e ulterior coevolução.

A exigência de uma nova ética

É aqui que entronca a questão da *ética*. Como nunca antes na história do pensamento, a palavra *ethos*, em seu sentido originário, ganha atualidade. *Ethos* em grego significa a *morada humana*, aquele espaço da natureza que reservamos, organizamos e cuidamos para fazê-lo nosso hábitat. A partir dele nos enraizamos, estabelecemos nossas relações e elaboramos o sentimento tão decisivo para a felicidade humana que é o de "sentir-se em casa".

Ocorre que *ethos* hoje não é apenas a morada que habitamos, a cidade na qual vivemos, o país ao qual pertencemos. *Ethos* é a Casa Comum, o planeta Terra. Precisamos de um *ethos* planetário. Como fazer com que essa única Casa Comum possa incluir a todos, possa se regenerar das chagas que, por séculos, lhe infligimos, possa se manter viva e assegurar sua integridade e beleza?

Essa ética não pode ser imposta de cima para baixo. Ela deve nascer da essência do humano. Deve poder ser compreendida por todos. E praticada por todos sem a necessidade de mediações explicativas complexas que mais confundem do que convencem.

Ela supõe uma nova ótica que dê as boas razões para a nova ética e seus valores.

Quero apoiar-me em dois documentos que já recolhem certo consenso oficial. Eles podem ser guias para o tema da ética e da nova sustentabilidade.

Cuidar da Terra — proteger a vida   27

O primeiro é internacional, assumido pela Unesco em 2000: a Carta da Terra, um documento que coloca a Terra, a vida e a humanidade no centro das preocupações políticas econômicas e espirituais. O outro é latino-americano e representa o pensamento de ministros do Meio Ambiente da América Latina e do Caribe de 2002 que leva como título *Manifesto por la vida. Por una ética para la sustentabilidad* (México, 2003). Ambos os documentos têm muito em comum com as Metas do Milênio da ONU.

Utilizo livremente as proposições daqueles textos, dando-lhes uma elaboração pessoal.

O pano de fundo é bem expresso na introdução da Carta da Terra: "As bases da segurança global estão ameaçadas." Essa situação nos obriga a "viver um sentido de responsabilidade universal, identificando-nos com toda a comunidade de vida terrestre, bem como com a nossa comunidade local". A situação é tão urgente que obriga a "humanidade a escolher o seu futuro. A escolha é: *ou formar uma aliança global para cuidar da Terra e uns dos outros ou arriscar a nossa destruição e a devastação da diversidade da vida*".

Posta essa plataforma — continua a Carta da Terra — "necessitamos com urgência de uma visão compartilhada de valores básicos para proporcionar um fundamento ético à comunidade mundial emergente".

De uma nova ótica para uma nova ética

Essa *ética* deve nascer de uma nova *ótica*. Caso contrário, não inaugura o novo paradigma e representaria apenas uma melhoria do antigo modo de viver.

A nova ótica é: "A humanidade é parte de uma vasto universo em evolução; a Terra, nosso lar, está viva (nota minha: é

Gaia, superorganismo vivo) com uma comunidade de vida única; a Terra providenciou as condições essenciais para a evolução da vida; cada um compartilha da responsabilidade pelo presente e pelo futuro, pelo bem-estar da família humana e de todo o mundo dos seres vivos; o espírito de solidariedade humana e de parentesco com toda vida é fortalecido quando vivemos com reverência o mistério da existência, com gratidão pelo dom da vida e com humildade o lugar que o ser humano ocupa na natureza."

Terra, vida e humanidade são expressão de um mesmo e imenso processo evolucionário que se iniciou há 13 bihões de anos. Terra, vida e humanidade formam uma única realidade complexa e diversa. É o que nos testemunham os astronautas quando veem a Terra lá de fora a partir de suas naves espaciais: Terra, biosfera e humanidade não podem ser distinguidas, formam uma única e irradiante unidade. Tudo é vivo. A Terra é Gaia. O ser humano (cuja origem filológica vem de *humus* = terra fértil e boa) é a própria Terra que sente, que pensa, que ama, que cuida e que venera. Terra e humanidade possuem a mesma origem e o mesmo destino.

A missão do ser humano, como portador de consciência, inteligência, vontade e amor, é a de ser o cuidador da Terra, o jardineiro deste esplêndido jardim do Éden.

Ocorre que na história ele se mostrou, em muitas ocasiões, o Satã da Terra e, em outras, transformou o jardim do Éden num matadouro, para usar uma expressão do especialista em biodiversidade, Edward Wilson. Mas sua vocação é ser o guardião de todo ser.

Essa vocação e missão devem ser hoje urgentemente despertadas, pois a Terra, a vida e a humanidade estão doentes e ameaçadas em sua integridade. Temos condições de destruir o projeto planetário humano e devastar grande parte da biosfera. Daí ser urgente um novo padrão de comportamento e de virtudes de cuidado, de corresponsabilidade, de cooperação e de uso solidário dos bens da Terra, que nos possam salvar de um destino trágico. Sucintamente, como o formulou a Carta da Terra: em todos os âmbitos da atividade humana precisamos *"viver um modo sustentável de vida"*. Esse é o novo princípio civilizatório, um sonho promissor para o futuro da vida.

Mais do que falar de um "desenvolvimento sustentável", importa garantir a sustentabilidade da Terra, da vida, da sociedade e da humanidade. Como bem dizia o Manifesto para a Vida: "A ética da sustentabilidade coloca a vida acima do interesse econômico-político ou prático-instrumental; a ética da sustentabilidade é uma ética para a renovação permanente da vida, da qual tudo nasce, cresce, adoece, morre e renasce."

O resultado desse novo padrão ético é aquilo que mais buscamos nos dias atuais, a paz. Na bela e pertinente definição que a Carta da Terra dá, a paz é "a plenitude criada por relações corretas consigo mesmo, com outras pessoas, com outras culturas, com outras vidas, com a Terra e com o Todo maior do qual somos parte" (n. 16 f).

A humanidade precisa dar esse novo passo na direção de um outro tipo de futuro. A situação atual é de crise, e não de tragédia. Como de outras vezes, seguramente ela encontrará um novo patamar de realização da vida e de seu destino.

4. A Terra como Gaia: um desafio ético e espiritual

Até o advento da ciência moderna, com os pais fundadores do paradigma científico vigente, Descartes, Galileu Galilei e principalmente Francis Bacon, a Terra era sentida e vivida como uma realidade viva e irradiante que inspirava temor, respeito e veneração.

30 Leonardo Boff

A partir da razão instrumental-analítica dos modernos, ela passou a ser vista simplesmente como *res extensa*, um objeto inerte e sem inteligência, entregue ao ser humano para nela expressar sua vontade de poder e de intervenção criativa e destrutiva. Esse olhar permitiu que surgisse o propósito de explorar de forma ilimitada todos os seus recursos e serviços até chegarmos aos níveis atuais de verdadeira devastação da biodiversidade, a quebra do equilíbrio dos ecossistemas e o surgimento do aquecimento global.

Na contracorrente desse processo destrutivo, emerge surpreendentemente uma nova percepção de que Terra e humanidade têm a mesma origem e o mesmo destino e que dispomos de condições de transformar a possível tragédia numa crise de passagem para um outro paradigma de cuidado e de sustentação de toda a vida.

Esse novo estado de consciência se funda nos conhecimentos das ciências da Terra, da nova biologia, da moderna cosmologia e da astrofísica e, não em último lugar, da ecologia do profundo. Daqui nasce um novo encantamento pela Terra, uma nova utopia que pode nos encher de esperança e nos animar a práticas benevolentes de resgate, conservação e expansão da vida e da Terra como sistema vivo.

A Terra vista de fora da Terra

Convincente introdução a essa nova visão nos é oferecida pelos astronautas, pois eles puderam ver a Terra de fora. O testemunho do astronauta Russel Scheickhart resume muitos outros relatos: "Vista a partir de fora, você percebe que tudo o que lhe é significativo, toda a história, a arte, o nascimento, a morte, o amor, a alegria e as lágrimas, tudo isso está naquele pequeno ponto azul e branco que você pode cobrir com seu polegar. E a partir daquela perspectiva se entende que tudo mudou, que começa a existir algo novo, que a relação não é mais a mesma de antes" (White, *Overview effect*, 1987, 34).

Efetivamente de lá, da nave espacial ou da Lua, a Terra emerge como um corpo celeste na imensa cadeia cósmica. É o terceiro planeta do Sol, de um sol que é uma estrela média entre outros bilhões de sóis de nossa galáxia, galáxia que é uma entre outras cem bilhões de galáxias ou conglomerados de galáxias. O sistema solar dista 28 mil anos-luz do centro de nossa galáxia, a Via Láctea, na face interna do braço espiral de Orion.

Como testemunhou Isaac Asimov em 1982, a pedido da revista do jornal *The New York Times*, celebrando os 25 anos do lançamento do Sputinik, que inaugurou a era espacial: o legado desse quarto de século espacial é a percepção de que, na perspectiva das naves espaciais, a Terra e a humanidade formam *uma única entidade* (*New York Times*, 9/10/82). Quer dizer, formamos um único ser, complexo, diverso, contraditório e dotado de grande dinamismo que modernamente se convencionou chamar de Gaia.

Tal asserção pressupõe que o ser humano não está apenas sobre a Terra. Não é um peregrino errante, um passageiro vindo de outras partes e pertencendo a outros mundos. Não. Ele é feito de *húmus* (terra fértil), donde vem a palavra homem (*homo* em latim). Ele é *Adam* (que em hebraico significa o filho da Terra), que nasceu de *Adamah* (Terra fecunda). Ele é filho e filha da Terra. Mais ainda, ele é a própria Terra que, num momento avançado de sua evolução, começou a sentir, a pensar, a amar e a venerar.

Nunca mais sairá da consciência humana a convicção de que somos Terra e de que o nosso destino está indissociavelmente ligado ao da Terra e ao do cosmos onde se insere a Terra (Capra, F./Steindal-Rast, 1993).

32 Leonardo Boff

Essa percepção de mútua pertença e de unidade orgânica Terra-humanidade resulta cristalinamente da moderna biologia genética e molecular, da teoria da complexidade e do caos (Gleick, *Chaos*, 1988). A vida representa uma emergência de todo o processo evolucionário, desde as energias e partículas mais originárias, após o *big bang*, passando pelo gás primordial, às supernovas, às galáxias, às estrelas, à geosfera, à hidrosfera, à atmosfera e finalmente à biosfera, da qual irrompe a antroposfera (e para os cristãos a cristosfera), e com a globalização à noosfera, no sentido de Teilhard de Chardin.

A vida, que já possui 3,8 bilhões de anos, resulta em sua complexidade, auto-organização, panrelacionalidade e auto-transcendência das potencialidades do próprio universo. Ilya Prigogine, químico-físico russo-belga, Prêmio Nobel de Química (1977), estudou como funciona a termodinâmica em sistemas vivos que se apresentam sempre como *sistemas abertos,* por isso com um equilíbrio frágil e em permanente busca de adaptação (*Order out of Chaos*, 1984).

Eles trocam continuamente energia com o meio ambiente. Produzem entropia e ao mesmo tempo escapam da entropia pelo fato de metabolizar a desordem e o caos e os transformar em ordens complexas que se auto-organizam, fugindo, assim, à entropia (produzem negentropia, que é sintropia). Eles vêm dotados, segundo Prigogine, de *estruturas dissipativas*, conceito que se aplica a todos os processos vitais.

Por exemplo, os fótons do Sol são para ele, o Sol, inúteis, energia que escapa ao queimar o hidrogênio do qual vive. Esses fótons, que são desordem (lixo), servem de alimento para as plantas ao processar a fotossíntese. Por ela, sob a luz solar, decompõem o dióxido de carbono, alimento para elas, e liberam o oxigênio, necessário para a vida.

O que é desordem para um serve de ordem para outro. É através de um equilíbrio dinâmico entre ordem e desordem (Dopo,

Ordres et désordres, 1982) que a vida se mantém (Ehrlich, *O mecanismo da natureza*, 239-290). A desordem obriga a criar novas formas de ordem, mais altas e complexas, com menos dissipação de energia. A partir dessa lógica, o universo caminha para formas cada vez mais complexas de vida e, assim, para uma redução da entropia.

No nível humano e espiritual se originam formas de relação e de vida nas quais predomina a sintropia sobre a entropia. O pensamento, a solidariedade, o amor são energias fortíssimas, com escasso nível de entropia e alto nível de sintropia. Nessa perspectiva, temos pela frente não a morte térmica, mas a transfiguração do processo cosmogênico em ordens supremamente ordenadas e vitais.

Gaia: o novo olhar sobre a Terra

A vida não está apenas sobre a Terra e ocupa partes da Terra (biosfera). A própria Terra, como um todo, se anuncia como um macrorganismo vivo. O que as mitologias dos povos originários do Oriente e do Ocidente testemunhavam acerca da Terra como a Grande Mãe vem mais e mais sendo confirmado pela ciência experimental contemporânea (Neuman/Kerény, 1989). Baste-nos a referência às investigações do médico e biólogo inglês James E. Lovelock e da bióloga Lynn Margulis e outros (Lovelock, 1989, 1991, 2006, Gaia; Sahtouris, 1989, Gaia; Lutzemberger, 1990, Gaia; Lynn Margulis, 1990, Microcosmos).

Sustentam que a Terra é um imenso superorganismo vivo que se auto-organiza e autorregula. Lovelock elaborou a hipótese Gaia, a partir de 2001, já aceita como teoria científica. Gaia é um dos nomes mitológicos gregos para denominar a Terra viva e fecunda. Assevera Lovelock: "Definimos a Terra como Gaia porque se apresenta como uma entidade complexa que abrange a biosfera, a

34 Leonardo Boff

atmosfera, os oceanos e o solo; na sua totalidade, esses elementos constituem um sistema cibernético ou de realimentação que procura um meio físico e químico ótimo para a vida neste planeta" (Gaia, 1989, 27).

Assim, a concentração de gases na atmosfera é dosada num nível adequado para os organismos vivos. Pequenos desvios poderiam significar catástrofes irreparáveis. Há milhões e milhões de anos que o nível de oxigênio na atmosfera permanece inalterado, na ordem de 21%. Caso subisse para 25%, produzir-se-iam incêndios a ponto de dizimar a capa verde da crosta terrestre. O nível de sal nos mares é da ordem de 3,4%. Se subisse para 6%, tornaria a vida nos mares impossível, como no Mar Morto. Desequilibraria todo o sistema climático do planeta. E assim sucessivamente todos os demais elementos físico-químicos da escala de Mendeleiev.

Enfatiza Lovelock: "A vida e seu ambiente estão tão intrinsecamente interligados que a evolução diz respeito à Gaia, e não aos organismos ou ao ambiente tomados em separado e em si mesmos" (Gaia, *As eras*, 1991, 17).

Essa calibragem não é apenas interna ao sistema-Gaia, como se fora um sistema fechado. Ela se verifica no próprio ser humano, que em seu corpo possui mais ou menos a mesma proporção de água que o planeta Terra (71%) e a mesma taxa de salinização do sangue que o mar apresenta (3,4%), como foi mostrado por Al Gore em seu livro sobre o equilíbrio da natureza (Al Gore, 1992, 109).

Stephen Hawking, referindo-se à origem e ao destino do universo em seu conhecido *Uma breve história do tempo*, diz: "Se a razão de expansão no segundo imediatamente posterior à grande explosão tivesse sido menor, mesmo que em proporção de apenas uma em cem mil trilhões de vezes, o universo teria explodido novamente antes de atingir seu tamanho atual" (1988, 172). E assim nada haveria do que atualmente há. Se, por outro lado, a

Cuidar da Terra — proteger a vida   35

expansão tivesse sido um pouco maior, uma parte ínfima por milhão, não haveria densidade suficiente para a formação das estrelas e dos planetas e, assim, para a emergência da vida. Tudo ocorreu de forma tão balanceada que criou as condições favoráveis para o possível surgimento da vida e da consciência. É o que se chama de princípio andrópico brando (Küng, *O princípio de todas as coisas*, 2007, 203).

A articulação sinfônica das quatro interações básicas do universo (gravitacional, eletromagnética, nuclear fraca e forte) continua atuando sinergeticamente para a manutenção da atual seta cosmológica do tempo rumo a formas cada vez mais relacionais e complexas de seres. Elas, na verdade, constituem a lógica interna do processo evolucionário, por assim dizer, a estrutura, melhor dito, a "mente" ordenadora do próprio cosmos (Goswami, 1998).

O sistema-Gaia revela-se extremamente complexo e ordenado e nos permite a suposição de que somente uma Inteligência soberana seria capaz de calibrar todos esses fatores. Reconhecer tal fato é um ato de razão e não significa renúncia à nossa própria razão. Significa, sim, render-se humildemente a uma Inteligência superior e mais sábia do que a nossa.

As devastações sofridas por Gaia

A hipótese Gaia nos manifesta a robustez da Terra como macrorganismo em face das agressões a seu sistema imunológico. Ela suportou ao largo de sua biografia, que já possui 4,5 bilhões de anos, vários assaltos terrificantes (Ward, *O fim da evolução*, 1997).

Há 570 milhões de anos ocorreu a grande extinção do cambriano, no qual 80%-90% das espécies de então desapareceram. Há 245 milhões de anos, no permotriássico, uma provável fragmenta-

36 Leonardo Boff

ção em dois do único planeta Gaia (Pangeia ou Pangaia) teria produzido a dizimação de 75%-95% das espécies então existentes.

Há 67 milhões de anos, no cretáceo, um meteoro de grandes proporções, presumivelmente do tamanho de dois montes Everest, colidiu com Gaia, provavelmente a uma velocidade 65 vezes a do som, e 65% das espécies existentes então desapareceram, particularmente os dinossauros, que por mais de cem milhões de anos dominavam, soberanos, sobre a Terra, o plâncton marinho e inumeráveis espécies de vida. Há 730 mil anos passados, no pleistoceno, ocorreu um outro impacto cósmico, ocasionando novamente uma enorme extinção de espécies.

Num período mais recente, na última glaciação (entre 15 mil e 10 mil anos a.C.), ocorreu misteriosamente uma grande devastação de espécies, poupando somente a África. Segundo estimativas, 50% dos gêneros com mais de 5kg e 75% dos que pesavam entre 75-100kg ou mais desapareceram, como, por exemplo, os mamutes, presumível conjunção de mudanças climáticas associadas à intervenção irresponsável do homem caçador e agricultor (Swimm & Berry, *The Universe Story*, 118-120; Massoud, *Terre vivante*, 27-30; 56).

Cada vez, bibliotecas de informações genéticas, acumuladas em milhões e milhões de anos, desapareceram para sempre. Cientistas aventam, considerando as várias grandes extinções em massa, que tais cataclismos ecológicos têm ocorrido de 26 em 26 milhões de anos. Teriam sua origem a partir de uma hipotética estrela gêmea do Sol, Nêmesis, distante de nós cerca de 2-3 anos-luz. Ela atrairia ciclicamente os cometas para fora das respectivas órbitas na nuvem de Oort (cinturão de cometas e de detritos cósmicos, identificado pelo astrônomo holandês Jan Oort) e os faria navegar na direção do Sol, colidindo alguns deles com a Terra e provocando a destruição de vastas porções da biosfera (Lynn Margulis/Dorion Sagan, 1990, 184).

Gaia teve de readaptar-se a essa nova condição de agredida e dizimada, regenerou a herança genética a partir dos sobreviventes, criou outras formas perduráveis e continuou viva, retomando o processo evolucionário (Wilson, 1994, 33-47). As espécies hoje existentes representam apenas 1% dos bilhões que havia na Terra desde a emergência da vida e que foram exterminadas nas várias catástrofes.

Atualmente, pelo excesso de clorofluorcarboretos (CFC) e outros ingredientes poluidores, denunciado pelo Painel Intergovernamental sobre Mudanças Climáticas de 2007 (IPCC), possivelmente o superorganismo-Terra se veja na iminência de inventar novas adaptações. Elas não necessariamente seriam benevolentes para com a espécie humana, principal causadora do aquecimento global.

Segundo alguns analistas, não é descartável a hipótese de que a espécie *homo* possa ela mesma vir a desaparecer. E. Wilson afirma que "a humanidade é a primeira espécie na história da vida na Terra se tornar uma força geofísica" (*A criação*, 38) que estaria precipitando a sexta grande extinção em massa. Gaia nos eliminaria para permitir que o equilíbrio global pudesse persistir e outras espécies pudessem viver e, assim, continuar a trajetória cósmica da evolução (Lovelock, *A vingança de Gaia*, 2006).

Se Gaia teve de liberar-se de milhares de espécies ao largo de sua biografia, quem nos garante que não se veja coagida a se livrar da nossa, que se mostrou antes como Satã da Terra do que como Anjo Bom? Por isso entendemos a advertência de Théodore Monod, um dos últimos grandes naturalistas modernos, em seu livro *E se a aventura humana fracassar?* (2000): "Somos capazes de comportamentos insensatos e dementes; a partir de agora, se pode temer tudo, inclusive a aniquilação da espécie humana; esse seria o preço justo por nossas loucuras e crueldades" (p. 246).

O conhecido economista-ecólogo Nicolas Georgescu-Roegen suspeita que "talvez o destino do ser humano é o de ter uma vida breve, mas febril, excitante e extravagante, ao invés de uma vida longa, vegetativa e monótona. Nesse caso, outras espécies, desprovidas de pretensões espirituais, como as amebas, por exemplo, herdariam uma Terra que por muito tempo ainda continuaria banhada pela plenitude da luz solar" (1987, 103).

A Terra ficaria empobrecida. Mas quem sabe, depois de milhões e milhões de anos, irromperia novamente, a partir de um outro ser complexo, já apontado por Théodore Monod como sendo um *cefalópodo* (uma espécie de molusco com cérebro desenvolvido e dupla memória), o princípio de inteligibilidade e de amorização presente no universo. Ressurgiriam os novos "humanos", talvez com mais consciência de sua missão cósmica e evolucionária dentro do universo e diante do Criador. A Terra teria recuperado um avanço evolucionário que havia perdido devido à *hybris* (a excessiva arrogância) da espécie *homo sapiens* e *demens*.

A hipótese Gaia mostra grande plausibilidade e encontra um crescente consenso tanto na comunidade científica quanto na atmosfera cultural. Hoje já deixou de ser uma hipótese e vem sendo aceita como teoria científica bem fundada. Ela confere plasticidade a uma das mais fascinantes descobertas do século XX que é a profunda complexidade, unidade e harmonia do universo. Ela traduz numa esplêndida metáfora uma visão filosófico-religiosa que subjaz ao discurso ecológico (Ruether, Gaia & God, 1992).

A nova cosmologia sustenta que o universo não é constituído pela soma de seus seres reais e possíveis, mas pelo conjunto das teias de relações entre todos eles, de tal forma que cada um vive pelo outro, para o outro e com o outro; o ser humano comparece como um nó de relações voltado para todas as direções, surgindo como um projeto infinito.

A própria Divindade se revela como uma Realidade panrelacional (O'Murchu, 2002; Toolan, 2001). Se tudo é relação e nada existe fora da relação, então a lei mais universal é a sinergia, a sintropia, o inter-retrorrelacionamento, a colaboração, a solidariedade cósmica e a comunhão e fraternidade/sororidade universais.

Essa utopia de Gaia poderá reencantar nossa convivência com a Terra e fazer com que vivamos uma ética da responsabilidade, da compaixão e do cuidado, atitudes necessárias no atual momento de mudança de paradigma civilizacional.

Somos Terra que sente, ama e venera

O ser humano é, pois, a própria Terra num momento avançado de sua evolução, quando começou conscientemente a sentir, a pensar, a amar, a cuidar e a venerar.

A Terra é um princípio generativo. Representa a Mãe que concebe, gesta e dá à luz. Emerge, assim, o arquétipo da Terra como Grande Mãe, Pacha Mama e Nana. Da mesma forma que ela tudo gera e cria as condições boas para a vida, ela também tudo acolhe e tudo recolhe em seu seio (Moltmann-Wendel, 1993, 406-420; Moltmann, 1993, 420-430).

Ademais, a Terra não produziu apenas a nós, seres humanos. Produz a miríade de microrganismos que compõem 90% de toda a rede da vida, os insetos que constituem a biomassa mais importante da biodiversidade (Wilson, 2008, 42). Produz as águas, a capa verde com a infinita diversidade de plantas, flores e frutos. Produz a diversidade incontável de seres vivos, animais, pássaros e peixes, nossos companheiros dentro da unidade sagrada da vida, porque em todos estão presentes o mesmo código genético de base: os 20 aminoácidos e as quatro bases fosfatadas. Para todos produz as condições de evolução, de subsistência e de alimentação, no solo, no subsolo e no ar. Sentir-se Terra é mergulhar na comunidade terrenal, no mundo dos irmãos e das irmãs,

40 Leonardo Boff

como foi vivido exemplarmente por São Francisco de Assis em sua mística cósmica.

Cada um precisa refazer essa experiência de comunhão radical com a Terra, a fim de recuperar suas raízes terrenais e alimentar sua própria identidade. A partir da experiência profunda da Mãe Terra surgirá naturalmente a experiência de Deus como Mãe de infinita ternura e cheia de misericórdia. Essa experiência, associada àquela do Pai de ilimitado amor e bondade, nos abrirá a uma experiência mais global e integradora do mistério de Deus.

A consciência coletiva incorpora mais e mais a concepção de que o planeta Terra é a nossa Casa Comum, a única que temos para habitar. Importa, por isso, cuidar dela, torná-la habitável para todos, conservá-la em sua generosidade e preservá-la em sua integridade e seu esplendor. Daí nasce um *ethos* mundial compartido por todos, capaz de unir os seres humanos para além de suas diferenças culturais, sentindo-se de fato como filhos e filhas da Terra que a amam e respeitam como a sua própria Mãe.

5. A Terra como sujeito de dignidade e de direitos

A 22 de abril de 2009, a Assembleia Geral da ONU acolheu por unanimidade a ideia de chamar a Terra de Mãe Terra. Essa mudança significa uma revolução em nossa forma de olhar o planeta e em nossa relação com ele. Uma coisa é dizer Terra, que eventualmente pode ser comprada, vendida e explorada economicamente. Outra coisa é dizer Mãe Terra, porque a mãe não se pode vender, comprar nem explorar, mas amar, cuidar e venerar. Atribuir tais valores à Terra implica aceitar que ela é sujeito de dignidade e portadora de direitos.

Argumentos em prol dos direitos da Mãe Terra

Há cinco razões de ordem científica e filosófica que nos permitem considerar a Terra como Mãe e, em razão disso, sujeito de dignidade e de direitos.

A primeira razão é a mais alta ancestralidade das tradições transculturais, seja do Oriente seja do Ocidente, que sempre consideraram a Terra como Mãe, Magna Mater, Nana, Tonantzin, Pacha Mama e outros nomes. Especialmente os povos originários sentiam e sentem a Terra como parte do Universo e lhe rendiam e rendem culto com reverência e respeito. Tinham e têm a clara consciência de que recebiam dela tudo de que precisavam para viver. Por essa razão, se sentiam seus filhos e filhas e ela como a mãe generosa e fecunda.

A segunda razão é de ordem científica. As ciências da vida e da Terra se deram conta de que, efetivamente, o planeta Terra se comporta como um superorganismo vivo, pois combina de forma sutil e harmoniosa o físico, o químico e o biológico, de sorte que ela sempre se torna apta a gerar e reproduzir todas as formas de vida.

Foi mérito de cientistas como James Lovelock, Lynn Margulis, Elisabet Sahtouris, José Lutzenberg e outros levantarem todos os dados empíricos que sustentam a tese de que ela se auto-organiza e autorregula como fazem todos os organismos vivos. Apresentada como hipótese nos anos 1970, passou a teoria científica a partir de 2001, quando a comunidade científica reconheceu a validade dos argumentos científicos apresentados. Foi denominada de Gaia, nome de uma divindade grega que expressava a Terra em sua esplêndida vitalidade.

A atmosfera atual não é resultado apenas dos mecanismos físicos e químicos e das forças diretivas do universo. Ela é um produto da própria vida, que, interagindo com o meio ambiente, foi criando um hábitat adequado para ela e assim poder sobreviver. Portanto, a atmosfera se transformou em biosfera, aquela capa tênue que cerca a Terra a 30-40km de altura. Ela é um produto biológico. A sinergia permanente dos organismos vivos com todos os elementos da Terra vai mantendo as condições de vitalidade e de regeneração do planeta, que assim sustenta e acolhe toda a biodiversidade.

Se assim é, então podemos dizer: não somente há vida sobre a Terra, a Terra mesma é viva, um superorganismo extremamente complexo, feito de inter-retroconexões de toda ordem, internas à própria Terra, com o sistema solar e com todo o universo.

A vida deve ser amada, cuidada e fortalecida e quando debilitada, regenerada. Não pode ser ameaçada por agressão ou extinção. Não é lícito transformar a vida em mercadoria posta à mercê da especulação do mercado. A vida é sagrada. Portanto, a Terra viva, a Mãe Terra, é sujeito de dignidade. É portadora de direitos que implicam o direito de ser reconhecida e respeitada. Tudo o que existe e vive possui um valor intrínseco, independentemente do uso humano, merece existir e tem o direito de viver.

A terceira razão é a unidade Terra e humanidade. Esse é o legado que os astronautas nos transmitiram a partir de suas naves espaciais (o chamado *Overview Effect*). A bordo delas ou da Lua puderam contemplar, cheios de admiração e sacralidade, a Terra, agora vista de fora. Testemunharam que entre Terra e humanidade não há distinção. Formam uma única entidade, resplandecente, azul-branca. A vida em geral e a vida humana em especial e a biosfera não são realidades justapostas. Formam um todo orgânico e complexo que compõem o sistema-vida e o sistema-Terra. Isso comprova que a Terra efetivamente está viva e, porque é geradora de vidas, deve ser considera Mãe de todos os viventes, a Eva universal do planeta.

Cuidar da Terra — proteger a vida   43

A quarta razão é cosmológica. A Terra e a vida constituem momentos do vasto processo da evolução do universo. É de aceitação geral que todo o universo, todos os seres, as estrelas, as galáxias, o sistema solar, a Terra e cada ser humano estávamos dentro das possibilidades e virtualidades contidas naquele minúsculo ponto, carregado de energia e de informação, que, num momento intemporal, explodiu. Ocorreu o *big bang*, a primeira singularidade, há 13,7 bilhões de anos.

As energias e as primeiras partículas que se formaram (*hadrions*, *topquarks*) se difundiram em todas as direções, criando o espaço-tempo, dando origem ao processo de expansão, auto-organização e autocriação do Universo. As energias, os elementos primordiais e os gases se condensaram e originaram as grandes estrelas vermelhas, dentro das quais, como numa fornalha, em milhões e milhões de anos, se forjaram todos os elementos físico-químicos que compõem o Universo. Ao explodir, lançaram tais elementos por todos os lados, dando origem às estrelas, ao Sol, aos planetas, à Terra com tudo o que ela contém, num processo de permanente expansão e autorregulação. O Universo não acabou de nascer, se encontra em cosmogênese. Todos somos filhos e filhas do pó cósmico.

Há 4,5 bilhões de anos se formou a Terra como o terceiro planeta do sistema solar. Dentro da evolução da mesma Terra se constituíram complexidades e ordens cada vez mais altas, a ponto de permitir que a vida surgisse há 3,8 bilhões de anos, possivelmente no seio de um oceano primitivo.

Num momento avançado da evolução da vida e com o aumento da complexidade interna, surgiu há cerca de sete milhões de anos a vida humana consciente e inteligente. Nos últimos cem mil anos entrou no cenário da evolução o *homo sapiens*, do qual nós somos herdeiros, portador de grande complexidade cerebral e habilidade criativa.

44 Leonardo Boff

Concluindo esta parte podemos dizer: a Terra é um momento da evolução do Universo. A vida é um momento da evolução da Terra. E a vida humana é um momento da evolução da vida. Mas para que a vida possa subsistir e se reproduzir, necessita de precondições energéticas, físicas, químicas e informacionais. Por essa razão, devemos incluir no sistema-vida todo o processo da evolução do Universo anterior à vida para dar conta da própria vida. Ela está ligada a toda a história anterior e se encontra aberta à história evolucionária que continua.

O ser humano é a parte consciente e inteligente da mesma Terra. Por isso ele é a própria Terra, que sente, que pensa, que ama, que cuida e que venera.

Hoje existe um consenso universal expresso por várias declarações e convenções internacionais de que o ser humano, homem e mulher, tem dignidade e é sujeito de direitos e de deveres. Se assumimos que o ser humano é a própria Terra consciente e inteligente, então devemos admitir que a própria Terra participa dessa dignidade e desses direitos. Portanto, a Terra é sujeito de dignidade e de direitos.

Por fim, há uma quinta razão que justifica considerarmos a Terra com dignidade e direitos. Ela é derivada da natureza relacional e informacional de todo o Universo e de cada ser. A matéria não tem apenas massa e energia. Ela possui uma terceira dimensão, que é sua capacidade de permanente conexão e de troca de informação. Desde o primeiro momento em que se formaram, os *hadrions* e *topquarks* entraram em conexão e intercambiaram informações.

Esse caráter relacional é transversal a todos os seres, de forma que os físicos quânticos puderam formular a tese de que "tudo tem a ver com tudo em todos os pontos e em todos os momentos". O universo, mais do que a soma de todos os seres existentes e por existir, é o conjunto de todas as relações e das redes de relações com as informações que carregam consigo. Tudo é relação e nada pode existir fora da relação. Essa é a lei fundamental do universo: a interdependência de todos com todos, a cooperação universal, o que relativiza o princípio da seleção natural.

Pelo fato de todos os seres estarem dentro do processo cosmogênico, estarem entrelaçados e serem portadores de informação – tão bem representados pelas informações contidas no código genético –, todos os seres têm história. Cada ser possui a sua maneira própria de se relacionar, de receber e dar informações. Por isso, se constata certo grau de subjetividade em todos os seres, até nos mais simples, como um mineral ou uma bactéria ancestral. Por isso, a subjetividade dos seres e a subjetividade humana não são de *princípio*, mas de *grau*. Todos estão interconectados (princípio), porém cada um exerce essa interconexão a seu modo (grau). Em nós a subjetividade é altamente complexa e consciente e nos demais seres está presente em sua maneira singular e menos complexa.

Esse caráter relacional e informacional da realidade com subjetividade e história abre espaço para que se possa ampliar a personalidade jurídica dos seres, especialmente da Terra. Como já foi notado por muitos, a Declaração dos Direitos Humanos teve o mérito de dizer que todos os homens têm direitos, porém teve o defeito de pensar que somente os homens têm direitos. As mulheres, os indígenas e os negros tiveram de esperar muito e lutar bravamente para ver reconhecidos e garantidos seus direitos.

O mesmo está ocorrendo com os direitos da Terra, da natureza e dos demais seres. Está sendo travada uma luta internacional para que os animais, as florestas, os oceanos e as águas, enfim, todos os ecossistemas sejam incluídos na compreensão dos direitos e seja reconhecida sua dignidade de seres autônomos e relacionados. Oxalá a declaração frequente do presidente da Bolívia,

46 Leonardo Boff

Evo Morales, se realize: o século XXI será o século dos direitos da Mãe Terra, da natureza e de todos os seres da criação.

À luz dessa visão holística, a democracia já não pode ser antropocêntrica e sociocêntrica, como se os seres humanos e a sociedade pudessem viver sem a natureza e fora da Terra. Eles são partes desse todo evolucionário universal, formam a comunidade de vida e terrenal. Devem incorporar na democracia ampliada os novos cidadãos que são os seres vivos, a mancha verde, as águas, as paisagens, realidades que compõem nossa existência social e sem as quais não seríamos plenamente humanos. Devemos chegar a uma democracia sociocósmica, a uma biocracia e a uma cosmocracia.

Individuação de alguns direitos da Mãe Terra

Realizada a tarefa teórica de fundamentar a dignidade e os direitos da Mãe Terra, faz-se mister agora detalhar alguns de seus principais direitos. Seremos apenas sumários. Uma boa orientação nos oferece o indígena Evo Morales, presidente da Bolívia, que mais trabalhou essa questão no campo social e político. Em seu famoso discurso em 22 de abril de 2009 na Assembleia Geral da ONU, afirmou os seguintes direitos, que foram assumidos na Carta dos Direitos da Mãe Terra pela Cúpula dos Povos realizada em Cochabamba, Bolívia, em 20-22 de abril de 2010, na qual estiveram presentes 35 mil pessoas vindas de 142 países:

- o direito de regeneração da biocapacidade da Mãe Terra;
- o direito à vida, garantido a todos os seres vivos, especialmente aqueles ameaçados de extinção;
- o direito de uma vida pura, porque a Mãe Terra tem o direito de viver livre de contaminações e poluições de toda ordem;

- o direito do bem viver propiciado a todos os cidadãos;
- o direito à harmonia e ao equilíbrio com todas as coisas da Mãe Terra;
- o direito de conexão com a Mãe Terra e com o Todo do qual somos parte.

Essa visão possui a força interna de gestar uma paz perene com a Mãe Terra, base para a paz entre os povos. Ela não será mais vista como um simples repositório de recursos a serem explorados para o enriquecimento de alguns a preço do empobrecimento dos outros. Ela é mãe generosa que a todos sustenta e alimenta.

Pelo fato de a Mãe Terra ter direitos, nós, seus filhos e suas filhas, temos deveres para com ela: dever de cuidar de sua vitalidade, de sua integridade, de seus climas e equilíbrios. Só assim ela continuará fazendo o que vem fazendo, gratuitamente, há milhões e milhões de anos.

Com o reconhecimento da dignidade da Terra e de seus direitos começará um novo tempo, tempo de uma biocivilização, na qual Terra e humanidade reconhecem a recíproca pertença, origem e destino comuns.

6. Armagedon humano?

Armagedon, para o livro do Apocalipse, é aquele vale mítico em que se dará o confronto final entre Deus e os espíritos malignos, o Cristo e o Anti-Cristo. Vamos ao encontro do Armagedon? Os atuais cenários sombrios permitem que biólogos, bioantropólogos e astrofísicos aventem o possível desaparecimento da espécie *homo sapiens/demens* ainda neste século. Aduzem argumentos que merecem ponderação. O mais consistente parece ser aquele da superpopulação, articulado com a dificuldade de adaptação às mudanças climáticas. Na escala biológica verifica-se um crescimento exponencial. A humanidade precisou de um milhão de anos para alcançar em 1850 um bilhão de pessoas. Os espaços temporais entre os índices de um crescimento a outro diminuem cada vez mais. De 75 anos — de 1850 a 1925 — passaram para cinco anos de diferença. Prevê-se que por volta de 2050 haverá dez bilhões de pessoas. É triunfo da espécie ou dano para toda a humanidade?

Lynn Margulis e Dorian Sagan, notáveis microbiólogos, no conhecido livro *Microcosmos* (1990), afirmam com dados dos registros fósseis e da própria biologia evolutiva que um dos sinais do colapso próximo de uma espécie é sua rápida superpopulação. Isso pode ser comprovado por microrganismos colocados na *cápsula Petri* (placa redonda com colônias de bactérias e nutrientes). Pouco antes de atingir as bordas da placa e se esgotarem os nutrientes, multiplicam-se de forma exponencial. E de repente morrem. Para a humanidade, comentam eles, a Terra pode mostrar-se idêntica a uma *cápsula Petri*. Com efeito, ocupamos quase toda a superfície terrestre, deixando apenas 17% livre: desertos, floresta amazônica e regiões polares. Estamos chegando às bordas físicas da Terra. Sinal precursor de nossa próxima extinção?

O Prêmio Nobel de Medicina (1974), Christian de Duve, sustenta em seu livro *Vital Dust* (1995) que estamos assistindo a sintomas que precederam no passado as grandes dizimações. Normalmente desaparecem por ano 300 espécies vivas, porque chegaram ao seu clímax evolucionário. Dada a pressão que a produção industrial exerce sobre a biosfera, estão desaparecendo por ano algumas milhares de espécies de seres vivos. Um desastre biológico. Será que agora não chegou a nossa vez?

Carl Sagan, já falecido, via no intento humano de demandar a Lua e enviar naves espaciais, como o Voyager 1, para fora do sistema solar a manifestação do inconsciente coletivo que pressente o risco da extinção próxima. A vontade de viver nos leva a excogitar formas de sobrevivência para além da Terra. O astrofísico Stephen Hawking fala da possível colonização extrassolar com naves, espécie de veleiros espaciais, impulsionadas por raios laser, que lhes confeririam uma velocidade de 30 mil quilômetros por segundo. Mas para chegar a outros sistemas planetários teríamos de percorrer bilhões e bilhões de quilômetros, necessitando séculos de tempo. Ocorre que somos prisioneiros da luz, cuja velocidade de 300 mil quilômetros por segundo é até hoje insuperável. Mesmo assim, só para chegar à estrela mais próxima, que dista três anos-luz, a Alfa Centauro, precisaríamos de 43 anos com aquela fantástica velocidade, sem ainda saber como freá-la.

Como vê a teologia a eventual extinção da espécie humana? Sucintamente diria: se o ser humano frustrar sua aventura planetária, significa, sem dúvida, uma tragédia inominável. Mas não seria uma tragédia absoluta. Essa ele já a perpetrou um dia. Quando o Filho de Deus assumiu nossa humanidade já foi ameaçado de morte por Herodes. Depois, durante a vida, foi rejeitado, preso, torturado e assassinado na cruz. Só então se formalizou o pecado original, que é um processo histórico de negação da vida. Maior perversidade do que matar a criatura, no caso a vida, é matar o Autor encarnado da vida. Mas testemunham os cristãos que a última palavra não é morte, mas ressurreição. Essa não é a reanimação de um cadáver, mas a realização plena das potencialidades do ser humano, uma verdadeira revolução dentro da evolução.

Recusamo-nos a pensar que nosso destino, depois de milhões de anos de evolução, termine assim miseravelmente nas próximas gerações. Haverá um salto, quem sabe, na direção daquilo que já em 1933 Pierre Teilhard de Chardin anunciava: a irrupção da *noosfera*, vale dizer, daquele estado de consciência e de relação com a natureza que inaugurará uma nova convergência de mentes e corações e, assim, um novo patamar da evolução humana.

Nessa perspectiva, o cenário atual não seria de tragédia, mas de crise. A crise acrisola, purifica e amadurece. Ela anuncia um novo começo, uma dor de um parto promissor, e não as penas de um abortamento da aventura humana.

O que pode acabar não é *a vida humana*, mas *este tipo de vida humana*, insensata, que ama a guerra e a destruição em massa. Vamos inaugurar um mundo humano que respeite a vida, dessacralize a violência, tenha cuidado e piedade para com todos os seres, pratique a justiça verdadeira, venere o Mistério do mundo que chamamos de Fonte originária ou Deus. Ou simplesmente que terá aprendido a tratar humanamente todos os seres humanos e com cuidado, respeito e compaixão toda a criação. Tudo o que existe merece existir. Tudo o que vive merece viver. Especialmente o ser humano.

7. Pode o capitalismo ser suicida?

Desde o neolítico, por volta de 10 mil anos atrás, o meio ambiente da Terra era mais ou menos estável, como pode ser comprovado cientificamente analisando-se as camadas de gelo do permafrost. A grande transformação correu com o processo industrialista, especialmente no pós-guerra e com o surpreendente crescimento populacional. Começaram a se lançar anualmente na atmosfera bilhões e bilhões de toneladas de gases de efeito estufa (dióxido de carbono, metano, óxido de azoto e ozônio) a ponto de o sistema natural não conseguir mais absorvê-los. É a causa fundamental do aquecimento global. Esse não seria um novo ciclo natural da Terra, mas algo induzido pelas práticas humanas.

A Organização Meteorológica Mundial (OMM) elaborou modelos teóricos que nos permitem previsões confiáveis. Segundo ela, de agora até 2100 as temperaturas se elevarão entre 1,8°C e 6°C, estabilizando-se por volta de 2°C-3°C, podendo chegar a 4°C. Nesse último nível todo o sistema-vida estaria ameaçado, inclusive a espécie humana.

O nível do mar subiria inicialmente de 18 a 59 centímetros, e com a aceleração do degelo da Groenlândia e das calotas polares pode chegar a sete metros de altura. As consequências seriam desastrosas para inúmeros países-ilhas e para as centenas de cidades costeiras. Tudo isso à condição de se fazerem a partir de agora pesados investimentos (cerca de 460 bilhões de dólares anuais) para estabilizar a temperatura da Terra. Sem esse empenho coletivo, desapareceriam cerca de 20%-30% das espécies animais e vegetais e o número de vítimas humanas poderia chegar aos milhões. As secas, a desertificação e a salinização dos solos privariam de água potável cerca de três bilhões de pessoas, fazendo crescer em 600 milhões o número dos que já passam fome. Os refugiados climáticos seriam entre 150-200 milhões, que não aceitariam passivamente o veredicto de morte e invadiriam as regiões mais favoráveis à vida.

Essas não são profecias de mau agouro, mas apelos dirigidos a todos os que alimentam solidariedade geracional e amor à Casa Comum. Há um obstáculo cultural grave: estamos habituados a resultados imediatos, quando aqui se trata de resultados futuros, fruto de ações postas agora. Como afirma a Carta da Terra: "As bases da segurança global estão ameaçadas; essas tendências são perigosas, mas não inevitáveis." Esses perigos somente serão evitados caso mudemos o modo de produção e o padrão de consumo.

Essa reviravolta civilizatória exige a vontade política de todos os países do mundo e a colaboração sem exceção de toda a rede de empresas transnacionais e nacionais de produção, pequenas, médias e grandes. Se algumas empresas mundiais se negarem a agir nessa mesma direção poderão anular os esforços de todas as demais. Por isso, a vontade política deve ser coletiva e impositiva, com prioridades bem definidas e com linhas gerais bem claras, assumidas por todos, pequenos e grandes. É uma política de salvação global.

O grande risco, visto por muitos, é a lógica do sistema do capital globalmente articulado. Seu objetivo é lucrar o mais que pode, no tempo mais curto possível, com a expansão cada vez maior de seu poder, flexibilizando legislações que limitam sua voracidade. Ele se orienta pela competição, e não pela cooperação. Diante das mudanças paradigmáticas, se vê confrontado com esse dilema: ou se autonega, mostrando-se solidário com o futuro da humanidade, e muda sua lógica — e assim corre o risco de desaparecer enquanto tal — ou se autoafima em sua busca de lucro, desconsiderando toda compaixão e solidariedade, mesmo passando por cima de montanhas de cadáveres e da Terra devastada.

Muitos temem que, fiel à sua natureza de lobo voraz, o capitalismo se faça suicida. Prefere morrer e fazer morrer a perder. Oxalá a vida supere a lógica de morte.

8. Quando começou o nosso erro?

Sentimos hoje a urgência de estabelecer uma paz perene com a Terra. Há séculos estamos em guerra contra ela. Ultimamente se transformou numa guerra total, porque com as novas tecnologias a atacamos em todas as frentes, no ar, no solo, no mar, no interior da matéria e no coração da vida. Enfrentamo-la de mil formas no intento de dominar suas forças e de aproveitar ao máximo seus serviços. Temos conseguido vitórias, mas a um preço tão alto que agora a Terra parece se voltar contra nós. Não temos nenhuma chance de ganhar dela. Ao contrário, os sinais nos di-

Cuidar da Terra — proteger a vida 53

zem que devemos mudar, senão ela poderá continuar sob a luz benfazeja do sol, mas sem a nossa presença. A Terra pode viver sem nós e até melhor. Nós não podemos viver sem a Terra.

É tempo de fazermos um balanço e nos perguntarmos: quando começou a relação hostil com a Terra? Podemos datar o começo de nosso erro?

A maioria dos analistas diz que tudo começou há cerca de 10 mil anos com a revolução do neolítico, quando os seres humanos se tornaram sedentários, projetaram vilas e cidades, inventaram a agricultura, começaram com as irrigações e a domesticação dos animais. Isso lhes permitiu sair da situação de penúria de, dia após dia, garantir a alimentação necessária através da caça e da coleta de frutos. Então, com a nova forma de produção, criou-se o estoque de alimentos que serviu de base para montar exércitos, fazer guerras e criar impérios. Mas se desarticulou a relação de equilíbrio entre natureza e ser humano. Começou o processo de conquista do planeta que culminou em nossos tempos com a tecnificação e artificialização de praticamente todas as nossas relações com o meio ambiente.

Estimo, entretanto, que esse processo começou muito antes, no seio mesmo da antropogênese. Desde os seus albores, cabe distinguir três etapas na relação de ser humano com a natureza.

A primeira era de *interação*. O ser humano interagia com o meio, sem interferir nele, aproveitando de tudo o que ele abundantemente lhe oferecia. Prevalecia grande equilíbrio entre ambos.

A segunda etapa era a da *intervenção*. Corresponde à época em que surgiu, há cerca de 2,4 milhões de anos, o *homo habilis* (o homem hábil). Esse nosso ancestral começou a intervir na natureza ao usar instrumentos rudimentares, como um pedaço de pau ou uma pedra, para melhor se defender e se assenhorear das coisas ao seu redor. Inicia-se o rompimento do equilíbrio original. O ser humano se sobrepõe à natureza.

A terceira etapa é a da *agressão*. Coincide com a revolução do neolítico à qual nos referimos anteriormente. Aqui se abre um caminho de alta aceleração na conquista da natureza. Após a revolução do neolítico sucederam-se as várias revoluções, a industrial, a nuclear, a biotecnológica, a da informática, a da automação e a da nanotecnologia. Sofisticaram-se cada vez mais os instrumentos de agressão, até penetrar nas partículas subatômicas (*topquarks, hadrions*) e no código genético dos seres vivos.

Em todo esse processo se operou um profundo deslocamento na relação. De ser inserido na natureza como parte dela, o ser humano transformou-se num ser fora e acima da natureza. Seu propósito é dominá-la e tratá-la, na expressão de Francis Bacon, o formulador do método científico, como o inquisidor trata a sua vítima: torturá-la até que entregue todos os seus segredos. Esse método é vastamente imperante nas universidades e nos laboratórios.

A Terra como Gaia (superorganismo vivo) não consegue sozinha se autorregular. O estresse pode se generalizar e assumir formas catastróficas. Temos de reconhecer nosso erro: o de termo-nos afastado da natureza, esquecendo que somos Terra, que ela é o único lar que possuímos e que nossa missão é cuidar dela. Devemos fazê-lo com a tecnologia que desenvolvemos, mas assimilada dentro de um paradigma de sinergia e de benevolência, base da paz perpétua tão sonhada por Kant.

A tecnologia está tão impregnada em nosso ser que ela se tornou parte de nossa natureza concreta. Não dá mais para imaginar a existência humana sem os instrumentos que usamos para produzir os alimentos, para organizar nossa vida social, para cultivar nosso espírito, pelo vasto instrumental pedagógico, pelas avenidas de comunicação que nos colocam em contacto uns com os outros. Descobrimos que somos essencialmente seres culturais.

Não dispomos, biologicamente, de nenhum órgão especializado, como o possuem os animais. Nem sequer temos um hábitat próprio. Temos de assegurar nossa sobrevivência interferindo no meio ambiente e prolongando nossos órgãos pelos instrumentos tecnológicos que inventamos.

A questão não é a intervenção ou não nos processos da natureza. Sempre interviemos. A questão é o modo como o fazemos, a justa medida que cumpre assegurar entre a satisfação de nossas necessidades e o quanto de intervenção para que se mantenha a harmonia necessária para que ambos possam continuar em sinergia e em paz.

Essa justa medida foi perdida. Ela nos levou a um impasse global. Se não a resgatarmos, colocamos em risco nosso futuro. A Terra é Mãe generosa. Mas pode se mostrar uma madrasta feroz para aqueles que não respeitam seus ritmos e sua natureza. Temos de escolher: ou refazer a aliança de convivência e de mutualidade ou correr o risco de não continuarmos mais sobre este esplêndido planeta, destinado a ser o nosso lar.

9. Resgatar o que perdemos

Durante a Conferência das Nações Unidas para o Meio Ambiente e o Desenvolvimento (Rio-92), 1.600 cientistas, entre os quais havia 102 Prêmios Nobel, de 70 países lançaram o documento *Apelo dos cientistas do mundo à humanidade*. Nele diziam: "Os seres humanos e o mundo natural seguem uma trajetória de colisão. As atividades humanas desprezam violentamente e, às vezes, de forma irreversível o meio ambiente e os recursos vitais. Urge mudanças fundamentais se quisermos evitar a colisão a que o atual rumo nos conduz." Foi uma voz pronunciada no deserto. Mas agora, no contexto atual, quando os dados empíricos apontam as graves ameaças que pesam sobre o sistema da vida, elas ganham atualidade. Não convém menosprezar o valor daquele apelo.

Podemos alimentar duas atitudes em face da crise ecológica: apontar os erros cometidos que nos levaram à presente situação ou resgatar os valores, os sonhos e as experiências que deixamos para trás e que podem ser úteis para a invenção do novo. Prefiro essa segunda atitude. Por isso, importa fazer uma reescritura do momento presente, relacionando, mais do que aprofundando, dez pontos cruciais.

O primeiro é reconhecer que a Terra é Mãe (Magna Mater, Pacha Mama), como foi feito oficialmente pela ONU a 22 de abril de 2009, um superorganismo vivo, chamado Gaia, que combina todos os elementos físicos, químicos e biológicos para manter-se apta a produzir e reproduzir, mas que é finito, constituindo-se um sistema fechado, qual nave espacial, com recursos escassos.

O segundo é resgatar o princípio da religação: todos os seres, especialmente, os vivos, são interdependentes e são expressão da vitalidade do Todo que é o sistema-Terra. Por isso, todos temos um destino compartilhado e comum.

O terceiro é entender que a sustentabilidade global só será garantida mediante o respeito aos ciclos naturais, consumindo com racionalidade os recursos não renováveis e dando tempo à natureza para regenerar os renováveis.

O quarto é o valor da biodiversidade, pois é ela que garante a vida como um todo, ao propiciar a cooperação de todos com todos em vista da sobrevivência comum.

O quinto é o valor das diferenças culturais, pois todas elas mostram a versatilidade da essência humana e nos enriquecem a todos, já que tudo no humano é complementar.

O sexto é exigir que a ciência se faça com consciência e seja submetida a critérios éticos, para que suas conquistas beneficiem mais a vida e a humanidade do que o mercado.

O sétimo é superar o pensamento único da ciência e valorizar os saberes cotidianos, das culturas originárias e do mundo agrário, porque ajudam na busca de soluções globais.

O oitavo é valorizar as virtualidades contidas no pequeno e no que vem de baixo, pois nelas podem estar contidas soluções globais, bem explicadas pelo efeito borboleta.

O nono é dar centralidade à equidade e ao bem comum, pois as conquistas humanas devem beneficiar a todos, e não, como atualmente, a apenas 18% da humanidade.

O décimo, quiçá a condição para todos os demais, é resgatar os direitos do coração, os afetos e a razão cordial, que foram relegados pelo modelo racionalista e são onde reside o nicho dos valores, do respeito, da colaboração e do amor.

Esses pontos representam experiências humanas que não podem ser desperdiçadas, pois incorporam valores que poderão alimentar novos sonhos, nutrir nosso imaginário e, principalmente, fomentar práticas alternativas.

Somos seres que esquecem e que recordam e que sempre podem resgatar o que não pôde ter oportunidade de realização e dar-lhe agora chance de emergência. Por aí, quem sabe, encontraremos uma saída para a crucificante crise atual.

10. O ilimitado respeito a todo ser

Se reconhecermos, como os povos originários e muitos cientistas modernos, que a Terra é Gaia, Mãe generosa, geradora de toda vida, então devemos a ela o mesmo respeito e a mesma veneração que devotamos às nossas mães. Em grande parte, a crise ecológica mundial deriva da sistemática falta de respeito à natureza e à Terra.

O respeito implica reconhecer que cada ser vale por si mesmo, porque simplesmente existe e, ao existir, expressa algo do Ser e

58 Leonardo Boff

daquela Fonte originária de energia e de virtualidades da qual todos provêm e para a qual todos retornam (vácuo quântico). Numa perspectiva religiosa, cada ser expressa o próprio Criador.

Ao captarmos os seres como valor intrínseco, surge em nós o sentimento de cuidado e de responsabilidade para com eles, a fim de que possam continuar a coevoluir.

As culturas originárias atestam a veneração em face da majestade do universo, o respeito à natureza e a cada um de seus representantes.

O budismo, que não se apresenta como uma fé, mas como uma sabedoria, um caminho de vida em harmonia com o Todo, ensina a ter um profundo respeito, especialmente por aquele que sofre (compaixão). Desenvolveu o Feng Shuy, que é a arte de harmonizar a casa e a si mesmo com todos os elementos da natureza e com o Tao.

O cristianismo conhece a figura exemplar de São Francisco de Assis (1181-1226). Seu mais antigo biógrafo, Tomás de Celano (1229), testemunha que ele andava com respeito sobre as pedras em atenção àquele, Cristo, que foi chamado de "pedra"; recolhia com carinho as lesmas para não serem pisadas; no inverno, dava água doce às abelhas para não morrerem de frio e de fome.

Aqui temos a ver com outro modo de habitar o mundo, junto com as coisas, convivendo com elas, e não sobre as coisas, dominando-as.

Extremamente atual é a figura do médico e humanista Albert Schweitzer (1875-1965). Ele elaborou grandiosa ética do respeito a todo ser e à vida em todas as suas formas. Era um grande exegeta e famoso concertista das músicas de Bach. Num momento de sua vida, largou tudo, estudou medicina e foi cuidar de hansenianos em Lambarene, no Gabão.

Ele diz explicitamente, numa carta, que "o que precisamos não é enviar para lá missionários que queiram converter os africanos, mas

Em seu hospital no interior da floresta tropical, entre um atendimento e outro, escreveu vários livros sobre a ética do respeito, sendo o principal *O respeito diante da vida (Ehrfurcht vor dem Leben)*.

Bem diz ele: "A ideia-chave do bem consiste em conservar a vida, desenvolvê-la e elevá-la ao seu máximo valor; o mal consiste em destruir a vida, prejudicá-la e impedi-la de se desenvolver. Esse é o princípio necessário, universal e absoluto da ética."

Para ele, o limite das éticas vigentes consiste em se concentrar apenas nos comportamentos humanos e esquecer as outras formas de vida. Numa palavra: "A ética é a responsabilidade ilimitada por tudo que existe e vive."

Daí se derivam comportamentos de grande compaixão e cuidado. Numa prédica, conclamava: "Mantenha teus olhos abertos para não perder a ocasião de ser um salvador. Não passe ao largo, inconscientemente, do pequeno inseto que se debate na água e que corre risco de se afogar. Pegue um pauzinho e retire-o da água, enxugue suas asinhas e experimente a maravilha de ter salvado uma vida e a felicidade de ter agido a cargo e em nome do Todo-poderoso. A minhoca que se perdeu na estrada dura e seca e que não pode fazer o seu buraco, retire-a e coloque-a no meio da grama. 'O que fizerdes a um desses mais pequenos foi a mim que o fizestes.' Essa palavra de Jesus não vale apenas para nós, humanos, mas também para as mais pequenas das criaturas."

Essa ética do respeito é categórica no momento atual, em que a Mãe Terra se encontra sob perigoso estresse, dada a virulência de nosso processo de exploração de todos os seus bens e serviços até a sua completa exaustão, como está ocorrendo com as energias fósseis e com as fontes de água potável.

11. Resgatar o coração

Seguramente a crise ecológica global exige soluções técnicas, pois podem impedir que o aquecimento global ultrapasse 2°C de aumento, o que seria desastroso para toda a biosfera. Mas a técnica não é tudo nem o principal. Parafraseando Galileu Galilei, podemos dizer: "A ciência nos ensina como funciona o céu, mas não nos ensina como se vai ao céu." Da mesma forma, a ciência nos indica como funcionam as coisas, mas por si mesma não tem condições de nos dizer se elas são boas ou ruins. Para isso temos de recorrer a critérios éticos aos quais a própria prática científica está submetida. Até que ponto apenas soluções técnicas equilibram Gaia de forma que ela possa continuar a nos querer sobre ela e ainda garantir os suprimentos vitais para os demais seres vivos? Será que ela vai identificar e assimilar as intervenções que faremos nela ou as rejeitará, como fazem os organismos vivos quando lhes aplicamos ingredientes químicos?

As intervenções técnicas têm de se adequar a um novo paradigma de produção menos agressivo, de distribuição mais equitativa, de um consumo responsável e de uma absorção dos rejeitos que não danifique os ecossistemas.

Para isso precisamos resgatar uma dimensão profundamente descurada pela modernidade. Essa se construiu sobre a razão analítica e instrumental, a tecnociência, que buscava, como método, o distanciamento mais severo possível entre o sujeito e o objeto. Tudo o que vinha do sujeito, como emoções, afetos, sensibilidade, numa palavra, o *pathos*, obscurecia o olhar analítico sobre o objeto. Tais dimensões deveriam ser postas sob suspeição, ser controladas e até recalcadas.

Ocorre que a própria ciência superou essa posição reducionista, seja pela mecânica quântica de Bohr/Heisenberg, seja pela biologia à la Maturana/Varela, seja, por fim, pela tradição psicanalítica, reforçada pela filosofia da existência (Heidegger, Sartre e outros). Essas correntes evidenciaram o envolvimento inevitável do sujeito com o objeto. Objetividade total é uma ilusão. No conhecimento há sempre interesses do sujeito. Mais ainda, nos convenceram de que a estrutura de base do ser humano não é a razão, mas são o afeto e a sensibilidade.

Daniel Golemann trouxe a prova, com seu texto *A inteligência emocional*, de que a emoção precede a razão. Isso se torna mais compreensível se pensarmos que nós, humanos, não somos simplesmente *animais racionais*, mas *mamíferos racionais*. Quando, há mais de 125 milhões de anos, surgiram os mamíferos, irrompeu o cérebro límbico, responsável pelo afeto, pelo cuidado e pela amorização. A mãe concebe e carrega dentro de si a cria e depois de nascida a cerca de cuidados e de afagos. Somente nos últimos 3-4 milhões de anos surgiu o neocórtex e, com ele, a razão abstrata, o conceito e a linguagem racional.

O grande desafio atual é conferir centralidade ao que é mais ancestral em nós, o afeto e a sensibilidade. Numa palavra, importa resgatar o coração. Nele está nosso centro, nossa capacidade de sentir em profundidade, a sede dos afetos e o nicho dos valores. Com isso não desbancamos a razão, mas a incorporamos como imprescindível para o discernimento e a priorização dos afetos, sem substituí-los. Todas as ideias vêm impregnadas de sentimento. Somente são eficazes aquelas cujas raízes estão mergulhadas no sangue do coração.

Hoje se não aprendermos a sentir a Terra como Gaia, não a amarmos como amamos nossa mãe e não cuidarmos dela como cuidamos de nossos filhos e de nossas filhas, dificilmente a salvaremos. Sem a sensibilidade, o amor e a compaixão, a operação da tecnociência será insuficiente. Mas uma ciência com consciência e com sentido ético pode encontrar saídas libertadoras para nossa crise civilizacional.

12. Argumentos em favor da Terra como Mãe[1]

Desejo começar recordando a séria advertência feita pela Carta da Terra ainda em 2000: "Estamos num momento crítico da história da Terra, no qual a humanidade deve escolher o seu futuro... A nossa escolha é essa: ou formamos uma aliança global para cuidar da Terra e uns dos outros ou então arriscamos a nossa própria destruição e a devastação da diversidade da vida."

Se a atual crise econômico-financeira é preocupante, a crise da não sustentabilidade da Terra, revelada em 23 de setembro de 2008, se apresenta ameaçadora. Os cientistas que estudam a pegada ecológica da Terra (o quanto ela suporta) chegaram a usar a expressão *Earth Overshoot Day*, quer dizer, o Dia da Ultrapassagem da Terra. Exatamente nesse dia de setembro foi constatado que a Terra ultrapassou em 30% sua capacidade de reposição dos recursos de que necessitamos para viver. Agora precisamos de mais uma Terra para poder atender ao tipo de demandas que nossa civilização coloca. Mas até quando?

Como então garantir a sustentabilidade da Terra, sendo que ela é a base de tudo e de todas as iniciativas que podemos e devemos tomar em face dos problemas mundiais que nos afligem. como a crise social mundial, a alimentícia, a energética e a climática? Agora não dispomos de uma Arca de Noé, que pode salvar alguns e deixa perecer todos os demais. Ou nos salvamos todos ou pereceremos todos.

Nesse contexto, recordemos as prudentes palavras do atual secretário-geral da ONU, Ban Ki-Moon, num artigo, mundialmente difundido, escrito em parceria com Al Gore: "Não podemos deixar que o urgente comprometa o essencial." O urgente é resolver o caos econômico e o essencial é garantir a continuidade das condições ecológicas da Terra para que ela possa garantir nossa vida e a de todos os demais seres vivos.

Para reforçar essa nova centralidade, procurando salvar o essencial e mostrando amor a todos os humanos e à própria Terra, vem sendo proposta a resolução de celebrar a 22 de abril de cada ano o Dia Internacional da Mãe Terra (*International Mother Earth Day*).

Se essa resolução for acolhida, como espero, aumentará em toda a humanidade o cuidado, o respeito, a cooperação, a compaixão e a responsabilidade em face da Mãe Terra e do futuro do sistema-vida.

Não temos muito tempo nem possuímos sabedoria suficiente acumulada. Por isso, temos de, juntos e rapidamente, elaborar estratégias de sobrevivência.

Em nome da Terra, nossa Mãe, de seus filhos e filhas sofredores e de todos os demais membros da comunidade de vida ameaçados de extinção, lhes suplico: aprovem essa resolução.

Para facilitar essa aprovação, tomo a liberdade de apresentar-lhes algumas razões que nos concedem chamar a Terra de verdadeiramente nossa Mãe.

Em primeiro lugar, falam os testemunhos mais ancestrais de todos os povos, do Oriente e do Ocidente, e das principais religiões. Todos confirmam que a Terra sempre foi venerada como a Grande Mãe, Terra Mater, Inana, Tonantzin e Pacha Mama.

Para os povos originários de ontem e de hoje, é clara a convicção de que a Terra é geradora de vida e, por isso, é Mãe generosa e fecunda. Somente um ser vivo pode gerar vida em sua imensa diversidade, desde a miríade de seres microscópicos até os mais complexos. Ela é efetivamente a Eva universal.

Durante muitos séculos predominou essa visão, base de uma relação de respeito e veneração à Terra. Mas chegaram os tempos modernos, com os mestres fundadores do saber científico, Newton, Descartes e Francis Bacon, que inauguraram outra leitura da Terra. Ela não é mais vista como uma entidade viva, mas apenas como uma realidade extensa (*res extensa*), sem vida e sem inteli-

64 Leonardo Boff

gência, por isso entregue à exploração de seus recursos por parte dos seres humanos em busca de riqueza e bem-estar. Diziam mais, que para conhecer suas leis devemos submetê-la a torturas, como o inquisidor faz com o seu inquirido até que ela nos entregue todos os seus segredos.

A Terra Mãe, que deveria ser respeitada, se transformou em Terra selvagem a ser dominada. Ela não passa, segundo eles, de um baú de recursos infinitos a serem utilizados para o consumo humano.

Nesse paradigma não se colocava ainda a questão dos limites de suportabilidade do sistema-Terra nem da escassez dos recursos não renováveis. Pressupunha-se que os recursos naturais seriam infinitos e poderíamos infinitamente progredir em direção ao futuro.

Hoje tomamos consciência de que a Terra é finita e seus recursos são limitados. Um planeta finito não pode suportar um projeto infinito. Os dois infinitos imaginados pela modernidade se revelaram ilusórios. Os recursos não são infinitos nem o progresso é infinito porque não é universalizável. Se quiséssemos generalizar para toda a humanidade o bem-estar de que os países opulentos desfrutam — já se fizeram os cálculos para isso —, precisaríamos dispor de pelo menos três Terras iguais à nossa.

A preocupação que sempre orientou a relação dos modernos com a Terra foi esta: como posso ganhar mais, no menor tempo possível e com o mínimo de investimento? O resultado dessa voracidade de ganhar mais gerou um arquipélago de riqueza rodeado por um oceano de miséria.

O Programa das Nações Unidas para o Desenvolvimento (Pnud) de 2008 o confirma: os 20% mais ricos consomem 82,4% de todas as riquezas mundiais, enquanto os 20% mais pobres têm de se contentar com apenas 1,6%. É uma injustiça clamorosa e criminosa que uma ínfima minoria monopolize o consumo e controle os processos produtivos que implicam devastação da natureza, falta de solidariedade com as gerações presentes e futuras e a condena-

Cuidar da Terra — proteger a vida 65

ção à miséria e à morte prematura da grande maioria da humanidade. Nenhuma sociedade poderá reivindicar ser justa e pacífica quando assentada sobre tanta iniquidade social e desumanidade.

Não é sem razão que o aquecimento global e os desequilíbrios do sistema-Terra sejam atribuídos principalmente a esse tipo de organização social e econômica.

Se queremos conviver humanamente precisamos de outro estilo de habitar o planeta Terra que tenha como centro a vida, a humanidade e a Mãe Terra. Para esse modelo a preocupação central é: como viver e produzir em harmonia com a Terra e com os outros, buscando o bem viver das atuais e das futuras gerações. Como viver mais com menos?

Somente esse novo paradigma civilizacional respeita a Mãe Terra e garante sua integridade e vitalidade.

É nesse contexto que se resgatou a visão da Terra como Mãe. Já não se trata da percepção ancestral dos povos originários, mas de uma constatação científica. Foi mérito de James Lovelock e de Lynn Margulis nos anos 1970 ter comprovado que a Terra é um superorganismo vivo que permanentemente articula todos os elementos necessários para a vida, de forma que ela permanentemente se mostra apta a produzir e reproduzir vida.

Durante milhões e milhões de anos o nível de oxigênio na atmosfera, essencial para a vida, se manteve em 21%; o nitrogênio, responsável pelo crescimento, em 79%; o nível de salinização dos oceanos, em 3,4%; e assim todos os demais componentes que garantem a subsistência do sistema-vida.

Não é que sobre a Terra haja vida, ela mesma é viva, um superorganismo que se autorregula para manter um equilíbrio favorável à vida. Foi denominada de Gaia, deusa grega para expressar a vitalidade da Mãe Terra.

Para mostrar como a Terra é realmente viva, aduzamos um exemplo do conhecido biólogo Edward Wilson: "Num só grama de solo, ou seja, em menos de um punhado de terra, vivem cerca de 10 bilhões de bactérias, pertencentes a seis mil espécies diferentes." Efetivamente, a Terra é Mãe e é Gaia, gerador de toda a biodiversidade.

O ser humano é a própria Terra que, num momento avançado de sua evolução e de sua complexidade, começou a sentir, a pensar e a amar. Por isso, o ser humano é a Terra que anda, que ri, que chora, que canta, que pensa, que ama e que hoje clama por cuidado e proteção.

A visão dos astronautas comprova essa simbiose entre Terra e humanidade. De suas naves espaciais exclamaram: "Daqui de cima, olhando este resplandecente planeta azul-branco, não há diferença entre Terra e humanidade; eles formam uma única entidade; mais do que como povos, nações e raças, devemos entender-nos como criaturas da Terra, como filhos e filhas da Terra." Somos a própria Terra consciente e inteligente.

Entretanto, olhando a Terra não de fora e de longe, mas de perto e de dentro, nos damos conta de que nossa Mãe está crucificada. Possui o rosto do Terceiro e do Quarto Mundos, porque vem sendo sistematicamente agredida e violada. Quase a metade de seus filhos e de suas filhas padece de fome, está doente e condenada a morrer antes do tempo.

Por isso, são um sinal de amor concreto para com a Mãe Terra as políticas sociais que muitos países estão realizando em favor dos mais necessitados, como os projetos Fome Zero e Bolsa Família, do governo do presidente Luiz Inácio Lula da Silva. Em menos de oito anos devolveram dignidade a 50 milhões de pessoas, que agora podem comer três vezes ao dia e sentir-se cidadãos ativos.

É nossa obrigação baixar a Terra da cruz, tratar dela, curá-la e ressuscitá-la. Está em nossas mãos um documento precioso, um dos mais belos e inspiradores do início do século XXI, a Carta da Terra. Ela nasceu da consulta de mais de cem mil pessoas de 46 países e de sugestões surgidas de todos os grupos, indígenas, comunidades pobres, igrejas, universidades, centros de pesquisa e outros. Concluída em 2000, foi assumida em 2003 pela Unesco como "instrumento educativo e uma referência ética para o desenvolvimento sustentável".

A Carta da Terra compreende a Terra como viva e como nosso Lar Comum. Apresenta soluções que podem garantir-lhe um futuro de esperança, desde que cuidemos dela com compreensão, com compaixão e com amor, como cabe à nossa Grande Mãe.

Oxalá essa Carta possa um dia, não muito distante, ser apresentada, discutida, enriquecida por esta assembleia geral e ser incorporada à Carta dos Direitos Humanos. Assim teríamos um documento único sobre a dignidade da Terra com seus ecossistemas e a dignidade de cada ser humano.

Para que tudo isso se torne realidade, não nos basta a razão funcional e instrumental da tecnociência. É urgente enriquecê-la com a razão emocional e cordial, a partir da qual se elaboram os valores, o cuidado essencial, a compaixão, o amor, os grandes sonhos e as grandes utopias que movem a humanidade para inventar soluções salvadoras.

Essa razão emocional nos fará sentir a Terra como Mãe e nos levará a amá-la, respeitá-la e protegê-la contra violências e exterminações. Nossa missão no conjunto dos seres é a de sermos os guardiães e cuidadores dessa herança sagrada que o universo nos confiou.

Para terminar, me permito uma sugestão. Aprovada essa resolução de celebrar todo 22 de abril como Dia da Mãe Terra, proponho que se ponha na cúpula no alto da sala desta assembleia um globo terrestre, uma dessas imagens belíssimas da Terra, feitas a partir de fora da Terra, que nos suscitam sempre um sentimento profundo de comoção e de reverência. Ao olhá-lo, recordaremos que lá está nossa única Casa Comum, a nossa generosa Mãe Terra, que nos acompanha e nos ilumina a buscar os melhores caminhos para ela, para nós, para toda a comunidade de vida e para todos os seres que nela habitam.

Minha sugestão, se me derem vênia, vai ainda mais longe: que nesse 22 de abril de cada ano, em todos os lugares, nas escolas, nas fábricas, nos escritórios, nos laboratórios, nas empresas, nos parlamentos, se parasse e se fizesse um minuto de silêncio para pensarmos em nossa Mãe Terra, renovarmos nosso agradecimento por tudo aquilo que ela nos propicia e nosso propósito de cuidar dela, de respeitá-la e de amá-la como amamos, respeitamos nossas mães e cuidamos dela.

Estou convencido de que assim como está a Terra não pode continuar. Ela pode continuar seu curso evolucionáro, mas sem nós.

A solução para a Terra não cairá do céu. Ela será resultado de uma coalizão de forças ao redor de valores e princípios éticos e humanitários que poderão devolver-lhe o equilíbrio perdido e sua irradiação original.

Podemos e devemos transformar a eventual tragédia coletiva numa crise que nos acrisola e purifica e que nos torna mais maduros e sábios para viver dignamente neste planeta pelo curto tempo que nos foi concedido. Assim nos sentiríamos como filhos e filhas da alegria, no seio da Grande Mãe que nos acolhe e dá vida.

Notas

1. Pronunciamento feito na 63ª sessão da Assembleia Geral da ONU, em 22 de abril de 2009, como representante do Brasil e da iniciativa Carta da Terra.

CAPÍTULO II

ESPIRITUALIDADE DA TERRA: NÃO HÁ CÉU SEM TERRA

1. Espiritualidade da Terra

Nunca se falou tanto da Terra como nos últimos tempos. Parece até que a Terra acaba de ser descoberta. Os seres humanos fizeram um sem-número de descobertas, de povos indígenas embrenhados nas florestas remotas, de seres novos da natureza, de terras distantes e de continentes inteiros. Mas a Terra nunca foi objeto de descoberta. Foi preciso que os astronautas, a partir dos anos 1960, saíssem da Terra e a vissem a partir de fora, para então descobri-la como Casa Comum. Eles nos revelaram imagens nunca dantes vistas. Usaram expressões patéticas, como "a Terra parece uma árvore de Natal, dependurada no fundo escuro do universo", "ela cabe na palma de minha mão e pode ser encoberta com meu polegar, mas nela está tudo o que há de mais valioso e sagrado que temos". Outros tiveram sentimentos de veneração e de gratidão e rezaram. Todos voltaram com renovado amor pela boa e velha Terra, nossa Mãe.

Essa imagem do globo terrestre visto do espaço exterior, divulgada diariamente pelas televisões do mundo inteiro, suscita em nós sentimento de sacralidade, está criando um novo estado de consciência e permite uma nova espiritualidade. Na perspectiva dos astronautas, a partir do cosmos, Terra e humanidade formam uma única entidade. Nós não vivemos apenas sobre a Terra. Somos a própria Terra que sente, pensa, ama, sonha, venera e cuida. Por isso que *homo* (homem) em latim vem de *húmus*, que significa terra fecunda.

Mas nos últimos tempos se anunciaram graves ameaças que pesam sobre a totalidade do sistema-Terra. Os dados publicados a partir de 2 de fevereiro de 2007, culminando em 17 de novembro, pelo organismo da ONU Painel Intergovernamental das Mudanças Climáticas nos dão conta de que já entramos na fase do aquecimento global com mudanças abruptas e irreversíveis. As mudanças climáticas possuem origem andrópica, quer dizer, têm no ser humano, que inaugurou o processo industrialista selvagem, seu principal causador. Se nada for feito, iremos de encontro ao pior e milhões de seres humanos poderão deixar de viver sobre o planeta. Na pior das hipóteses, a Terra continuará, mas sem nós.

Como destruímos irresponsavelmente, devemos agora regenerar urgentemente. A salvação da Terra não cai do Céu. Será fruto da nova corresponsabilidade e do renovado cuidado de toda a família humana. É aqui que cabem a ética e a espiritualidade.

Dada essa situação nova, a Terra se tornou, de fato, o obscuro e grande objeto do cuidado e do amor humanos. Ela não é o centro físico do universo, como pensavam os antigos, mas se tornou, nos últimos tempos, o centro afetivo da humanidade. Só temos este planeta para morar. É daqui que contemplamos o inteiro universo. É aqui que trabalhamos, amamos, choramos, esperamos, sonhamos e veneramos. É a partir da Terra que fazemos a grande travessia rumo ao além. Lentamente estamos descobrindo que o valor supremo é assegurar a persistência do planeta Terra e garantir as condições ecológicas e espirituais para que a espécie humana se realize e toda a comunidade de vida se perpetue.

Em razão dessa nova consciência, falamos do *princípio Terra*. Ele funda uma nova radicalidade. Cada saber, cada instituição, cada religião e cada pessoa deve colocar-se esta pergunta: que faço eu para preservar a mátria comum e garantir que tenha futuro, já que ela está sendo construída há 4,3 bilhões de anos e merece continuar a existir?

Precisamos de uma nova equação ética que tenha como centro a vida em todas as suas formas e a Terra como um superorganismo vivo ao qual pertencemos. Faz-se urgente uma ética do cuidado, da compaixão, do respeito, da responsabilidade e da cooperação.

Assim como uma estrela não brilha sem uma aura, assim uma ética não se sustenta sem uma espiritualidade. Espiritualidade é aquela atitude pela qual percebemos que uma Energia poderosa, que chamamos Espírito Criador ou Deus, perpassa todos os seres e os mantêm como um imenso sistema cheio de sentido e de propósito. Nós podemos invocá-lo, entrar em diálogo com ele e viver a mística cósmica de São Francisco. Ao abraçar o mundo, estamos abraçando Deus.

Essa espiritualidade é urgente hoje. Talvez unicamente essa espiritualidade possa impor limites à nossa voracidade de dominar a natureza e mais ainda buscar um paradigma alternativo fundado no cuidado e no respeito. Ela permite, outrossim, um novo olhar sobre ela, como algo vivo que tem valor em si mesmo, independentemente de seu uso humano. Nós não estamos fora da natureza, nem em cima dela como quem domina. Somos parte e estamos juntos a toda a comunidade de vida.

Somos seres éticos, chamados a cuidar dela como se fosse o jardim do Éden e garantir as condições físicas, químicas, biológicas e ecológicas de sua manutenção, reprodução e coevolução. Sem essa espiritualidade, que cria em nós reverência, respeito e sentido de comunhão universal, dificilmente encontraremos uma saída do problema ecológico que ameaça toda a humanidade.

74   Leonardo Boff

Vivemos tempo de urgência. Temos pouco tempo e sabedoria de menos. Mas estamos seguros de que o instinto de vida é mais forte do que o de morte. Por isso não vivemos um cenário de morte, mas de crise que nos purifica. As dores não são de morte, mas de um novo parto. Iremos triunfar. Porque somos Terra não haverá para nós Céu sem Terra.

2. A força curativa da ecologia interior

Em tempos de crise como o nosso, procuramos fontes de inspiração lá onde estiverem. Uma delas é a ecologia interior. Para avaliar sua relevância, precisamos conscientizar o fato de que nossa relação com a Terra, pelo menos nos últimos séculos, está baseada em falsas premissas éticas e espirituais: antropocentrismo, negação do valor intrínseco de cada ser, dominação da Terra, depredação de seus recursos. Tais premissas produziram o atual estado doentio da Terra que repercute na psique humana.

Assim como existe uma ecologia exterior, existe também ecologia interior feita de solidariedade, sentimento de religação com o todo, cuidado e amorização. Ambas as ecologias estão ligadas umbilicalmente. É o que se chama de psicologia ambiental ou, na expressão de E. Wilson, de *biofilia*. Sua base não é só antropológica, mas também cosmológica. Pois o próprio universo, segundo renomados astrofísicos, como Brian Swimme, entre outros, teria uma profundidade espiritual. Ele não é feito do conjunto dos objetos, mas da teia de relações entre eles, fazendo-os sujeitos que trocam entre si informações e se enriquecem.

A partir da ecologia interior, a Terra, o Sol, a Lua, as árvores, as montanhas e os animais não estão apenas aí fora, mas vivem em nós como figuras e símbolos carregados de emoção. As experiências benfazejas ou traumáticas que tivermos com essas realidades deixaram marcas profundas na psique. Isso explica a aversão a algum ser ou a afinidade com outro.

Tais símbolos fundam uma verdadeira arqueologia interior, cujo código de decifração constituiu uma das grandes conquistas intelectuais do século XX, com Freud, Jung, Adler, Lacan, Hillmann e outros. No mais profundo, consoante C.G. Jung, brilha o arquétipo da *Imago Dei*, do Absoluto. Ninguém melhor do que Viktor Frankl trabalhou essa dimensão, que ele chama de *inconsciente espiritual*, e os modernos de *mystical mind* ou *ponto Deus* no cérebro. Esse inconsciente espiritual, em último termo, é expressão da própria espiritualidade da Terra e do universo, que irrompe através de nós porque somos a parte consciente do universo e da Terra.

É essa profundidade espiritual que nos faz entender, por exemplo, esta exemplar atitude ecológica dos indígenas sioux dos EUA. Eles se deleitam, em algumas festas rituais, com certo tipo de feijão. Esse cresce fundo no solo e é de difícil coleta. Que fazem os sioux? Aproveitam-se, então, dos estoques que uma espécie de rato das pradarias da região faz para seu consumo no inverno. Sem essa reserva correriam sério risco de morrer de fome. Ao pegar seus feijões, os indígenas sioux têm clara consciência de que estão rompendo a solidariedade com o irmão rato e que o estão roubando. Por isso, fazem comovente oração: "Tu, ratinho, que és sagrado, tenha misericórdia de mim. Tu és, sim, fraco, mas forte o suficiente para fazeres o teu trabalho, pois forças sagradas se comunicam contigo. Tu és também sábio, pois a sabedoria das forças sagradas sempre te acompanha. Que eu possa ser também sábio em meu coração para que esta vida sombria e confusa seja transformada em permanente luz." E como sinal de solidariedade, ao retirar o feijão, deixam em seu lugar porções de toucinho e de milho. Os sioux sentem-se unidos espiritualmente aos ratos e a toda a natureza.

76 Leonardo Boff

Esse espírito de mútua pertença urge ressuscitar, porque o perdemos pelo excesso de individualismo e de competição que subjazem à crise atual.

O sistema imperante exaspera o desejo de ter à custa de outro mais fundamental, que é o de ser e o de elaborar a nossa própria singularidade. Esse demanda capacidade de opor-se aos valores dominantes e de viver ideais ligados à vida, ao seu cuidado, à amizade e ao amor.

A ecologia interior, também chamada de ecologia profunda (*deep ecology*), procura acordar o xamã que se esconde dentro de cada um de nós. Como todo xamã, podemos entrar em diálogo com as energias que trabalham na construção do universo há 13,7 bilhões de anos.

Sem uma revolução espiritual será difícil sairmos da atual crise, que exige um novo acordo com a vida e com a Terra. Caso contrário, seguiremos errantes e solitários.

3. O Cristo cósmico e os muitos "cristos" na história

O processo de globalização, mais do que um fenômeno econômico-financeiro-comunicacional, representa uma nova fase da história da Terra e da humanidade.[1] É o momento em que todas as tribos podem se encontrar e trocar saberes, valores, tradições espirituais e éticas e propiciar um diálogo entre as mais diferentes culturas e religiões.[2] Todos os sistemas forçosamente devem ser abertos, e não mais fechados, como, em grande parte, eram no passado. Sistemas fechados criam suas visões de mundo, sua hierarquia de valores e suas verdades religiosas, tidas, geralmente, como únicas ou as melhores. Hoje não poderá ser mais assim. Seria reducionismo e falta de reconhecimento daquilo que o Espírito fez na história desses povos.

A humanidade deu-se conta de que podemos ser humanos, sábios e religiosos das mais diferentes formas. Todas elas revelam virtualidades latentes no ser humano. Finalmente temos consciência de que somos um projeto infinito que pode se expressar indefinidamente e moldar por muitos caminhos sua história. O único objeto secreto e adequado ao nosso desejo e ao nosso impulso de comunicação e amor só pode ser o Ser. Só aí nos saciamos.

Essa situação nova coloca questões graves ao cristianismo, especialmente com referência à figura de Jesus, crido e anunciado como Cristo e Filho único de Deus encarnado e o salvador universal. Como situar o caminho cristão junto com os demais caminhos espirituais e Jesus ao lado de outros, considerados por seus povos também portadores de graça e salvação?

Importa reconhecer que o cristianismo se elaborou no contexto cultural do mundo mediterrâneo e forçosamente participa dos limites desse sistema fechado. Agora ele é desafiado a pensar sua proposta na perspectiva aberta pela globalização e pela unificação da família humana, tendo em conta que somos produtos e expressão de um cosmos em evolução, substrato comum a todos os fenômenos.

O cristianismo não é um fóssil petrificado em suas formulações doutrinárias e em suas expressões históricas. Ele possui a natureza de um organismo vivo que cresce e se enriquece como fazem todos os organismos vivos: trocando valores e verdades a partir de sua identidade básica. Portanto, ele tem a oportunidade de mostrar virtualidades até hoje latentes e que podem vir à tona na interação com outras religiões e figuras espirituais em benefício de toda a humanidade, especialmente aquela que é mais sofredora. O cristianismo deve ser uma coisa boa para a criação e para a família humana, e não um problema e até um pesadelo.

Categorias universalistas do cristianismo

Há no cristianismo algumas categorias teológicas que lhe permitem ser um sistema aberto, e não fechado, como por exemplo: entender a criação como forma de automanifestação progressiva de Deus; o Reino como o projeto global de Deus sobre toda a criação; o oferecimento universal da salvação a todos em qualquer tempo e circunstância (*mysterium salutis*); o Verbo "que ilumina cada pessoa que vem a este mundo" (Jo 1,9); o Espírito que enche o universo e é "princípio de vida" (Gn 6,17; Ex 37,10-14); a dimensão cósmica de Cristo das epístolas aos efésios e colossenses. Essa positividade cristã é, por sua natureza, universalista, e não excludente. Queremos nos concentrar na relevância do Cristo cósmico[3] como um dado do processo evolutivo, para relacionar Jesus de Nazaré com outras figuras que bem podem ser também expressões desse Cristo cósmico.

O risco de um colonialismo cristão?

Antes de mais nada, importa afastar a tentação de um possível colonialismo cristão. Precisamos conferir mais atenção ao conteúdo do que às palavras. O conteúdo pode estar presente em outras religiões, embora possa vir formulado por outras palavras. Se fizermos especial esforço de captar tal conteúdo para além das fórmulas, seguramente chegaremos a convergências surpreendentes.

Mais e mais estamos atualmente nos acostumando a tomar em consideração os pressupostos cósmicos e biológicos das questões, pois todas elas são expressões de um imenso processo evolucionário ainda em gênese.[4] Tudo o que existe preexiste de alguma forma. Jesus, bem como Sidarta Gautama, Chuang-Tzu e outros, antes de surgir na história humana, estava em gestação dentro do universo. Por aquilo que fizeram foram chamados, no caso de Jesus, de Cristo e, no de Sidarta Gautama, de Buda. Todos eles possuem dimensões cósmicas, na medida em que o universo inteiro trabalhou para que seu surgimento fosse possível. O que irrompeu neles não se transformou em monopólio pessoal. Eles realizaram de forma arquetípica virtualidades presentes no universo. Assim podemos dizer que Jesus surge como uma expressão singular do Cristo cósmico. O Cristo cósmico não esgota todas as formas possíveis de sua manifestação em Jesus homem mediterrâneo, limitado e datado. Algo semelhante vale para Sidarta Gautama, que não esgota todas as virtualidades presentes em Buda. Seria tarefa de uma teologia radical (que vai até as últimas raízes) identificar outras figuras às quais caberia o qualificativo de Cristo, embora não se chamem Jesus de Nazaré, ou de Buda, embora não sejam identificadas com Sidarta Gautama.

Um cristianismo que ultrapassa "o cristianismo"

O próprio cristianismo nos leva a uma autossuperação que evita exclusivismo. Há, por exemplo, uma afirmação do Concílio Vaticano II que diz: "Por sua encarnação, o Filho de Deus uniu-se de algum modo a todo ser humano" (Gaudium et Spes, 22b). Isso quer dizer: cada ser humano foi tocado pelo Filho de Deus, não apenas os batizados e cristãos. Ele tem a ver com cada membro da família humana, independentemente de sua inscrição religiosa. Por ser humano, carrega dimensões críticas.

O Concílio Calcedônia (451) professa dogmaticamente que Jesus Cristo, sendo Deus, "é perfeito na humanidade, verdadeiramente homem e consubstancial a nós segundo a humanidade, sendo em tudo igual a nós, exceto no pecado".

80 Leonardo Boff

Essa afirmação é carregada de significação antropológica. No fundo se diz: o que se atribui a Jesus pode ser atribuído a cada ser humano, portador da mesma natureza que se formou ao longo de bilhões de anos de história cósmica.

Concretamente, nele estão presentes todas as energias e todos os elementos físico-químicos que se forjaram no coração das grandes estrelas vermelhas antes de explodir e de lançar tais elementos pelo universo afora. Esses entraram na composição das galáxias, das estrelas, dos planetas e de nossa própria realidade. O ferro que corria nas veias de Jesus ou de Sidarta Gautama, o fósforo e o cálcio que fortaleciam seus ossos e seus nervos, o nitrogênio e o azoto que garantiam seu crescimento, os 65% de oxigênio e os 18% de carbono que compunham seus corpos fazem com que Jesus e Sidarta Gautama sejam realmente seres cósmicos.

Como o universo não possui apenas exterioridade, mas também interioridade, podemos dizer que a profundidade psíquica deles vem habitada pelos movimentos mais primitivos do inconsciente cósmico, vegetal, animal e humano, pelos sonhos mais arcaicos e pelas paixões mais originárias, pelos arquétipos mais profundos e pelos símbolos mais ancestrais.

Numa palavra, Jesus e Sidarta Gautama são também produtos da grande explosão inicial, com os desdobramentos que então ocorreram. Suas raízes se encontram na Via Láctea, seu berço no sistema solar, sua casa no planeta Terra e seu lugar concreto para Jesus na Palestina, especificamente em Nazaré, e para Sidarta Gautama em Pali e Benares, na Índia.

Eles são membros da família humana. Como os demais seres humanos, são animais, da *classe* dos mamíferos, da *ordem* dos primatas, da *família* dos hominidas, do *gênero homo*, da *espécie sapiens* e *demens*.

Jesus e Sidarta são filhos ainda da história da humanidade, de Israel e da Índia. Ambos são representantes da cultura de seu tempo. Pensaram e agiram com os recursos que essa cultura lhes propiciava.

Sem essas determinações histórico-cósmicas, eles não seriam concretos como foram. Jesus, por exemplo, não seria aquele que peregrinou nas poeirentas estradas da Palestina, anunciando um novo estado de consciência, de que somos de fato todos filhos e filhas de Deus e operadores de um Reino construído sobre uma nova relação com Deus, chamado de Pai e com características de Mãe, dando centralidade aos pobres, ao amor e à irmandade universal, à compaixão e ao perdão incondicional.

Dois caminhos para se entender a encarnação

Detenhamo-nos rapidamente na figura de Jesus, pois é de nosso lar espiritual. A fé cristã professa que esse homem Jesus foi contemplado (ungido) para ser o Filho de Deus encarnado. Tentou explicar esse evento bem-aventurado por dois caminhos. O primeiro parte do Filho que se acercou com amor e simpatia pelo ser humano e o assumiu. A nossa humanidade começou a pertencer ao Filho, que então se humanizou ou se encarnou. O segundo parte do ser humano, cuja natureza é ser um projeto infinito e capaz de total abertura a Deus. Jesus se abriu de forma tão radical ao Filho que se identificou com ele. Ele se sente o Filho ao chamar Deus de Abba-Pai de bondade.

Ora, se Jesus se divinizou no Filho e se o Filho se humanizou em Jesus e esse Jesus é em tudo igual a nós, significa então que ser Filho humanizado e homem divinizado está dentro das possibilidades da humanidade. Caso contrário, seria impossível que esse evento bem-aventurado tivesse acontecido. Cada um à sua maneira, mas de forma real e concreta, é chamado a ser o *assumptus homo*: o ser

82 Leonardo Boff

humano, assumido para dentro do mistério do Filho, ou então de sermos o receptáculo do Filho que busca humanizar-se.

O "crístico" e o cristão

Pierre Teilhard de Chardin (1881-1955) viu essa inserção cósmica de Jesus, chamado Cristo, e cunhou o termo "crístico" em distinção do "cristão".[5] A criação e a humanidade possuem objetivamente uma dimensão crística. Ela é um dado objetivo, ligado ao mistério da criação em processo de evolução/expansão/autocriação. Ora, esse dado objetivo se transforma em subjetivo quando chega à consciência no homem Jesus e em seus seguidores, que formaram e formam uma comunidade de destino ao redor desse novo estado de consciência. O "crístico" então se transforma em "cristão", que é o "crístico" conscientizado, subjetivado e feito história.

Essa reflexão nos faz recordar Santo Agostinho em sua resposta a um filósofo pagão (Epístola 102) ou em suas *Retractationes* (I, 13,3): "Aquela que agora recebe o nome de religião cristã sempre existia anteriormente e não esteve ausente na origem do gênero humano, até que Cristo veio na carne; foi então que a verdadeira religião, que já existia, começou a ser chamada de cristã."

Em outras palavras, o Jesus histórico não esgota em si todas as possibilidades contidas no crístico. O crístico pode emergir em outras figuras. Na verdade, emerge em cada pessoa humana, em todos os organismos vivos, em cada ser do universo, na matéria, no mundo subatômico, nas energias primordiais. O crístico se encontra na raiz de todo ser.

Para entender tais afirmações precisamos esclarecer a palavra "Cristo".[6] Não é um nome, mas um adjetivo que se atribui a uma pessoa. Cristo em grego significando o "ungido", como Messias em hebraico significa também "ungido".

"Ungido" é aquela pessoa que foi consagrada e assinalada para desempenhar uma determinada missão. O rei, os profetas, os sacerdotes eram "ungidos", consagrados ao exercer uma função específica: o rei, governar com equidade, dando especial atenção aos desvalidos· o profeta, anunciar a Palavra; o sacerdote, celebrar os ritos sagrados. Mas cada pessoa individual e em sua singularidade é também um "ungido", pois é chamado por Deus por seu nome e ocupa o seu lugar no desígnio divino. Jesus foi chamado de Cristo por causa da obra redentora e libertadora que operou de forma exemplar e arquetípica.

Notemos a seguinte lógica: homem Jesus se transformou em Cristo e o Cristo se transformou em Logos ou Filho de Deus. O Cristo se tornou, assim, a manifestação do Logos ou do Filho.

O budismo conhece semelhante caminho.[7] Em primeiro lugar existe Sidarta Gautama, o ser histórico que viveu 600 anos antes de Cristo. Mediante um processo de interiorização e ascese, chegou à "iluminação", que é um mergulho radical no Ser. Começou então a ser chamado de Buda, que significa "o iluminado". Mas essa iluminação – ser Buda – não é o monopólio de Sidarta Gautama. Ela é oferecida a todos. Existe, portanto, a "budeidade", aquela Realidade transcendente que pode se autocomunicar de muitas formas na história das pessoas. O Buda é uma manifestação da "budeidade" que é a mais pura luz, a luz divina e a essência inominável.

Como transparece, o conteúdo concreto de "Cristo" e de "Buda" remete à mesma Realidade. Ambos revelam Deus. Sidarta Gautama é uma manifestação do Cristo cósmico como Jesus de Nazaré. Ou Jesus de Nazaré é um "iluminado" como Buda. Ambos foram "ungidos" para essa missão.

O taoísmo diz algo semelhante. No dizer do mestre Chuang-Tzu, "não há lugar onde o Tao não possa ser encontrado... Ele é grande em tudo, completo em tudo, universal em tudo, integral

84   Leonardo Boff

em tudo".[8] O Tao é o Caminho universal, a Ordem cósmica, a Energia suprema, o Mistério abissal. Cada ser (pessoa, animal, pedra) possui o seu Tao, quer dizer, carrega-o dentro de uma forma particular e assim o revela. Unindo-nos ao Tao cósmico, alimentamos o Tao que está em nós e mergulhamos mais profundamente nele.

Outras figuras do "Cristo cósmico" na história

Expressões singulares do Cristo cósmico ou da Iluminação ou do Tao, cada uma a seu modo e forma, são figuras como Krishna, Francisco de Assis. Mahatma Gandhi, o papa João XXIII, dom Helder Câmara, Martin Luther King, Madre Teresa de Calcutá, entre tantos e tantas. Eles e elas não esgotam as possibilidades dessa sublime Realidade. Ela se dá em todos. Mas neles ganharam tal densidade que se transformaram em referências e arquétipos orientadores para multidões da humanidade que se descobrem também como filhos e filhas de Deus e portadores da Iluminação e do Tao.

Outra expressão do Cristo cósmico que evita a "cristianização" do tema é a expressão Sabedoria/Sofia.[9] Está presente na tradição de todos os povos que ostentam os seus mestres e sábios. Exaltam a Sabedoria como plasmadora da vida e do universo em sua forma mais harmoniosa.

O Antigo Testamento dedica-lhe todo um livro – o livro da Sabedoria – no qual se afirma que por ela foram criadas todas as coisas. "Embora sendo uma só, pode tudo; permanecendo imutável, renova tudo, se estende com vigor de uma extremidade a outra e governa benevolamente o mundo" (7, 27; 8,1). Essa Sabedoria perpassa o mundo, suscitando integridade, equilíbrio, esplendor e beleza. Cada ser do universo é fruto da Sabedoria e é seu sacramento. É uma outra expressão do Cristo cósmico, da budeidade e do Tao.

A categoria Logos também foi usada por São João e os primeiros teólogos cristãos para mostrar a universalidade do Cristo cósmico. Por mais complexos que sejam os muitos significados de Logos,[10] no seu núcleo essencial ele quer expressar o momento de inteligibilidade e ordenação do universo que não pode permanecer como uma força impessoal, mas de suma subjetividade e consciência.

O conhecido mestre yogui do Brasil, Hermógenes, sem cair no sincretismo fácil, mas a partir de uma profunda experiência espiritual de unidade com o Todo, criou a seguinte fórmula como "Glória ao Uno":[11]

"Pedi a bênção a Krishna/E o Cristo me abençoou./Orei ao Cristo/E foi Buda que me atendeu./Chamei por Buda/E foi Krishna que me respondeu."

4. Ciência e espiritualidade

É de Einstein a frase: "A ciência sem religião é manca, a religião sem a ciência é cega." Com isso queria dizer que a ciência levada até a sua exaustão termina no mistério que produz assombro e encantamento, experiência típica das religiões. A religião que não se abre a esse mistério das ciências deixa de se enriquecer, tende a se fechar em seus dogmas e por isso fica cega. A ciência se propõe explicar o *como* existem as coisas. A religião se deixa extasiar pelo *fato* de que as coisas existem.

O que é a matemática para o cientista é a oração para o religioso. O físico busca a matéria até a sua última divisão possível, os *topquarks*, chega aos campos energéticos e ao vácuo quântico. O religioso capta uma energia inefável, difusa em todas as coisas, até em sua suprema pureza em Deus.

86   Leonardo Boff

Ciência e religião se perguntam: O que se passou antes do *big bang* e do tempo? Muitos cientistas e religiosos convergem nesta compreensão: havia o Mistério, a Realidade intemporal, no absoluto equilíbrio de seu movimento, a Totalidade de simetria perfeita e a Energia sem entropia.

Num "momento" de sua plenitude, Deus decide criar um espelho no qual pudesse ver a si mesmo. Cria aquele pontozinho, bilionesimamente menor do que um átomo. Um fluxo incomensurável de energia é transferido para dentro dele. Aí estão todas as possibilidades.

Potencialmente todos nós estávamos lá juntos. De repente, tudo se inflacionou e depois explodiu. Surgiu o universo em expansão. O *big bang*, mais do que um ponto de partida, é um ponto de instabilidade que, no afã de criar estabilidade, gera unidades e ordens cada vez mais complexas, como a vida e a nossa consciência.

O princípio de auto-organização do universo está agindo em cada parte e no todo. Neste universo tudo tem a ver com tudo, formando uma incomensurável rede de relações. Deus é a palavra que as religiões encontraram para esse Princípio, tirando-o do anonimato e inserindo-o na consciência. Para defini-lo não há palavras. Por isso, é melhor calar do que falar. Mas se tudo é relação, então não é contraditório pensar que Deus seja também uma relação infinita e uma suprema comunhão.

Ora, essa ideia é testemunhada pelas tradições religiosas. A experiência judaico-cristã narra continuamente as relações de Deus com a humanidade, um Deus pessoal que se mostra em três Viventes: o Pai, o Filho e o Espírito Santo. O ser humano sente essa Realidade em seu coração na forma de *entusiasmo* (filologicamente significa *ter um deus dentro*). Na experiência cristã, diz-se que Ele se acercou de nós, fez-se mendigo para estar perto de cada um. É o sentido espiritual da encarnação de Deus em nossa miséria.

A ânsia humana fundamental não reside apenas em saber de Deus por ouvir dizer, mas em querer experimentar Deus. Atualmente, seria a ecologia profunda, a que cria o melhor espaço para semelhante experiência de Deus. Mergulha-se então naquele Mistério que tudo penetra e tudo sustenta. Mas para aceder a Deus, não há apenas um caminho e uma só porta. Essa é a ilusão ocidental, particularmente das igrejas cristãs, com sua pretensão de monopólio da revelação divina e dos meios de salvação. Para quem um dia experimentou o Mistério que chamamos Deus, tudo é caminho e cada ser se faz sacramento e porta para o encontro com Ele.

A vida, apesar de suas muitas travessias e das difíceis combinações da dimensão diabólica com a simbólica, pode então se transformar numa festa e numa celebração.

Ela será leve, porque carregada da mais alta significação.

5. Espiritualidade nos negócios

Alguém que está comprometido com o pensamento originário e que se preocupa com o destino da humanidade e de nossa Casa Comum deve ter a coragem de dizer: não adiantam apenas controles e regulações dos capitais financeiros e dos mercados para sairmos da crise, como quer a tendência dominante. São panaceias que não afetam a raiz do caos atual. Querem fazer economia de mudanças radicais. Feitas, elas nos livrariam de uma tragédia global. Preferem alimentar e vender ilusões de que, dentro de pouco tempo, tudo vai voltar ao normal. Mas como querem, não vai.

O fato é que o sistema e a cultura do capital não dão mais conta da condução da vida social da humanidade. As muitas crises são expressões de uma única crise: a crise espiritual. Não se há de identificar o espiritual com as religiões e as igrejas. Ao contrário, a partir do espiritual devemos criticá-las, especialmente, a Igreja Católica, que, sob o atual papa, vive aterradora crise espiritual. Basta considerar a falta de compaixão que o papa demonstrou, na sua recente viagem à África, a propósito da Aids, que em alguns países é uma verdadeira devastação.

O que precisamos é de espiritualidade em todos os âmbitos da vida. Também nos negócios. Quando falo de espiritualidade penso num novo sentido de ser, num novo sonho coletivo, urdido de valores infinitos como a cooperação, a solidariedade, o respeito a cada ser, o cuidado para com toda a vida, a harmonia com natureza, o amor à Mãe Terra e a pluralidade das expressões do Sagrado.

Uma sociedade e uma economia só serão sustentáveis quando seus líderes e seus cidadãos forem imbuídos de certa espiritualidade e movidos por valores e princípios que respondam aos desafios da crise, pouco importando as dificuldades exigidas. São assumidos com coragem porque é uma exigência deste momento histórico, e não por interesses daqueles filisteus de Wall Street que premeditadamente nos induziram ao erro. Esses toleram, com resistências, controles, desde que não prejudiquem a dinâmica do mercado livre e a lógica da acumulação. Querem o mesmo, apenas mais seguro.

Valores novos e exemplos seminais são os que verdadeiramente convencem. Refiro o exemplo de um empresário japonês, Yazaki, contado pela física quântica Danah Zohar, num precioso *A inteligência espiritual* (Record, 2002).

Yazaki herdou uma pequena empresa de mala direta. Expandiu-se pelo mundo inteiro. Conseguiu tudo o que queria: sucesso, riqueza, respeito da comunidade e uma família integrada. Mas sentia que algo lhe faltava. Corroía-o grande vazio interior. Sugeriram-lhe que frequentasse um mosteiro zen. Passou lá uma semana em meditação com um mestre respeitado. Encontrou-se com

Cuidar da Terra — proteger a vida   89

seu eu profundo e a conexão que ele mantém com o todo. Deu-se conta de que os bens materiais se mostravam ilusórios porque não o preenchiam, apenas lhe davam satisfação material.

Saiu do mosteiro com outro olhar. Começou a perceber a beleza de uma cerejeira em flor e a singeleza de um caqui maduro. Em sua autobiografia, escreveu: "Os seres humanos separaram o eu do mundo, a natureza da humanidade e o eu pessoal dos outros eus. Por isso caíram na armadilha das ilusões no esforço de preencher o eu vazio. E se fizeram vítimas fatais de um aterrador cenário de autoengano, de hipocrisia e de farisaísmo."

A experiência espiritual não o levou a abandonar o negócio. Deu-lhe outro sentido. Trocou o nome da empresa, chamando-a de "Felicíssimo", combinação de "feliz" das línguas latinas. A acumulação deveria destinar-se a aumentar a felicidade humana, dele e dos outros. Esteve na Rio-92 para inteirar-se dos problemas ambientais. Destinou grande parte de sua fortuna a fundações que cuidam da educação e do ambiente. Termina seu livro dizendo: "Servir nesse nível é servir a Deus." Com ele, a crise foi superada e a humanidade deu um pequeno salto na direção daquilo que deve ser.

6. O universo com propósito: a soma não zero

Há um debate nas ciências e em toda a reflexão filosófica que sempre ressurge e que está presente também na cotidianidade de nossa existência.

Olhando as coisas como estão no mundo, seja no seu aspecto social e ecológico — os desastres que estão ocorrendo com milhares de vítimas —, seja considerando a nossa própria vida, cheia de contradições, de parcos momentos de felicidade e longos de tribulação, nos interrogamos: a vida tem mesmo sentido? Não é

90 Leonardo Boff

tudo um jogo contraditório, no qual crimes se misturam com virtudes, esperteza se junta com generosidade e farisaísmo com retidão?

Não raro encontramos pessoas que de fora se mostram gentis e ternas, mas que de perto se revelam voluntaristas e, não raro, muito autoritárias.

Costumamos dizer que essa é a *condition humaine* que nos faz sapientes (*sapiens*) e simultaneamente dementes (*demens*). Com efeito, somos a coexistência sofrida desses contrários. Será sempre assim? Conseguiremos, em nossa vida, imitar Deus, que escreve direito por linhas tortas?

Essas angústias não poupam pessoas religiosas e até intelectualmente bem formadas. A fé não tira o fiel dessas obscuridades. Que o digam os místicos, como São João da Cruz, que fala da "noite escura dos sentidos", na qual todos os deleites da vida desaparecem e a aridez assola a alma. Mas isso é apenas o começo. Depois virá "a noite do espírito". Essa é "terrível e amedrontadora", diz o místico, porque mergulha a alma na experiência do inferno e na completa ausência de Deus.

Quem tiver paciência e obstinação de continuar crendo no Sol mesmo que tenha sido tragado pela noite ou aprisionado pela escuridão, esse herdará uma alegria e um deleite que já significa a antecipação daquilo que chamamos de Céu. Mas como demora e quanto custa!

Essa questão é suscitada hoje com frequência na reflexão da moderna cosmologia. Renomados cientistas optam pela não direcionalidade do universo. Ele é simplesmente sem sentido.

Outros, cito apenas um, o conhecido físico da Grã-Bretanha Freeman Dyson, que testemunha: "Quanto mais examino o universo e estudo os detalhes de sua arquitetura, tanto mais evidências encontro de que o universo, de alguma maneira, deve ter sabido que estávamos a caminho." Efetivamente, o princípio an-

Cuidar da Terra — proteger a vida 91

drópico assegura que se não tivesse ocorrido, nos primeiríssimos momentos após o *big bang*, um equilíbrio sutil, de bilionésimos de segundos, entre a força de atração e a de expansão, não haveria condições de se formar a matéria e, assim, a vida seria impossível, e consequentemente o ser humano.

Olhando retrospectivamente o processo evolucionário, que já possui 13,7 bilhões de anos, não podemos negar que houve uma escalada ascendente na direção de cada vez mais complexidade, de cada vez mais vida e de cada vez mais subjetividade que permite o pensar, o sentir, o amar e o cuidar.

O conhecido pensador R. Wright fala, nesse contexto, de "soma não zero". Diz que "colocando tudo na balança, no longo prazo, situações de soma não zero produzem somas mais positivas do que negativas". Em outras palavras, vigora irrecusável direcionalidade da história, fazendo com que haja sempre um desempate em favor do sentido contra o absurdo. É esse mínimo de positividade, soma não zero, que funda a esperança no destino feliz do universo e de nossa atribulada existência.

O embate entre caos e cosmos, justiça e injustiça continua, mas o desfecho se verga na direção da vitória do cosmos e da justiça. Não é esse o desejo humano mais profundo e o impulso indomável do coração?

7. O resgate da utopia

No desamparo que grassa na humanidade atual faz-se urgente resgatar o sentido libertador da utopia. Na verdade, vivemos no olho de uma crise civilizacional de proporções planetárias. Toda crise oferece chances de transformação, bem como riscos de fracasso. Na crise, medo e esperança se mesclam, especialmente agora que estamos já dentro do aquecimento global.

Precisamos de esperança. Ela se expressa na linguagem das utopias. Essas, por sua natureza, nunca vão se realizar totalmente. Mas elas nos mantêm caminhando. Bem disse o irlandês Oscar Wilde: "Um mapa do mundo que não inclua a utopia não deve nem ser olhado, pois ignora o único território em que a humanidade sempre atraca, partindo em seguida para uma terra ainda melhor."

Entre nós acertadamente observou o poeta Mário Quintana: "Se as coisas são inatingíveis...ora!/Não é motivo para não querê-las/Que tristes os caminhos se não fora/A mágica presença das estrelas."

A utopia não se opõe à realidade, antes pertence a ela, porque essa não é feita apenas por aquilo que é dado, mas por aquilo que é potencial e que pode um dia se transformar em dado real. A utopia nasce desse transfundo de virtualidades presentes na história e em cada pessoa.

O filósofo alemão Ernst Bloch cunhou a expressão *princípio-esperança*. Por princípio-esperança, que é mais do que a virtude da esperança, ele entende o inesgotável potencial da existência humana e da história que permite dizer *não* a qualquer realidade concreta, às limitações espaço-temporais, aos modelos políticos e às barreiras que cerceiam o viver, o saber, o querer e o amar.

O ser humano diz *não* porque primeiro disse *sim: sim* à vida, ao sentido, à justiça dos pobres, aos sonhos e à plenitude ansiada. Embora realisticamente não entreveja a total plenitude no horizonte das concretizações históricas, nem por isso ele deixa de ansiar por ela com uma esperança jamais arrefecida.

Jó, quase nas vascas da morte, podia gritar a Deus: "Mesmo que Tu me mates, ainda assim espero em Ti." O paraíso terrenal narrado no Gênesis 2-3 é um texto de esperança. Não se trata do relato de um passado perdido e do qual guardamos saudades, mas é antes uma promessa, uma esperança de futuro ao encontro do qual estamos caminhando. Como comentava Bloch: "O verdadeiro Gênese não está no começo, mas no fim."

Só no termo do processo da evolução serão verdadeiras as palavras das Escrituras: "E Deus viu que tudo era bom." Enquanto evoluímos nem tudo é bom, só perfectível.

O essencial do cristianismo não reside em afirmar a encarnação de Deus. Outras religiões também o fizeram. Mas é afirmar que a utopia (aquilo que não tem lugar) virou eutopia (um lugar bom). Em alguém, não apenas a morte foi vencida, o que seria ainda pouco, mas todas as virtualidades escondidas no ser humano explodiram e implodiram. É o sentido teológico de ressurreição que, como se depreende, é muito mais do que a reanimação de um cadáver como o de Lázaro.

Jesus é o "Adão novíssimo", na expressão de São Paulo, o homem abscôndito agora revelado. Mas ele é apenas o primeiro dentre muitos irmãos e irmãs; nós seguiremos a ele, completa São Paulo.

Anunciar tal esperança no atual contexto sombrio do mundo não é irrelevante. Transforma a eventual tragédia da Terra e da humanidade, devido às ameaças sociais e ecológicas, numa crise purificadora. A esperança não nos dá uma certeza. Mas nos oferece uma proposta bem fundada de que vamos fazer uma travessia perigosa, de que a vida será garantida e de que o planeta ainda se regenerará.

Os grupos portadores de sentido, as religiões e as igrejas cristãs devem proclamar de cima dos telhados semelhante esperança. A grama não cresceu sobre a sepultura de Jesus. A partir da crise da sexta-feira da crucificação, a vida triunfou. Por isso a tragédia não pode ter a última palavra. É um drama, mas com um desfecho bom. A última palavra tem a vida em esplendor solar.

8. A verdadeira alternativa: ou a vida ou a ressurreição

A Páscoa é festa central para judeus e cristãos. Ela celebra – celebrar é atualizar – para os judeus a passagem da escravidão no Egito para a terra da promissão, a passagem pelo Mar Vermelho e a passagem de massa anônima para um povo organizado. A figura de referência é Moisés, libertador e legislador, que nasceu cerca de 1.250 anos antes de nossa era. Conduziu a massa para a liberdade e a fez povo de Deus.

Para os cristãos a Páscoa é também passagem. Tem como figura central Jesus de Nazaré. Ela celebra a passagem de sua morte para a vida, de sua paixão para a ressurreição, do velho Adão para novo Adão, deste cansado mundo para o novo mundo em Deus.

Como em todas as passagens, há ritos, os famosos ritos de passagem tão minuciosamente estudados pelos antropólogos. Em toda passagem há um antes e um depois. Há uma ruptura. Os que fazem a passagem se transformam. O rito de passagem do nascimento, por exemplo, celebra a ruptura da pertença ao mundo natural para a pertença ao mundo cultural, representado pela imposição do nome. O batismo celebra a passagem do mundo cultural para o mundo sobrenatural, quer dizer, de filho e filha dos pais para filho e filha de Deus. O casamento é outro importante rito de passagem: de solteiro ou solteira com as disponibilidades que cabem a essa fase da vida para casado com as responsabilidades que esse estado comporta. A morte é outro grande rito de passagem: passa-se do tempo para a eternidade, da estreiteza espaço-temporal para a total abertura do infinito, deste mundo para Deus.

Se bem repararmos, toda vida humana possui estrutura pascal. Toda ela é feita de crises que significam passagens e processos de acrisolamento a amadurecimento. Tomando o tempo como referência, verifica-se uma passagem da meninice à juventude, da juventude à idade adulta, da idade adulta à velhice (hoje prefere-se terceira idade), da velhice para a morte, da morte para a ressurreição e da ressurreição para o inefável mergulho no reino da Trindade, segundo a crença dos cristãos.

São verdadeiras travessias com riscos e perigos que esse fenômeno existencial implica. Há travessias que são para o abismo, há outras que são para a culminância. Mas a Páscoa traz uma novidade, tão bem intuída pelo filósofo Hegel, numa sexta-feira santa no Konvikt (seminário protestante) de Tübingen, onde estudava. Segundo Hegel, a Páscoa nos revela a dialética objetiva do real: a tese, a antítese e a síntese. A vida é a tese. A morte é a antítese. A ressurreição é a síntese. A síntese é um processo de recolhimento e resgate de todas as negatividades dentro de uma outra positividade superior. Assim como o negativo nunca é absolutamente negativo nem o positivo é somente positivo. Ambos se contêm um ao outro, encerram contradições e formam o jogo dinâmico da vida e da história. Mas tudo termina numa síntese superior.

Talvez essa seja a grande contribuição que a Páscoa judaico-cristã oferece aos que se afligem e se interrogam sobre o sentido da vida e da história. O cativeiro não é destino final, mas a libertação, a morte não detém o sentido das coisas, mas a vida e a ressurreição. Assim a história estará sempre aberta.

Com razão nos dizia o poeta e profeta dom Pedro Casaldáliga: "Depois da síntese final da Páscoa de Cristo não nos é mais permitido viver tristes. Agora a verdadeira alternativa é: ou a vida ou a ressurreição."

9. Amor franciscano

Quem diria que um homem que viveu há mais de 800 anos viesse a ser referência fundamental para todos aqueles que procuram um novo acordo com a natureza e que sonham com uma confraternização universal? Esse é Francisco de Assis (1181-1226), proclamado patrono da ecologia. Nele encontramos valores que perdemos, como o encantamento em face do esplendor da natureza, a reverência diante de cada ser, a cortesia para com cada pessoa e o sentimento de irmandade com cada ser da criação, com o Sol e a Lua, com o lobo feroz e o hanseniano que ele abraça enternecido.

Francisco realizou uma síntese feliz entre a ecologia exterior (meio ambiente) e a ecologia interior (pacificação) a ponto de se transformar no arquétipo de um humanismo terno e fraterno, capaz de acolher todas as diferenças. Como asseverou Hermann Hesse: "Francisco casou em seu coração o Céu com a Terra e inflamou com a brasa da vida eterna nosso mundo terreno e mortal." A humanidade pode se orgulhar de ter produzido semelhante figura histórica e universal. Ele é o novo, nós somos o velho.

O fascínio que exerceu desde seu tempo até os dias de hoje se deve ao resgate que fez dos direitos do coração, à centralidade que conferiu ao sentimento e à ternura que introduziu nas relações humanas e cósmicas. Não sem razão, em seus escritos a palavra "coração" ocorre 42 vezes sobre uma de "inteligência", "amor" 23 vezes sobre 12 de "verdade", "misericórdia" 26 vezes sobre uma de "intelecto". Era o "irmão-sempre-alegre", como o alcunhavam seus confrades. Por essa razão, deixa para trás o cristianismo severo dos penitentes do deserto, o cristianismo litúrgico monacal, o cristianismo hierático e formal dos palácios pontifícios e das cúrias clericais, o cristianismo sofisticado da cultura livresca da teologia escolástica. Nele emerge um cristianismo de jovialidade e canto, de paixão e dança, de coração e poesia. Ele preservou na idade adulta a inocência como claridade infantil que devolve frescor, pureza e encantamento à penosa existência nesta Terra. Nele as pessoas não comparecem como "filhos e filhas da necessidade, mas como filhos e filhas da alegria" (G. Bachelard). Aqui se encontra a relevância inegável do modo de ser do *Poverello* de Assis para o espírito ecológico de nosso tempo, carente de encantamento e de magia.

Estando certa vez, em 4 de outubro, festa do Santo, em Assis, naquela minúscula cidade branca ao pé do monte Subásio, celebrei o amor franciscano com o seguinte soneto que me atrevo a publicar:

"Abraçar cada ser, fazer-se irmã e irmão,/Ouvir a cantiga do pássaro na rama,/Auscultar em tudo um coração/Que pulsa na pedra e até na lama,/Saber que tudo vale e nada é em vão/E que se pode amar mesmo a quem não ama,/Encher-se de ternura e compaixão/Pelo bichinho que por ajuda clama,/Conversar até com o fero lobo/E conviver e beijar o leproso/E, para alegrar, fazer-se de joão-bobo,/Sentir-se da pobreza o esposo/E derramar afeto por todo o globo:/Eis o amor franciscano: oh supremo gozo!"

10. O eixo do amor: Rûmî e São Francisco de Assis

Os muitos tempos

A história é feita por muitos tipos de tempo. Cada tempo tem sua epocalidade e funda histórias diferentes. Isso vale também para a eclosão da experiência mística.

Existe o tempo cosmológico, que obedece ao dinamismo da evolução, que se, de um lado, vai se expandindo mais e mais e de forma cada vez mais acelerada, por outro se autocria, se recolhe sobre si mesmo, gestando a complexidade, novas ordens, a vastíssima diversidade de seres, até irromper a consciência com criações que vão além do inscrito na evolução.

Há o tempo do relógio, que é sempre constante, pouco importando os conteúdos e os eventos que se sucedem. Os gregos chamavam esse tipo de tempo de *krónos*, donde nos vem a palavra *cronologia*: o contar sucessivo dos acontecimentos. O filósofo francês Henri Bergson chama isso simplesmente de *temps*, o tempo.

Existe ainda o tempo denso e seminal. É aquele momento no qual o tempo do relógio parece parar tal é a intensidade do evento que acontece e é vivido subjetivamente. Os apaixonados entendem essa linguagem: o tempo do encontro de amor e do êxtase desaparece para dar lugar a uma experiência de total concentração e realização. Ou pode dar-se também o inverso: a espera da pessoa amada cujo avião desapareceu e se aguardam informações que nunca chegam; a espera do diagnóstico médico que pode revelar se a doença é letal ou curável. Esse tempo é interminável, impaciente e perturbador. Os gregos chamavam esse tempo de *kairós*, palavra para a qual não temos correspondente nas línguas latinas. É o tempo maximamente denso, fundador de outra história e descortinador de um novo horizonte. *Kairós* foi a ressurreição de Jesus, que trouxe de volta os discípulos dispersos e que deu origem ao cristianismo; ou a iluminação de Sidarta Gautama, que o transformou em Buda e fundou seu caminho espiritual, o budismo; mais do que uma religião, essa é uma forma de sabedoria. O mesmo filósofo Henri Bergson chama esse tempo de *durée*, a duração concentrada do tempo do relógio. No livro *Martín Fierro*, do escritor argentino José Hernández, se diz acertadamente: "O tempo é a espera daquilo que há de vir."

Há ainda um terceiro tipo de tempo que representa uma reviravolta em seu curso e que funda tempos novos e longos da história humana, marcando certa homogeneidade e uma determinada direção dos acontecimentos. O filósofo alemão Karl Jaspers chama isso de *Acksenzeit* (*tempo do eixo*). Com isso quer dar conta do fato de que, de repente e simultaneamente, ocorreu uma virada no eixo do tempo histórico em várias e grandes culturas. Nelas ocorreu uma irrupção de um novo estado de consciência nas pessoas, surgiram novas mensagens, emergiram novos valores e começou outra configuração da história.

Curiosamente, quase ao mesmo tempo irrompeu por volta do século VI antes de nossa era o pensamento filosófico na Grécia de Sócrates, Platão e Aristóteles. Em Israel se fez ouvir a voz dos profetas que anunciavam a aliança de Deus não apenas com o povo, mas com o coração de cada pessoa, fazendo-a responsável por seu destino. Na Índia Sidarta Gautama teve debaixo da árvore sua iluminação que o fez tornar-se Buda, modificando para sempre a história espiritual do Oriente, começando na Índia e indo para a China e o Japão. Na China eclodiram os grandes mestres, como Chung-Tzu e outros. Na América Central, com os maias e os incas, apareceram os grandes sábios e poetas ("flor e canto") que conferiram um sentido novo à história daqueles povos. Todos são expressões do *tempo do eixo*.

O filósofo alemão Friedrich Hegel se refere a um fenômeno temporal semelhante que abre uma nova leitura do tempo, o *Weltgeist*, o Espírito do mundo. Em sua filosofia, constata que a história é dialética, feita de contradições que buscam seu equilíbrio numa síntese superior. Há momentos em que, após grandes tensões, longos vaivéns e sofridas obscuridades, emerge um fenômeno fundador como uma espécie de revelação. Ele represen-

100   Leonardo Boff

ta uma síntese, capaz de fundar uma história nova com figuras paradigmáticas, com instituições diferentes, com outros valores e uma espiritualidade singular.

Para Hegel é a emergência do *Weltgeist*, do Espírito no mundo ou Espírito do mundo. Espírito é aquela energia misteriosa e soberana que preside o curso do cosmos, da vida e da consciência e orienta todos os fenômenos para uma síntese derradeira, não mais superável.

Podemos imaginar que o êxodo dos judeus da escravidão no Egito, liderados pela figura carismática de Moisés, a força profética de Isaías, o nascimento, a gesta, a morte e a ressurreição de Cristo, a elaboração filosófico-teológica de Santo Agostinho e depois dos mestres medievais, com Tomás de Aquino, ou ainda o furor do Iluminismo europeu dando origem aos tempos modernos e por fim a explosão da bomba atômica sobre Hiroshima e Nagasaki, criando a percepção da possível autodestruição da espécie humana, todos esses fenômenos seriam manifestações inequívocas do *Weltgeist*, do Espírito no mundo ou do Espírito do mundo. É tarefa dos pensadores estar atentos a esse Espírito para captar o sentido da história e as mensagens que ela nos envia.

O tempo do eixo

Escrevemos tudo isso para poder entender a relevância história e religiosa das figuras de Gialâl ad-Dîn Rûmî (1207-1273) e de Francisco de Assis.

Ambos foram místicos e exímios poetas. Viveram quase na mesma quadra histórica, Rûmî no Oriente Médio, entre o atual Afeganistão, Irã e Turquia, e Francisco em Assis, na Toscana da Itália central. Mas ambos são expressões notáveis do *tempo do eixo* ou do Espírito no mundo. Sua missão é *kairológica*, pois fizeram com que o tempo vivido por eles fosse seminal, servisse de semente alimentadora para milhares de pessoas até os dias de hoje.

Rûmî e Francisco de Assis nunca se encontraram. Entretanto, por 26 anos foram contemporâneos. Seguramente nunca um deles ouviu do outro. E, contudo, viveram uma mesma inspiração, experimentaram um mesmo enamoramento e deixaram que irrompesse neles a torrente generosa do amor. O mesmo Espírito atuava neles, bem como em outros poetas e místicos da época, como as centenas de dervixes girantes, Hafiz e Ibn Arabi, Dante Alighieri, *os cavaleiros do amor* (com suas *cantilenae amatoriae*) em Langue d'Oc e na Provence no sul da França.

Todos eles representam o eixo do amor que irrompeu em todas as suas formas e que foi cantado de mil maneiras, especialmente a poética. O coração, o sentimento, a ternura, a comoção e a cordialidade ganham centralidade, e não a razão, a argumentação e a comprovação. Primazia ganha o *eros* e o *pathos*, e não o *logos* e a *ratio*. Nisso Rûmî e Francisco de Assis comparecem como almas gêmeas e testemunhos de um outro Espírito no mundo: a irrupção do eixo do amor.

É esse amor que, na verdade, constitui a experiência originária dos místicos, amor que não conhece fronteiras religiosas e culturais. Ele é onipresente. Um texto do muçulmano Ibn-Al'Arabi (1165-1240) nos testemunha pessoalmente essa experiência: "Houve um tempo em que eu rechaçava meu próximo, caso sua religião não fosse como a minha. Agora meu coração se converteu em receptáculo de todas as formas religiosas: é o prado de gazelas, o claustro de monges cristãos, templo de ídolos, Kaaba de peregrinos, tábuas da Lei e artigos do Corão. Isso porque professo a religião do amor e vou para onde sua cavalgadura me levar, porque o amor é o meu credo e a minha fé."

Tudo começa com um encontro

Por mais elevado e transcendente que se apresente o amor, ele sempre vem mediado por um encontro com um Amado ou Amada. Em Francisco de Assis é testemunhado em todos os textos biográficos da época, de Tomás de Celano, de São Boaventura, da Legenda Perusina e de outros. Ele cria "suspense": entre os amigos revela que está enamorado de uma belíssima dama. Depois diz quem é essa dama, a *Dama Paupertas*, a dama pobreza. O *Speculum Perfectonis* numa linguagem altamente poética celebra os esponsais entre Francisco e a dama pobreza. Essa experiência é vivenciada no encontro com o hanseniano (leproso) e na opção de viver no meio deles, abraçando-os, comendo da mesma tigela e até beijando-os. Essa efusão amorosa se passa ao amor de sua vida, Clara de Assis. Poucas vezes no cristianismo se assistiu a um amor tão denso, humano, terno e espiritual entre um homem e uma mulher do que esse entre Clara e Francisco. Em seguida esse amor se transfere ao Cristo Crucificado e a todos os crucificados que encontra pelos caminhos, chamandoos de "meus Cristos". Por fim, alarga essa experiência de encontro amoroso a toda a criação, irmanando-se com ela.

Tomás de Celano, em sua biografia do Seráfico de Assis, assim descreve essa experiência: "Quando encontrava as flores, pregava-lhes como se fossem dotadas de inteligência e as convidava a louvar o Senhor. Fazia-o com terníssima e comovedora candura: exortava à gratidão os trigais e os vinhedos, as pedras e as selvas, a planura dos campos e as correntes dos rios, a beleza das hortas, a terra, o fogo, o ar e o vento. Finalmente dava o doce nome de irmãs a todas as criaturas, de que, por modo maravilhoso e de todos desconhecido, adivinhavalhes os segredos, como quem goza já da liberdade e da glória dos filhos de Deus."

O filósofo alemão Max Scheler, em seu pouco conhecido, mas fundamental, livro *Essência e formas da simpatia* (1926), colocou Francisco de Assis como o representante mais notável no Ocidente dessa forma de relação. Escreve ele: "Trata-se de um encontro único entre o *Eros* e o *Agape* (de um Agape profundamente penetrado do Amor Dei e do *Amor in Deo*), numa alma frontalmente santa e genial; trata-se de uma tão perfeita interpenetração de ambos, *Eros* e *Agape*, que significa o maior e o mais sublime exemplo de uma espiritualização da matéria e, ao mesmo tempo, de uma materialização do espírito que jamais me foi dado conhecer. Nunca mais na história do Ocidente emergiu uma figura com tais forças de simpatia e de comoção universal como encontramos em Francisco de Assis. Nunca mais se pôde conservar a unidade e a inteireza de todos os elementos como em Francisco no âmbito da religião, da erótica, da atuação social, da arte e do conhecimento. Antes, a característica própria de todo o tempo posterior está em que a unidade forte vivida por Francisco se diluiu numa crescente multiplicidade de figuras também marcadas pela comoção e pelo coração, nos mais diferentes movimentos, mas articuladas de forma unilateral."

Esse modo de ser de Francisco, que se orienta pela amorosidade, ganha hoje especial relevância, pois o contexto atual do alarme ecológico evoca a urgência de uma nova simpatia para com a natureza, de um verdadeiro enamoramento e cuidado amoroso com a Terra, nossa Mãe. Caso contrário, não conseguiremos garantir-lhe um futuro esperançoso. Eis a irrupção do tempo do eixo do amor.

Algo semelhante ocorreu com Rûmî. Era um erudito professor de teologia e assíduo nos exercícios espirituais. Tudo mudou quando se encontrou com a figura misteriosa e fascinante do dervixe errante Shams de Tabriz. Foi um encontro avassalador, um encontro, como se diz na tradição sufi, "entre dois oceanos".

104   Leonardo Boff

Não sabemos exatamente o que realmente aí ocorreu entre ambos. O principal biógrafo de Rûmî, Aflâki, conta que "por três meses eles ficaram, dia e noite, em retiro, ocupados no jejum do *vesal* (união com o objeto amado); não saíram uma única vez e ninguém teve a ousadia ou o poder de violar seu isolamento".

Mas houve tal sintonia, tal empatia, tal comunhão e tal fusão que fundou um tempo do eixo do amor. O amado humano Shams (que significa em árabe sol) permitiu o mergulho no Amado divino. Os dois amados se fundiram de tal forma que no famoso livro *Divan de Shams de Tabriz* (*divan* significa coletânea de poemas) se torna difícil distinguir quando Rûmî fala de Deus e quando fala de Shams. No fundo é um único movimento, o do amor que não conhece divisões, mas que une e re-une todas as coisas e enlaça a todas numa unidade última e radical tão bem expressa no poema *Eu sou Tu*: "Tu, que conheces Jalal ud-Din. Tu, o Um em tudo, diz quem sou. Diz: eu sou Tu."

Com o desaparecimento misterioso de Shams é no ourives Zarkub e depois da morte desse no discípulo Chelebi que Rûmî continua sua identificação místico-amorosa. Essa experiência de união é tão criadora que permitiu a Rûmî escrever seus famosos poemas, como o *Rubaiyat* (*Canção de amor por Deus*) e o volumoso *Masnavi* (poema de cunho reflexivo-teológico) com 25 mil versos e outros. Todos eles não são meras mediações para o Amado. São suas concretizações.

Como observou com pertinência José Jorge de Carvalho, erudito na tradição mística sufi e tradutor de *Poemas místicos: Divan de Shams de Tabriz* (1996): "No ato da entrega amorosa, o amado não representa o Amado, mas o presentifica." Rûmî bem o testemunhou: "Feliz o momento em que nos sentarmos no palácio, dois corpos, dois semblantes, uma única alma – tu e eu."

A embriaguez e a loucura do amor

Além das muitas afinidades entre Rûmî e Francisco de Assis há uma que é conatural à experiência do amor: a embriaguez e a loucura. De Francisco de Assis narram os textos que, embevecido de amor, saía pelas estradas e campos gritando: "O amor não é amado, o amor não é amado." E proclamava o amor a Deus descoberto em cada dobra da existência e em cada pequeno sinal da criação, no pássaro que canta, no bichinho que penosamente tenta cruzar o caminho, no irmão Sol e na irmã Lua. São Boaventura, em sua biografia, diz que Francisco era dominado por um *spiritus ebrius* de comoção e afeto. Com efeito, ébrio do amor incondicional a todas as coisas e a Deus, dançava, pegava dois pauzinhos e os transformava num violino, gostava de cantar as cantigas provençais de amor até em seus últimos momentos de vida. Os biógrafos testemunham: *cantando mortuus est*, "morreu cantando".

O amor a Cristo foi tão radical que se identificou com ele. De forma misteriosa foi assinalado com os estigmas do Crucificado.

Essa embriaguez do amor faz parecer que as pessoas se tresloucaram. Efetivamente, Francisco se entende como um louco. Diante de todos os frades reunidos junto com o representante do papa diz: "*Deus voluit quod ego essem novellus pazzus in huius mundi*" (Deus quis que eu fosse um novo louco neste mundo). Essa loucura não é patologia que pode ser curada. É um modo de ser da mais alta autenticidade, como forma alternativa de viver, portadora de um novo sentido e de novos valores que desbordam os limites daquilo que é, nos quadros do sistema imperante, sensato e normal. Essa loucura funda uma nova normalidade. A Igreja ortodoxa russa conhece um tipo de santos chamados "loucos de Deus". São aqueles que, como Francisco, vivem para além dos cânones aprovados e que testemunham um total despojamento que possibilita uma total entrega. Santa Xênia, na Rússia, é considerada o protótipo dos "loucos de Deus", pois viveu uma vida à semelhança de São Francisco, totalmente pobre e a serviço dos abandonados nas ruas.

O mesmo percurso conheceu Rûmî. Inebriado pela experiência amorosa conjuntamente com Shams de Tabriz, como narra seu filho e primeiro biógrafo Sultan Walad, "vivia delirando como um louco" e "enlouquecido de amor". Num poema do Rubaiyat, diz: "Hoje eu não estou ébrio, sou os milhares de ébrios da Terra. Eu estou louco e amo os loucos, hoje."

Como expressão dessa loucura divina, introduziu a *sama*, a dança extática, expressão do ser humano que busca Deus. Trata-se de dançar girando em torno de si e em torno de um eixo que representa o Sol. Cada dervixe girante, assim são chamados os dançantes, se sente como um planeta girando ao redor do Sol, atraído irresistivelmente por ele, até ele mesmo virar sol.

Num famoso texto, Rûmî diz: "O Amado resplende como o Sol e o enamorado dança como um átomo. Quando sopra a brisa primaveril do amor, cada ramo que não esteja seco se põe a dançar."

Essa embriaguez do amor é testemunhada por muitos místicos, como, por exemplo, Santa Teresa d'Ávila (1515-1582) e São João da Cruz (1542-1591), que a veem como um momento do itinerário místico do esponsal com Deus: "A amada no Amado transformada."

Dificilmente na história da mística universal encontramos poemas de amor com tal imediatez, sensibilidade e paixão que aqueles vividos e escritos por Rûmî, seja sobre o amor como presença seja como ausência. Temos a impressão de uma fuga com um sem-número de motivos que vão e vêm expressando todas as modalidades do amor, do desejo, da paixão, da dor da distância e da celebração da presença.

Num poema do Rubaiyat, canta: "Nesta primavera, o Amado não está comigo. Para mim não existem festas e alegria. Dir-se-ia que o jardim não tem mais flores, mas espinhos; que das nuvens, ao invés de chuva, caem-nos pedras." Noutra vez, diz: "E Tu não estás, para nada servem as tantas distrações. E lá onde Tu estás para que servem?" "Tu, único sol, vem! Sem Ti as flores murcham, vem! Sem Ti o mundo não é senão pó e cinza. Este banquete, esta alegria, sem Ti, são totalmente vazios, vem!"

Um dos mais belos poemas me parece ser este, por sua singeleza e densidade amorosa, tirado do Rubaiyat: "O teu amor veio até meu coração e partiu feliz. Depois retornou, vestiu a veste do amor, mas mais uma vez foi se embora. Timidamente lhe supliquei que ficasse comigo ao menos por alguns dias. Ele se sentou junto a mim e se esqueceu de partir."

Esse poema nos lembra aquele famoso verso XI do Cântico Espiritual de São João da Cruz: "Mostra tua presença! Mata-me a tua vista e formosura. Olha que esta doença de amor não se cura a não ser com a presença e a figura." O amor exige presença, o toque, a carícia, a alegria incomensurável de estar juntos.

Ou este outro de grande comoção: "Quando estás comigo, o amor não me deixa dormir. Quando não estás, as lágrimas não me fazem dormir. Mas eu fico desperto tanto na noite do amor quanto na noite das lágrimas."

Por fim, para mostrar o eixo e o tempo do amor, eis as palavras de Rûmî: "É tempo de amor: o Amado escorre em mim como o sangue nas veias e na pele. De mim não resta senão um nome, todo o resto é Ele."

O fenômeno místico desafia todos os analistas que se servem unicamente da razão. Por esse caminho ele é incompreensível. Mas se nos abrirmos à realidade do espírito, àquela dimensão em que o ser humano se descobre a si mesmo como parte de um Todo, como projeto infinito e mistério inexprimível, então a mística é a linguagem mais adequada para expressar essa experiência de radicalidade. Bem notava o filósofo e matemático Ludwig

108 Leonardo Boff

Wittgenstein na Proposição VI de seu *Tractatus logico-philosophicus*: "O inexprimível se mostra, é o místico." E termina na Proposição VII com esta frase lapidar: "Sobre o que não podemos falar, devemos calar." É o que fazem os místicos. Guardam o nobre silêncio ou então cantam com palavras que nos conduzem ao silêncio reverente.

Essa experiência radical uniu Rûmî e Francisco de Assis. Mesmo longe um do outro, estavam muito próximos pela experiência apaixonada do amor.

11. Cristianismo e destino humano

Não se há de entender o cristianismo como um fóssil intocável. Mas como um arquétipo vivo que em cada geração mostra virtualidades novas e, no termo, ilimitadas. Nesse sentido, cabe perguntar: o que o cristianismo, em comunhão com outros caminhos espirituais, poderá trazer de bom para a preservação da integridade da criação e para um futuro esperançador da humanidade? Eis algumas perspectivas:

Antes de mais nada, o cristianismo oferece aquilo que ninguém e nenhuma sociedade pode prescindir: uma utopia, fundadora de um sentido pleno. A utopia cristã promete: o fim do universo e do ser humano é bom. Não vamos de encontro a uma catástrofe, mas ao encontro de uma transfiguração. Portanto, a morte e a cruz não têm a última palavra, mas a vida e a ressurreição. Jesus chamou essa utopia de Reino de Deus, que significa uma revolução absoluta, fazendo com que todas as coisas realizem suas potencialidades intrínsecas e, assim, explodam e implodam num absoluto sentido, chamado Deus.

Mas não existe apenas a utopia, o Reino. Vigora também a antiutopia, o anti-Reino. Na verdade, o Reino se constrói no con-

Cuidar da Terra — proteger a vida   109

fronto com o anti-Reino, que são forças que desagregam e desviam o ser humano de sua utopia essencial. Ele ganha corpo em movimentos históricos e em pessoas que articulam discriminações, ódios e mecanismos de morte. É nesse nível que se trava incansável luta entre o simbólico e o diabólico. Em face desse embate, o cristianismo testemunha: o diabólico, por mais forte que se mostre, não consegue prevalecer absolutamente. O simbólico não apenas limita a virulência do diabólico, mas se revela capaz de crescer no confronto com ele e, assim, vencê-lo. A cruz cristã revela a coexistência do diabólico (expressão de ódio) com o simbólico (prova de amor).

Essa estrutura diabólica/simbólica (caos/cosmos) pervade toda a realidade e o próprio cristianismo. Nele há negações e contradições. A tradição da teologia sempre falou que a Igreja é "casta meretriz", casta porque vive a dimensão do Espírito e meretriz porque sucumbe, tantas vezes, à dimensão da Carne.

Apesar dessa contradição, intrínseca à realidade, podemos, pois, olhar para o futuro com jovialidade, e não com pavor. A luz tem mais direito do que as trevas. O caminho está aberto para cima e para a frente. E ele é promissor.

Em que se funda o triunfo dessa utopia? Funda-se no fato de que Deus mesmo entrou em nosso processo evolucionário através de sua encarnação no judeu Jesus de Nazaré. Deus fez-se humano, pobre e excluído. A partir da encarnação, tudo é divino, pois tudo foi assumido por Deus. O que Deus assumiu também eternizou. O universo e a humanidade pertencem definitivamente à realidade de Deus. Somos também Deus por participação. Logo, estamos inapelavelmente salvos de todas as nossas errâncias.

Onde é o lugar de verificação dessa utopia? Na ressurreição do Crucificado. Mas ressurreição não é sinônimo de reanimação de um cadáver, uma volta à vida mortal anterior, como ocorreu com Lázaro, que afinal acabou morrendo novamente. Ressurreição é uma revolução na evolução: transporta o ser humano ao termo da história, realizando-o absolutamente. Por isso ela comparece como a concretização da utopia do Reino nesse homem concreto, Jesus de Nazaré. Ele representa uma antecipação e uma miniatura do que será ridente realidade no futuro de todos e também do universo do qual somos parte e parcela. O homem latente no processo evolucionário agora virou homem patente no seu termo bem-aventurado.

Todos ressuscitaremos. Consequentemente, não vivemos para morrer. Mas morremos para ressuscitar. Para viver mais, melhor e para sempre. Pela ressurreição se responde ao mais entranhável desejo humano: superar a morte e viver em plenitude para sempre. Só esse dado revela as boas razões da relevância do cristianismo como fenômeno humano universal.

Esse acontecimento da ressurreição deslanchou, naturalmente, a pergunta: quem é esse no qual se realizou a utopia? É aqui que começou o processo de decifração de Jesus por parte de seus seguidores. Começaram por chamá-lo de Mestre, de Senhor, de Cristo e de Filho de Deus. Como nenhuma dessas palavras colhia todo o seu mistério, arriscaram chamá-lo de Deus, Deus encarnado em nossa miséria. E aí se calaram, reverentes, pois se davam conta de que usavam um mistério para interpretar outro mistério. Ousadia da fé. Essa é a compreensão dos discípulos e de todas as igrejas cristãs.

E Jesus, como se entendia a si mesmo? As indicações mais seguras revelam que possuía a consciência de ser Filho de Deus. Consequentemente, invocava a Deus como Pai, especificamente como Abba, expressão infantil para dizer "meu querido paizinho". Os qualificativos que confere a esse Pai são todos maternos, pois possui entranhas, cuida de cada cabelo de nossa cabeça, mostra infinita misericórdia e ama a todos indistintamente, até os ingratos e maus. O Deus-Pai é materno ou o Deus-Mãe é paterno.

Ao descobrir-se Filho de Deus, Jesus nos fez descobrir que somos também filhos e filhas de Deus. Essa é a suprema dignidade, revelada a todos os humanos, por mais humílimos que sejam, mesmo não professantes da fé cristã.

Se filhos e filhas, então somos todos irmãos e irmãs uns dos outros. Essa irmandade universal é a base para o amor, para a fraternura, para o cuidado, para as relações de cooperação, de inclusão, enfim, para o sonho democrático como valor universal.

Todas essas excelências não se realizaram num César no apogeu de seu poder, nem num sumo sacerdote no exercício de sua sacralidade. Mas num simples operário de subúrbio, pobre e desconhecido, no carpinteiro ou fazedor de telhados, Jesus. Esse foi o caminho de Deus ao encarnar-se. Pobre, Jesus optou pelos pobres, chamando-os de bem-aventurados. Não porque sejam operosos ou bons. Mas porque, independentemente de sua condição moral, os vê como os primeiros beneficiários da ação libertadora de Deus. Deus, sendo um Deus vivo e fonte de vida, opta, desde suas entranhas, pelos que menos vida têm. Ao realizar o Reino, começa por eles e depois se abre aos demais. Por isso Jesus podia dizer: "Felizes são vocês, pois o Reino lhes pertence." Só a partir deles o evangelho emerge como boa notícia de libertação.

Jesus não só optou pelos pobres, identificou-se com eles. Por isso, como juiz supremo, se esconde atrás deles. "O que tiverdes feito a um desses meus irmãos menores, foi a mim que o fizestes e o que o deixastes de fazer a eles, foi a mim que deixastes de fazer." A questão dos pobres é tão central que por ela passam os critérios da verdadeira Igreja. Uma igreja que não confere centralidade aos pobres e não assume a causa da justiça dos pobres não está na herança de Jesus.

112   Leonardo Boff

Se alguém se sente Filho de Deus e invoca a Deus como seu Pai, compromete a compreensão mesma de Deus. Diz-se ainda que é somente na força do Sopro, do Espírito, que alguém pode dizer-se Filho de Deus. Então Deus não é mais solidão, mas comunhão de Pai, Filho e Espírito. É o que cristianismo quer significar ao dizer que Deus é trindade. Não quer multiplicar Deus, pois esse é sempre um e único. O único não se multiplica. Não estamos no campo da matemática. O três expressa o arquétipo da comunhão perfeita. Se Deus fosse um só, haveria a solidão. Se fosse dois, reinaria a separação, pois um é distinto do outro. Sendo três, vigora a comunhão de todos com todos. O três significa menos o número do que a afirmação de que sob o nome Deus se verificam diferenças que não se excluem, mas se incluem, que não se opõem, mas se põem em comunhão. A distinção é para a união.

Se a última realidade é relação e comunhão, entendemos naturalmente o que nos ensinam a física quântica e a cosmologia contemporânea: que tudo é relação e nada existe fora da relação; tudo comunga com tudo em todos os pontos e em todas as circunstâncias, pois tudo é sacramento de Deus-comunhão-de-Pessoas.

De nada valem essas doutrinas se não se transformarem em experiências e em novo estado de consciência. O cristianismo é menos algo para se compreender intelectualmente do que para se viver afetivamente. Junto com outras tradições espirituais da humanidade, ajuda a alimentar a chama sagrada que carregamos. Não somos errantes num vale de lágrimas, mas sob a luz e o calor dessa chama nos sentimos no monte das bem-aventuranças, como filhos e filhas da alegria.

12. A porção feminina de Deus

O ser humano, masculino e feminino, é inteiro, mas inacabado, e só encontra acabamento e descansa plenamente se repousar em Deus. Isso significa: por mais que o homem e a mulher estejam, inarredavelmente, imbricados um no outro, se busquem, insaciavelmente, eles não encontram nessa relação a resposta de seu vazio abissal. Antes pelo contrário, quanto mais ela se aprofunda, mais radicalidade ela pede e mútua ultrapassagem solicita.

Ambos, pois, são chamados a se autotranscender, na direção daquilo que os pode realmente saciar, vale dizer, na direção de Deus. Aí repousam e se perdem para dentro do infindável Amor e da radical Ternura, sem deixar de ser o que sempre foram e serão, homens e mulheres. É a pátria e o lar da infinita identidade e realização.

O feminino encontrará o Feminino fontal e o masculino o Masculino eterno. Dar-se-á o que todos os mitos narram e todos os místicos testemunham: o esponsal definitivo, o festim sem hora de terminar e a fusão do amado e da amada no Amado e na Amada transformados.

Homem e mulher: Deus por participação

Queremos ir mais longe do que perguntar o que significa o masculino e feminino em nosso caminho para Deus e o que significa o masculino e feminino no caminho de Deus para nós. Ousamos radicalizar a questão: que significa o masculino e feminino para Deus mesmo?

Responder a tal questão equivale a estabelecer o quadro final (escatológico) do feminino e do masculino, não a partir deles mesmos, mas a partir da última Realidade. No termo do

114 Leonardo Boff

infindável processo de evolução ou no termo de nosso percurso pessoal pela morte, o que poderão esperar o homem e a mulher? O que Deus preparou para nós? Qual é a nossa configuração terminal? Aqui não apenas os seres humanos somos implicados, mas o próprio Deus.

Para os cristãos, Deus é comunhão de divinas Pessoas, cada qual se comunicando absolutamente com as outras. As Pessoas são diferentes para poder se relacionar umas com as outras, sair de si mesmas em doação às demais e assim se unir e se unificar no amor.

Essa mesma lógica essencial do Deus-comunhão-de-Pessoas se verifica no ato da criação. Deus-comunhão cria o diferente dele para poder se autocomunicar e se entregar totalmente a esse diferente. Esse é o sentido divino da criação e, no caso em tela, do ser humano enquanto masculino e feminino: criar um receptáculo que pudesse acolher Deus quando esse Deus decidisse sair totalmente de si e entrar no ser humano, homem e mulher.

Deus mesmo encontra uma realização que antes não tinha em si, uma realização no outro diferente dele. O masculino e o feminino propiciam a Deus ser "mais" Deus, melhor, ser Deus de forma diferente. Por isso masculino e feminino são importantes para Deus. Permitem que Deus se faça também masculino e feminino.[12]

Para que pudesse acolher Deus, o próprio Deus dotou o ser humano, homem e mulher, com essa capacidade. Isso significa: deu-lhe um desejo ilimitado e uma sede insaciável pelo Infinito, de tal forma que somente Deus mesmo, como Infinito, pudesse ser o objeto secreto do amor, do desejo e da sede insaciável.

Esse ser será um ser trágico porque, ontologicamente, infeliz e frustrado, na medida em que não identifica, neste mundo, o objeto de sua plena realização. Percorrerá os céus e as terras, os abismos e as estrelas, os mistérios da vida e os anelos mais escondidos do coração para encontrar o porto onde possa enfim descansar.

Dentro da presente ordem da criação não encontrará em lugar nenhum esse objeto ansiado e desejado. Quando, porém, Deus mesmo sai de si e se encarna num ser humano, e assim transfere seu ser Infinito para dentro do ser humano, então criou as condições para que esse ser humano encontre o que ardentemente desde sempre desejava. O cálice preparado para receber o vinho fica repleto desse Vinho Precioso. Encontrou o Santo Graal. O ser humano, homem e mulher, atingiu, finalmente, sua plena hominização, fazendo-se um com Deus.[13] Deixará de ser trágico para ser bem-aventurado.

Tal fato nos faz entender o que a tradição cristã com razão sempre afirmou: "A completa hominização do ser humano supõe a hominização de Deus e a hominização de Deus implica a completa divinização do ser humano."[14] Em outras palavras, o ser humano, homem e mulher, para tornar-se verdadeiramente ele mesmo, deve poder realizar as possibilidades depositadas dentro dele, especialmente essa de poder ser um com Deus, de superar a distância entre Deus e criatura e conhecer uma identificação (ficar idêntico) com Deus.

Quando ele chega a tal comunhão e unificação (fica um), a ponto de formar com Deus uma unidade sem confusão, sem divisão e sem mutação, então atingiu o ponto supremo de sua hominização. Quando isso irrompe, Deus se humaniza e o ser humano se diviniza. Com isso o ser humano é superado infinitamente e realiza a sua natureza de projeto infinito. O termo da antropogênese reside, pois, na teogênese, no nascimento do ser humano em Deus e no nascimento de Deus no ser humano.

Tal evento de ternura deve acontecer em todos os seres humanos, homens e mulheres. A fé cristã viu esse desígnio anteci-

116 Leonardo Boff

pado e, assim trazido à plena consciência, no homem de Nazaré, Jesus. Dele se diz que era o Filho, a segunda Pessoa da Trindade e que nele se encarnou, assumindo nossa realidade humana integral (Jo 1,14).

Maria, a espiritualização do Espírito Santo

Desde então se sabe que o masculino e o feminino, presentes em Jesus, penetraram no mistério mais íntimo de Deus. São parte do próprio Deus. Para sempre e por toda a eternidade. Pouco importa o que ocorrer com o fenômeno humano. Ele já virou Deus e é, por participação, a última Realidade. O masculino explicitamente porque Jesus era um homem. E o feminino implicitamente porque estava presente em Jesus como parte de sua humanidade integral, sempre também feminina.

Mas convinha também que o feminino fosse divinizado explicitamente para haver um equilíbrio no desígnio de Deus. Efetivamente o texto bíblico de São Lucas diz claramente que o Espírito, a Terceira Pessoa da Trindade, veio sobre Miriam de Nazaré e, qual beduíno, armou sua tenda de forma permanente sobre ela (1, 35).

O evangelista Lucas usa para a relação de Maria com o Espírito (que para o hebraico é feminino e assim revela uma conaturalidade com Miriam) a figura da tenda (*skené = episkiásei*), figura essa usada também pelo evangelista São João para expressar a encarnação da Segunda Pessoa, o Filho, em Jesus (*skené = eskénosen*). Com isso quis sinalizar a espiritualização ("encarnação") do Espírito em Miriam. Miriam é elevada à altura do Divino, é feita Deus, por participação. Consequentemente, diz o evangelista Lucas: "É por isso (*dià óti*) que o Santo que nascerá de ti será chamado Filho de Deus" (1, 35). Só é Filho de Deus

Cuidar da Terra — proteger a vida   117

quem nasceu de alguém que é Deus (por participação). E esse alguém é a beatíssima mulher, Maria de Nazaré.

Todas as mulheres, não só Maria, são chamadas a essa divinização, pois todas elas são portadoras dessa possibilidade de acolher Deus (o Espírito) em si. Essa possibilidade vai, um dia, se realizar plenamente. Caso contrário, um vazio eterno existiria em sua existência de mulher. Então cada mulher, a seu modo, será um com Deus.

Eis seu quadro final e terminal, ser Deus por participação, Deus-Mulher, Deus-Esposa, Deus-Virgem, Deus-Mãe, Deus-Companheira. É a porção feminina de Deus.

Miriam de Nazaré, Maria, é uma amostra antecipada daquilo que será realidade para todas as mulheres. Ela representa a realização individual dessa revelação universal. Por ela ganhamos consciência de que o feminino foi divinizado juntamente com o masculino. O feminino, divinizado explicitamente em Maria, carrega consigo uma divinização implícita do masculino presente nela.

Essa divinização do feminino não é apenas apanágio dos cristãos. As grandes tradições espirituais e religiosas afirmam o mesmo evento bem-aventurado sob outros códigos culturais. Nas diferenças de linguagem se pretende testemunhar a mesma realidade sagrada. A energia que opera essa identificação do homem e da mulher com Deus é a Kundalini para a Índia, o Yoga para os yogis, o Tao para Lao Tsé, a Shekinah da mística judia da Kabala, o Espírito Santo para a tradição judaico-cristã.

Em todas elas se trata de alcançar uma experiência de não dualidade, de mergulho no Mistério a ponto de identificar-se com ele, sem, contudo, perder a própria identidade. Por isso dizemos: todos somos e seremos Deus por participação.

Essa compreensão não penetrou ainda na consciência oficial das igrejas cristãs, marcadas pelo paradigma patriarcal. Mas sem-

118 Leonardo Boff

pre esteve presente nos portadores principais da herança espiritual do cristianismo que é o povo cristão.

Esse adora Maria como Deus-Mãe. Na arte sacra, nas ladainhas e nas invocações, Maria vem representada com todos os atributos das antigas divindades femininas, como o mostrou C.G. Jung. Maria é a única grande Deusa do Ocidente, como o é Kuan Yin do Oriente e o foi Isis para as culturas antigas mediterrâneas,[15] bem como é Yemanjá para a cultura popular de tradição afro-brasileira.

Assim chegamos a um perfeito equilíbrio humano-divino. O ser humano em sua unidade e diferença faz parte do mistério de Deus. Não poderemos mais falar de Deus sem falar do homem e da mulher. Não poderemos mais falar do homem e da mulher sem falar de Deus.

Escapa-nos o que significa, em sua última radicalidade, essa imbricação divino-humana. São mistérios que remetem a outros mistérios, mistérios não como limite da razão, mas como o ilimitado da razão, mistérios que não metem medo quais abismos aterradores, mas que extasiam quais píncaros de montanhas. No fundo se trata de um único Mistério de comunhão e doação, de ternura e de amor no qual Deus e seres humanos estão indissoluvelmente envolvidos.

Sei que há feministas que não aceitam esse tipo de reflexão e alegam que não precisam da divinização para ser plenamente mulheres. Eu apenas pondero: "Estou lhe mostrando uma estrela; se você não a vê, não é um problema da estrela, mas um problema seu." A oferta de sentido continua sendo válida.

Então podemos concluir: Deus não está mais longe de nós, longe de modo nenhum. Ele é a nossa mais profunda e próxima realidade, masculina e feminina. Somos Deus, enquanto homens e mulheres, por graciosa participação.

13. Cristo e Buda se abraçam

Há duas formas básicas de se estudar a relação entre o budismo e o cristianismo. A primeira os toma como dados já constituídos como corpos histórico-sociais. O estudo mostra as diferenças, as discrepâncias e as semelhanças.

Um segundo modo procura entender o budismo e o cristianismo como resultado de um processo mais profundo. O dado então é um feito. Budismo e cristianismo são consequência de uma Energia anterior que continuamente está atuando na história e que encontrou neles uma das formas possíveis de concretização. Budismo e cristianismo não encontram em si as razões de ser. Ambos remetem a uma realidade mais profunda. Eles não explicam, antes precisam ser explicados. Esse caminho é o do pensamento originário, presente nos pensadores radicais do Oriente e do Ocidente.

Um sutra da antiga sabedoria da Índia nos ilustra o que queremos dizer: "O que faz o pensamento pensar não pode ser pensado." Quer dizer, o pensamento vive de uma energia que permite ao pensamento irromper; ela é sempre subjacente ao pensamento; fica sempre de fora, mas permite o pensar.

Algo semelhante ocorre com o cristianismo e o budismo. Eles vivem de algo que vem antes deles. Nascem de uma Energia, feita experiência existencial, que possui a natureza do mistério, daquilo que é inominável e indecifrável. As diferentes maneiras de reagir e dar expressão concreta a essa realidade constituem o que chamamos budismo e cristianismo.

Talvez a nova cosmologia nos sirva de metáfora do que significa essa Última Realidade. Diz-se que todos procedemos do *big bang*. Mas antes havia o vácuo quântico — que de vácuo não tem nada —, aquele transfundo de energia de onde tudo vem e para onde tudo retorna. Ele é o "abismo alimentador de todo

120 Leonardo Boff

ser". Mas ele é ainda discernível pela ciência. Ele é o antes de tudo, o que existe. Mas o que havia antes do antes? Não pode ser o nada, porque do nada não vem nada. Deveria haver Alguém que deu início a tudo a partir do qual o universo se constituiu. Esse antes do antes possui as características do mistério, do indecifrável e do inominável.

Ora, as religiões e os caminhos espirituais chamam a Última Realidade exatamente de "indecifrável, indefinível e mistério". Ou ela recebe também o nome de Tao, de Buda, de Alá, de Olorum, de Shiva, de Javé, de Cristo, de Deus.

Budismo e cristianismo surgiram a partir da experiência dessa Última Realidade. Ela é experimentada como uma Presença que irradia, que fascina, que arrebata até o êxtase. É uma vantagem evolutiva do ser humano o fato de ele poder captar essa Presença que se anuncia no inteiro universo e em cada ser.

No budismo se fala do princípio Buddha ou de budidade (*buddhata*). Ela se encontra em cada ser. O cristianismo fala do "princípio Cristo" (Col 1,18) e do Cristo cósmico, que "é tudo em todas as coisas" (Col 3,11). É o crístico presente em cada ente criado.

Quando um zen-budista pergunta pela natureza de Buda, não está perguntando por dados históricos ou por doutrinas, mas pela Última Realidade intemporal e eterna, presente em cada ser e que encontrou uma expressão culminante em Sidarta Gautama. Quando um cristão pergunta, num sentido radical, pelo Cristo, quer saber de Deus que está presente em todos os seres e que encontrou uma expressão encarnada em Jesus de Nazaré.

Mergulhar nessa realidade é chegar à suprema bem-aventurança (nirvana) pelo caminho da iluminação (satori) ou ao reino de Deus pelo caminho da identificação com Cristo ("Não sou eu que vivo, é Cristo que vive em mim": Gal 2,20). O objetivo de cada coisa e de cada pessoa é comungar e fundir-se com essa Suprema Realidade ("a amada no amado transformada" de São João da Cruz). Ela sempre está aí na sua gratuidade. O que nos cabe é invocá-la, prepararmo-nos e abrirmo-nos para que ela chegue até nós. Daí a necessidade da disciplina e dos vários caminhos espirituais.

Tanto o budismo quanto o cristisnismo partem da experiência da decadência da condição humana, na forma de sofrimento (budismo) ou na forma de pecado (cristianismo). Ela demanda libertação, seja pelo completo despojamento (budismo) seja pela real conversão (cristianismo).

Esvaziando totalmente a mente, permitimos que a Última Realidade emerja em nós como experiência. Então percebemos que ela é a essência de cada ser. O cristão se propõe unir-se a Cristo e verá sua irradiação em todos os seres, criados nele e por ele (Col 1,16).

Para o budismo é fundamental a compaixão (*karuna*) para que ninguém tenha de sofrer sozinho. O bodhisattwa, aquele que chegou à iluminação, renuncia entrar no nirvana para renascer e ser solidário com cada ser que sofre. Para o cristianismo é fundamental o amor incondicional até com o inimigo e a compaixão com o caído na estrada.

A energia da budidade fez Gautama se transformar em Buda, assim como a energia da cristidade ou do crístico fez com que Jesus de Nazaré se tornasse o Cristo. Essas energias, na verdade, são uma única energia: Deus-Energia agindo e se revelando nas coisas e nas pessoas dentro da história, resgatando-a e elevando-a até si para uma suprema realização.

122 Leonardo Boff

14. Como pensar Deus e o homem depois do Holocausto?

A leitura cristã da história articula uma dialética da contradição. O Reino de Deus – a utopia de Jesus – se constrói sempre em oposição ao anti-Reino. Por isso existem sempre martírios, perseguições, enfrentamentos fatais. Outra versão dessa dialética vem sob a forma do confronto entre Cristo e seus seguidores com o Anti-Cristo e seus asseclas. A aposta cristã é que a vitória derradeira cabe ao Reino e ao Cristo. Mas isso somente em termos escatológicos, quer dizer, do termo da história da humanidade e do Universo. Entre história e sua plenitude ocorre o incessante embate que é sem tréguas. Há situações nas quais o Anti-Cristo parece ganhar a partida e o anti-Reino estabelecer a sua organização. São tempos de terríveis tentações, de desesperança, mas também de resistência e de esperança contra todas as aparências.

No século XX, a humanidade se confrontou com uma das expressões mais nítidas do Anti-Cristo e do anti-Reino. Usava a linguagem e os símbolos do próprio cristianismo para subjugar os povos e manipular a força inspiradora do cristianismo. As Escrituras cristãs já advertiam que o anti-Cristo "veio dos nossos, mas não era dos nossos" e que utilizaria todas as armas do próprio Cristo de forma invertida para fazer-se passar como o salvador do mundo.

Foi o que ocorreu com uma das expressões mais terríveis do Anti-Cristo presente no projeto nazista chamado de "solução final", pelo qual Hitler e Himmler se propunham a completa erradicação de todos os judeus da face da Terra. É terrificante a inumanidade mostrada nos campos de extermínio, especialmente em Auschwitz, na Polônia.

A questão chegou a abalar a fé de judeus e de cristãos que se perguntaram: como pensar Deus depois de Auschwitz? Até hoje,

Cuidar da Terra — proteger a vida   123

as respostas, seja de Hans Jonas do lado judeu, seja de J.B. Metz e de J. Moltmann do lado cristão, são insuficientes. Elas não respondem à queixa bem expressa pelo papa Bento XVI ao visitar Auschwitz em 2008: "Deus, onde estavas quando se cometeram esses crimes? Por que não intervieste? Por que te calaste?"

A questão é ainda mais radical: como pensar o ser humano depois de Auschwitz, depois do Holocausto, sem esquecer o genocídio que significou a invasão colonial na América Latina, sob a cruz e a espada, que dizimou milhões de indígenas inocentes e a inumanidade do escravagismo, que perdurou por séculos, sob o olhar complacente dos cristãos?

É certo que o inumano pertence ao humano. Mas quanto de inumanidade cabe dentro da humanidade? Houve um projeto concebido pensadamente e sem qualquer escrúpulo de redesenhar a humanidade. No comando devia estar a raça ariano-germânica, algumas seriam colocadas na segunda e na terceira categorias, e outras, feitas escravas ou simplesmente exterminadas. Nas palavras de seu formulador, Himmler, em 4 de outubro de 1943: "Essa é uma página de glória de nossa história que foi escrita e que jamais outra se escreverá."

O nacional-socialismo de Hitler tinha a clara consciência da inversão total dos valores. O que seria crime se transformou para ele em virtude e glória. Aqui se revelam traços do Apocalipse e do Anti-Cristo.

O livro mais perturbador que li em toda a minha vida e que não acabo nunca de digerir se chama *Comandante em Auschwitz: notas autobiográficas de Rudolf Hess* (1958). Rudolf Hess, durante os 10 meses em que ficou preso e foi interrogado pelas autoridades polonesas em Cracóvia, entre 1946-1947, e finalmente sentenciado à morte, teve tempo de escrever com extrema exatidão e detalhes, fazendo uma lista por países, como enviou cerca de dois milhões de judeus às câmaras de gás. Lá se

124 Leonardo Boff

montou uma fábrica de produção diária de milhares de cadáveres que assustava os próprios executores. Era a "banalidade da morte" de que falava Hannah Arendt.

Mas o que mais assusta é seu perfil humano. Não imaginemos que unia o extermínio em massa aos sentimentos de perversidade, sadismo diabólico e pura brutalidade. Ao contrário, era carinhoso com a mulher e filhos, consciencioso, amigo da natureza, enfim, um pequeno-burguês normal. No fim, pouco antes de morrer, escreveu: "A opinião pública pode pensar que sou um ser bestial, sedento de sangue, um sádico perverso e um assassino de milhões. Mas ela nunca vai entender que esse comandante tinha um coração e que ele não era mau."

Quanto mais inconsciente, mais perverso é o mal.

Eis o que é perturbador: como pode tanta inumanidade conviver com a humanidade? Quem o saberá? Suspeito que aqui entra a força da ideologia cega e a total·submissão ao chefe. A pessoa Hess se identificou com a função de comandante e o comandante com a pessoa. E a pessoa e comandante com a figura de seu chefe. Era uma coisa só. A pessoa era nazista no corpo e na alma e radicalmente fiel ao chefe. Recebeu a ordem do *Führer* de exterminar os judeus, então comentava: "Não se deve sequer pensar: devemos imediatamente exterminá-los (*der Führer befiehl, wir folgen*)." Confessa que nunca se questionou, porque "o chefe sempre tem razão". Uma leve dúvida era sentida como traição a Hitler.

Mas o mal também tem limites, e Hess os sentiu em sua própria pele. Sempre resta algo de humanidade escondida dentro do pior assassino. Ele mesmo conta: duas crianças estavam mergulhadas em seu brinquedo. Sua mãe era empurrada para dentro da câmara de gás. As crianças foram forçadas a ir também. "O olhar suplicante da mãe, pedindo misericórdia para aqueles inocentes" — comenta Hess —, "nunca mais esquecerei." Fez um gesto brusco e os policiais os jogaram na câmara de gás. Mas confessa que muitos dos executores não aguentavam tanta inumanidade e se suicidavam. Ele ficava frio e cruel.

Estamos diante de um fundamentalismo extremo, que se expressa por sistemas totalitários e de obediência cega, seja político, religioso ou ideológico. A consequência é a produção da morte dos outros.

Ora, esses fundamentalismos grassam por todas as partes hoje no mundo. Combatentes, por ideologia, se fazem homens-bomba; crédulos do pensamento único do neoliberalismo e da sociedade de mercado assistem impassíveis à morte de milhões por fome e doenças da fome, consequência da superexploração em busca de lucro a qualquer custo. Esses também são assassinos de expressões anticrísticas.

No seio do cristianismo encontram-se expressões de um fundamentalismo radical que sataniza os outros, rompe com a fraternidade publicamente e chega, em alguns casos, a cometer crimes de morte em nome de seus dogmas e do seu "Deus": aqui se encontram os Cruzados de Cristo, setores da Opus Dei, judeus fundamentalistas que se articulam com os fundamentalistas de igrejas evangélicas americanas que creem na iminência do Armagedon.

Poderíamos multiplicar os exemplos de onde irrompe feroz a inumanidade. Só potenciando o humano com aquilo que nos faz humanos, como o amor, a solidariedade e a compaixão, podemos limitar a nossa inumanidade e cercear o campo avassalador do Anti-Cristo e do anti-Reino.

15. Resiliência e drama ecológico

Inegavelmente estamos enfrentando, com o aquecimento global já iniciado, uma situação dramática para o futuro do planeta e da humanidade. Não apenas os grupos ecológicos estão altamente mobilizados, mas também grandes empresários e os Estados centrais e periféricos.

Vivemos tempos de urgência, pois não é impossível que a Terra, repentinamente, entre num estado de caos. Até que ele se transforme em generativo, podem ocorrer catástrofes incomensuráveis, atingindo a biosfera e dizimando milhões de seres humanos. Não consideramos essa situação uma tragédia cujo fim seria desastroso, mas uma crise que acrisola, deixa cair o que é agregado e acidental e libera um núcleo de valores, de visões e de práticas alternativas que devem servir de base para um novo ensaio civilizatório. Depende de nós fazer com que os transtornos climáticos não se transformem em tragédias, mas em crises de passagem para um nível melhor na relação ser humano e natureza.

É nesse contexto que convém trazer à baila o conceito de *resiliência*, não muito usado entre nós, mas com crescente circulação em outros centros de pensamento.

O termo possui sua origem na metalurgia e na medicina. Em metalurgia, resiliência é a qualidade de os metais recobrarem, sem deformação, seu estado original após sofrer pesadas pressões. Em medicina do ramo da osteologia, é a capacidade de os ossos se recomporem corretamente após sofrer grave fratura. A partir desses campos, o conceito migrou para outras áreas, como para a educação, a psicologia, a pedagogia, a ecologia, o gerenciamento de empresas, numa palavra, para todos os fenômenos vivos que implicam flutuações, adaptações, crises e superação de fracassos ou de estresse. Resiliência comporta dois componentes: resistência em face das adversidades, capacidade de manter-se inteiro quando submetido a grandes exigências e pressões e em seguida é a capacidade de dar a volta por cima, aprender das derrotas e reconstituir-se, criativamente, ao trans-

Cuidar da Terra   proteger a vida   127

formar os aspectos negativos em novas oportunidades e em vantagens. Numa palavra, todos os sistemas complexos adaptativos, em qualquer nível, são sistemas resilientes. Assim são as pessoas e o inteiro sistema-Terra.

Os riscos advindos do aquecimento global, da escassez de água potável, do desaparecimento da biodiversidade e da crucificação da Terra, que possui um rosto de Terceiro Mundo e pende de uma cruz de padecimentos, devem ser encarados menos como fracassos e mais como desafios para mudanças substanciais que enriquecerão nossa vida na única Casa Comum. Resignar-se e nada fazer é a pior das atitudes, pois implica renunciar à resiliência e às saídas criativas.

Os estudiosos da resiliência nos atestam que para ser resilientes positivamente precisamos antes de tudo cultivar um vínculo afetivo, no caso, com a Terra: cuidar dela com compreensão, compaixão e amor; aliviar suas dores pelo uso racional e contido de seus recursos, renunciando a toda violência contra seus ecossistemas; o Norte deve praticar uma retirada sustentável no seu afã de consumo para que o Sul possa ter um desenvolvimento sustentável e em harmonia com a comunidade de vida. Importa alimentar otimismo, pois a vida passou por inúmeras devastações e sempre foi resiliente e cresceu em biodiversidade.

Decisivo é projetarmos um horizonte utópico que dê sentido às nossas alternativas que irão configurar o novo que nos salvará a todos. Importa manter a saúde num ambiente doentio e assim Gaia será também saudável e benevolente para com todos.

16. A centralidade das mulheres para a fé cristã

O catolicismo romano é uma das instituições mundiais mais refratárias à libertação da mulher. Exclui-a de todos os órgãos de dire-

128 Leonardo Boff

ção. Para ela não existem sete sacramentos, apenas seis, pois é impedida de aceder ao sacramento do sacerdócio. Argumenta-se que Jesus escolheu somente homens e que exclusivamente homens devem deter a palavra de decisão na Igreja até o fim do mundo. Não é sem razão que no catolicismo romano vigore centralismo, patriarcalismo e machismo. A Igreja romano-católica separa o que Deus no ato da criação uniu (Gn 1,27).

Essa situação é discriminatória e injusta e por isso não tem razão de ser. Ela não conta com Deus do seu lado. Ao contrário, o cristianismo teria três argumentos de ordem estritamente teológica e interna que poderiam fazê-lo o grande promotor da dignidade e da excelência da mulher. É a cegueira do androcentrismo e do patriarcalismo que impede compreender o óbvio cristão. Não é por razões de fé e de teologia como se alega, mas de pura ideologia.

O primeiro argumento é este: somente juntos homem e mulher são revelação de Deus no mundo. Na primeira página da Bíblia Deus diz: "Façamos a humanidade à nossa imagem e semelhança; façamo-la homem e mulher" (Gn 1,27). Portanto, em Deus há algo de feminino e masculino que se reflete no homem e na mulher.

Somente temos uma experiência global de Deus caso incluamos sempre os dois, o homem e mulher, na nossa trajetória para o Absoluto. Se excluirmos a mulher, teremos apenas uma imagem reduzida e distorcida de Deus. Sem a mulher não há conhecimento adequado de Deus. Excluindo a mulher, o catolicismo romano prejudica as pessoas em sua busca de Deus e acaba ocultando Deus.

O segundo argumento diz: ao revelar-se pessoalmente no mundo, Deus começou pela mulher. Vamos explicar essa afirmação. O cristianismo anuncia que Deus não somente comunicou luz e verdade às pessoas humanas. Ele mesmo se entregou pessoalmente e veio morar no meio de nós.

Comumente os cristãos pensam logo na encarnação do Filho de Deus no homem Jesus de Nazaré. Entretanto, a encarnação do Filho não é a primeira autoentrega de Deus à humanidade. A primeira entrega foi do Espírito Santo à mulher Maria de Nazaré. O texto do evangelho de São Lucas é claro: "O Espírito virá sobre ti e a virtude do Altíssimo armará sua tenda sobre ti e é por isso que o Santo gerado será chamado Filho de Deus" (1,35). Diz-se que o Espírito vem a Maria. Outro nome para Espírito é "virtude do Altíssimo". Ele armará a tenda sobre a mulher Maria. O termo grego aí usado é *episkiásei*, semelhante àquele que São João usa para expressar a encarnação do Filho: *eskénosen* (armou a tenda). As duas expressões têm como base a palavra *skené*, que significa em grego bíblico tenda e morada.

Então o sentido é este: o Espírito vem sobre ti e mora permanentemente em ti. Esse estar do Espírito é tão íntimo que eleva a mulher Maria à sua altura, à altura do Divino. Por isso, consequentemente, o texto diz: "O que é gerado em ti é Filho de Deus." Somente alguém que é Deus ou que foi elevado à altura de Deus pode gerar um Filho de Deus. Significa então: ao entregar-se ao mundo, Deus escolheu, em primeiro lugar, a mulher para morar. Dela irradiará para toda a humanidade.

Consoante ainda a convicção comum de todas as igrejas cristãs, o filho que está nascendo e crescendo em Maria é o próprio Filho do Pai, agora encarnado. Isso significa reconhecer: num momento da história, o centro de tudo é ocupado por uma mulher. Ela é a portadora do Espírito e simultaneamente do Filho eterno que se encarna no filho temporal, Jesus, que ela está gerando em seu seio.

Ela e somente ela é o Templo onde mora a plenitude da divindade: o Espírito e o Filho, enviados pelo Pai. Eles se encontram no seio dessa simples mulher do povo judeu que é Maria-Miriam de Nazaré. Sem essa mulher não se sustenta o edifício cristão.

130 Leonardo Boff

O terceiro argumento reza: o fato decisivo do cristianismo, quiçá de toda a história humana, a vitória definitiva da vida sobre a morte, é testemunhado pela primeira vez por uma mulher, Maria Madalena. Para os cristãos a vida não termina com a morte, mas com a ressurreição.

A ressurreição é muito mais do que a reanimação de um cadáver. É a plena realização de todas as potencialidades do ser humano. É o ser humano transportado ao termo e à culminância do processo evolutivo. Ora, é o que ocorreu com a ressurreição de Jesus. Esse evento bem-aventurado é testemunhado por uma mulher, Madalena. Ela foi apóstola para os apóstolos, no dizer de São Bernardo, pois foi ela que comunicou aos seguidores de Jesus a ressurreição do Mestre. Sempre se ensinou que o cristianismo e a Igreja se assentam sobre a fé na ressurreição. Sem ela, não haveria cristianismo nem Igreja. Ora, se assim é, por que não conferir centralidade às mulheres, que nunca abandonaram Jesus; ao contrário dos homens, estavam ao pé da cruz, ficaram chorando junto ao sepulcro, prepararam o cadáver, o sepultaram e testemunharam a ressurreição?

Há todas as razões, do bom-senso, da equidade entre os sexos, da justiça nas relações entre as pessoas e da teologia para valorizar sumamente a mulher. Junto com o homem, a mulher guarda o Sagrado como numa lamparina sempre acesa.

Somente um cristianismo que se esqueceu de sua originária grandeza e que caiu vítima do patriarcalismo cultural do Ocidente pode marginalizar as mulheres e privar a todos da inestimável contribuição com a qual elas podem enriquecer toda a humanidade.

O Fórum das Mulheres em Pequim, organizado pelas ONU, foi um cenário no qual cristãs iluminadas por essas intuições puderam protestar, pela primeira vez, num nível mundial, contra a discriminação a elas produzida pelas igrejas. E ao mesmo tempo encontraram em suas tradições mais autênticas motivos para resgatar a dignidade da mulher junto com aquela dos homens aos olhos de toda a humanidade.

17. Atualidade do zen-budismo em face da crise atual

Por trás da crise atual econômico-financeira vige uma crise de paradigma civilizatório. De qual civilização? Obviamente se trata da civilização ocidental, que já a partir do século XVI foi mundializada pelo projeto de colonização dos novos mundos.

Esse tipo de civilização se estrutura na vontade de poder-dominação do sujeito pessoal e coletivo sobre os outros, os povos e a natureza. Sua arma maior é uma forma de racionalidade, a instrumental-analítica, que compartimenta a realidade para melhor conhecê-la e assim mais facilmente submetê-la.

Depois de 500 anos de exercício dessa racionalidade, com os inegáveis benefícios trazidos, que encontrou na economia política capitalista sua realização mais cabal, estamos constatando o alto preço que nos cobrou: o aquecimento global induzido, em grande parte, pelo industrialismo ilimitado e a ameaça de uma catástrofe previsível ecológica e humanitária.

Estimo que todos os esforços que se fizerem dentro desse paradigma para melhorar a situação serão insuficientes. Serão sempre mais do mesmo. Temos de mudar para não perecer. É o momento de inspirar-nos em outras civilizações que ensaiaram um modo mais benevolente de habitar o planeta. O que foi bom ontem pode valer ainda hoje.

Tomo como uma das referências possíveis o zen-budismo. Primeiro, porque ele influenciou todo o Oriente. Nascido na Índia, passou à China e chegou ao Japão. Depois porque penetrou vastamente em estratos importantes do Ocidente e de todo o mundo. O zen não é uma religião. É uma sabedoria, uma maneira de se relacionar com todas as coisas de tal forma que se busca sempre a justa medida, a superação dos dualismos e a sintonia com o Todo.

A primeira coisa que o zen-budismo faz é destronar o eu, base do individualismo e do antropocentrismo ocidental. Para o zen-budismo o eu nunca está separado da natureza, é parte do Todo. Em seguida, destrona a razão convencional, mostrando que há uma razão mais alta que se recusa a tratar a realidade apenas com conceitos e fórmulas. Ao contrário, concentra-se com a maior atenção possível na experiência direta da realidade assim como a encontra.

"Que é o zen?", perguntou um discípulo ao mestre. E esse respondeu: "As coisas cotidianas; quando tem fome, coma, quando tem sono, durma." "Mas não fazem isso todos os seres humanos normais?", atalhou o discípulo. "Sim", respondeu o mestre, "os seres humanos normais quando comem pensam em outra coisa, quando dormem não pregam o olho porque estão cheios de preocupações".

Que significa essa resposta? Significa que devemos ser totalmente inteiros no ato de comer e totalmente entregues ao ato de dormir. Como já dizia a mística cristã Santa Teresa: "Quando galinhas, galinhas, quando jejum, jejum." Essa é a atitude zen. Ela começa por fazer com extrema atenção as coisas mais cotidianas, como respirar, andar e limpar um prato. Então não há mais dualidade: você é inteiro naquilo que faz. Por isso, obedece à lógica secreta da realidade sem a pretensão de interferir nela. Acolhê-la com o máximo de atenção nos torna integrados, porque não nos distraímos com representações e palavras.

Essa atitude faltou ao Ocidente globalizado. Estamos sempre impondo nossa lógica à lógica das coisas. Queremos dominar. E chega um momento em que elas se rebelam, como estamos constatando atualmente. Se queremos que a natureza nos seja útil, então devemos obedecer a ela.

Não deixaremos de produzir e de fazer ciência, mas o faremos como a máxima consciência e em sintonia com o ritmo da natureza. Orientais, ocidentais, cristãos e budistas podem usar o zen da mesma forma que peixes grandes e pequenos podem morar no mesmo oceano.

Eis outra forma de pensar e viver que pode enriquecer nossa cultura em crise e ajudar-nos a encontrar um caminho mais integrador.

Vejamos como o zen-budismo pode ser vivido no cotidiano. Ele fundamentalmente não é uma teoria ou filosofia. É uma prática de vida diária que se inscreve na tradição das grandes sabedorias da humanidade. O zen pode ser vivido pelas mais diferentes pessoas, simples donas de casa, empresários e pessoas religiosas de diferentes credos.

O centro para o zen-budismo, como já enfatizamos, não está na razão, tão importante para a nossa cultura ocidental, mas na consciência. Para nós, a consciência é algo mental. Para o zen-budismo, cada sentido corporal possui sua consciência: a visão, o olfato, o paladar, a audição e o tato. Um sexto sentido é a razão.

Tudo se concentra em ativar com a maior atenção possível cada uma dessas consciências, a partir das coisas do dia a dia. Possuir uma atitude zen é discernir cada nuance do verde, perceber cada ruído, sentir cada cheiro, aperceber-se de cada toque. E estar atento às perambulações da razão no seu fluxo interminável.

Por isso, o zen se constrói sobre a concentração, a atenção, o cuidado e a inteireza em tudo aquilo que se faz. Por exemplo, expulsar um gato da poltrona pode ser zen; também libertar os cachorros do canil e deixá-los correr pelo jardim.

Conta-se que um guerreiro samurai, antes de uma batalha, visitou um mestre zen e lhe perguntou: "Que é o céu e que é o inferno?" O mestre respondeu: "Para gente armada como você,

134 Leonardo Boff

não perco nenhum minuto." O samurai enfurecido tirou a espada e disse: "Por tal sem-vergonhice poderia matá-lo agora mesmo." E aí disse-lhe calmamente o mestre: "Eis aí o inferno." O samurai caiu em si com a calma do mestre, meteu a espada na bainha e foi embora. E o mestre lhe gritou atrás: "Eis aí o céu."

O que a atitude zen visa é a completa integração da pessoa com a realidade em que vive. Deparamo-nos no meio de diferenças, compartimentando nossa vida.

O zen busca o vazio. Mas esse vazio não é vazio. É o espaço livre no qual tudo pode se formar. Por isso, não podemos ficar presos a isso e àquilo. Quando um discípulo perguntou ao mestre "quem somos?", ele simplesmente respondeu, apontando para o universo: "Somos tudo isso." Você é a planta, a árvore, a montanha, a estrela, o inteiro Universo.

Quando nos concentramos totalmente em tais realidades, identificamo-nos com elas. Mas isso só é possível se ficarmos vazios e permitirmos que as coisas nos tomem totalmente. O pequeno eu desaparece para surgir o eu profundo. Então, somos um com o todo. Esse caminho exige muita disciplina. Não é nada fácil ultrapassar as flutuações de cada uma das consciências e criar um centro unificador.

Há uma base cosmológica para a busca dessa unidade originária. Hoje, sabemos que todos os seres provêm dos elementos físico-químicos que se forjaram no coração das grandes estrelas vermelhas, que depois explodiram. Todos estávamos um dia juntos naquele coração incandescente. Guardamos uma memória cósmica dessa nossa ancestralidade.

E sabemos também que possuímos o mesmo código genético de base, presente em todos os demais seres vivos. Viemos de uma bactéria primordial surgida há 3,8 bilhões de anos. Formamos a única e sagrada comunidade de vida.

Cuidar da Terra — proteger a vida   135

Ao buscar um centro unificador, o zen nos convida a fazer essa viagem interior, possível a todos os humanos, viagem, por vezes, mais longa e tormentosa do que ir à Lua ou ao coração da Terra.

18. Yin e yang e o equilíbrio de que precisamos

A tradição do Tao vê a história como um jogo dialético e complementar de dois princípios: yin e yang, forças subjacentes a todos os fenômenos humanos e cósmicos. Procurando luzes para entender e sair da crise global, talvez esse olhar holístico dos sábios orientais nos possa inspirar.

A figura de referência para representar esses dois princípios é a montanha. O lado norte, coberto pela sombra, é o yin, que em chinês quer dizer sombreamento e corresponde à dimensão Terra. Ele se expressa pelas qualidades da *anima*, do feminino nos homens e nas mulheres: o cuidado, a ternura, a acolhida, a cooperação, a intuição e a sensibilidade pelos mistérios da vida.

O yang significa a luminosidade do lado sul e corresponde à dimensão Céu. Ele ganha corpo no *animus*, as qualidades masculinas no homem e na mulher como o trabalho, a competição, o uso da força, a objetivação do mundo, a análise e a racionalidade discursiva e técnica.

A sabedoria milenar do taoísmo ensina que essas duas forças devem ser balanceadas para que o caminhar das coisas se faça de forma a um tempo dinâmica e harmônica. Pode ocorrer que uma predomine sobre a outra, mas importa buscar, o tempo todo, o equilíbrio difícil entre elas.

O yin e o yang remetem a uma energia mais originária, um círculo que contém ambos: o *Shi*. O Shi é a energia cósmica que tudo sustenta, penetra e move. As teologias yorubá e nagô,

136 Leonardo Boff

tão presentes na Bahia, ensinam que essa energia é o *Aré* universal, com as mesmas funções do *Shi*. Os cristãos falam do *Spiritus Creator*, ou do sopro cósmico, que enche e dinamiza toda a criação. Os modernos cosmólogos se referem à constante cosmológica que é a Energia de fundo que produziu aquele minúsculo ponto que se inflacionou e depois explodiu − *big bang* −, dando origem ao nosso Universo. Após essa incomensurável explosão, a Energia de fundo se desdobrou nas quatro forças fundamentais que atuam sempre juntas e que subjazem a todos os eventos − as energias gravitacional, eletromagnética e nuclear fraca e forte − para as quais não existe, na verdade, nenhuma teoria explicativa.

Nossa cultura ocidental, hoje globalizada, rompeu essa visão integradora e dinâmica. Ela enfatizou tanto o yang que tornou anêmico o yin. Por isso, permitiu que o racional recalcasse o emocional, que a ciência se inimizasse com a espiritualidade, que o poder negasse o carisma, que a concorrência prevalecesse sobre a cooperação e a exploração da natureza descurasse o cuidado e o respeito devidos. Esse desequilíbrio originou o antropocentrismo, o patriarcalismo, a pobreza espiritual, a cultura materialista e predadora e a atual crise ecológica global.

Somente com a integração da força do yin, da *anima*, da logique *du coeur* (Pascal), do mundo dos valores, corrigindo a exacerbação do yang, do *animus*, do espírito de dominação, podemos proceder às correções necessárias e dar um novo rumo ao nosso projeto planetário.

Na tradição do cânon ocidental expressamos o mesmo fenômeno do yin e do yang referindo-nos a duas figuras mitológicas: Apolo e Dionísio.

A dimensão Apolo está no lugar da ordem, da razão, da disciplina, numa palavra da lei do dia sob a qual se rege a sociedade organizada. A dimensão Dionísio representa a liberdade em face das leis, a coragem de violar interditos, a exaltação da alegria de viver e a inauguração do novo, numa palavra, a lei da noite, que é o momento em que as censuras caem e tudo fica gris e indefinido.

Atualmente vivemos uma conjuntura toda particular, marcada pelo excesso. Perdemos a coexistência do yin com o yang, de Apolo com Dionísio. Se não encontrarmos um ponto de equilíbrio tudo pode acontecer, até um flagelo antropológico. Precisamos de uma loucura sábia que possibilite uma nova síntese entre esses dois polos para reinventar um novo caminho que nos garanta o futuro.

19. Qual é a felicidade possível nesta vida?

A felicidade é um dos bens mais ansiados pelo ser humano. Mas não pode ser comprada nem no mercado, nem na bolsa, nem nos bancos. Apesar disso, ao redor dela se criou toda uma indústria que vem sob o nome de autoajuda. Com cacos de ciência e de psicologia se procura oferecer uma fórmula infalível para alcançar "a vida que você sempre sonhou". Confrontada, entretanto, com o curso irrefragável das coisas, ela se mostra insustentável e falaciosa. Curiosamente, a maioria dos que buscam a felicidade intui que não pode encontrá-la na ciência pura ou nalgum centro tecnológico. Vai a um pai ou mãe de santo ou a um centro espírita ou frequenta um grupo carismático, consulta um guru ou lê o horóscopo ou estuda o I-Ching da felicidade. Tem consciência de que a produção da felicidade não está na razão analítica e calculatória, mas na razão sensível e na inteligência emocional e cordial. Isso porque a felicidade deve vir de dentro, do coração e da sensibilidade.

Para dizer logo, sem outras mediações, não se pode ir diretamente à felicidade. Quem o faz é quase sempre infeliz. A felicida-

138 Leonardo Boff

de resulta de algo anterior: da essência do ser humano e de um sentido de justa medida em tudo.

A essência do ser humano reside na capacidade de relações. Ele é um nó de relações, uma espécie de rizoma, cujas raízes apontam para todas as direções. Só se realiza quando ativa continuamente sua panrelacionalidade, com o universo, com a natureza, com a sociedade, com as pessoas, com o seu próprio coração e com Deus. Essa relação com o diferente lhe permite a troca, o enriquecimento e a transformação. Desse jogo de relações nasce a felicidade ou a infelicidade na proporção da qualidade desses relacionamentos. Fora da relação não há felicidade possível.

Mas isso não basta. Importa viver um sentido profundo de justa medida no quadro da concreta condição humana. Essa é feita de realizações e de frustrações, de violência e de carinho, de monotonia do cotidiano e de emergências surpreendentes, de saúde, de doença e, por fim, de morte.

Ser feliz é encontrar a justa medida em relação a essas polarizações. Daí nasce um equilíbrio criativo: sem ser pessimista demais porque vê as sombras, nem otimista demais porque percebe as luzes. Ser concretamente realista, assumindo criativamente a incompletude da vida humana, tentando, dia a dia, escrever direito por linhas tortas.

A felicidade depende dessa atitude, especialmente quando nos confrontamos com os limites incontornáveis, como, por exemplo, as frustrações e a morte. De nada adianta ser revoltado ou resignado. Mas tudo muda se formos criativos: fazer dos limites fontes de energia e de crescimento. É o que chamamos de resiliência: a arte de tirar vantagens das dificuldades e dos fracassos.

Aqui tem seu lugar um sentido espiritual da vida, sem o qual a felicidade não se sustenta a médio e a longo prazos. Então aparece que a morte não é inimiga da vida, mas um salto rumo a uma outra ordem mais alta. Se nos sentimos na palma das mãos de Deus, serenamos. Morrer é mergulhar na Fonte. Dessa forma, como diz Pedro Demo, um pensador que no Brasil melhor estudou a *Dialética da felicidade* (em três volumes, pela editora Vozes): "Se não dá para trazer o Céu para a Terra, pelo menos podemos aproximar o Céu da Terra." Eis a singela e possível felicidade que podemos penosamente conquistar como filhos e filhas de Adão e Eva decaídos.

Mas cabe especificar ainda uma questão: o que é ser feliz e o que é estar feliz? Não podemos calar a pergunta: como ser e estar feliz num mundo infeliz? Mais da metade da população mundial é sofredora, vivendo abaixo do nível da pobreza. Há terremotos, tsunamis, furacões, inundações e secas.

O aquecimento global evocou o fantasma de graves ameaças à estabilidade do planeta e ao futuro da humanidade. Diante desse quadro, é possível ser feliz? Só podemos ser felizes com outros.

Importa reconhecer que essas contradições não invalidam a busca da felicidade. Ela é permanente, embora pouco encontrada. Isso nos obriga a fazer um discurso crítico, e não ingênuo, sobre as chances de felicidade possível.

Nas reflexões acima, enfatizamos o fato de que a felicidade sustentável é somente aquela que nasce do caráter relacional do ser humano. Em seguida, é aquela que aprende a buscar a justa medida nas contradições da condição humana. Feliz é quem consegue acolher a vida assim como ela é, escrevendo certo por linhas tortas. Aprofundando a questão, cabe agora refletir sobre o que significa concretamente *ser feliz* e *estar feliz*.

Pedro Demo, a meu ver uma das cabeças mais agudas da inteligência brasileira, distingue dois tempos da felicidade e nisso o acompanhamos: o tempo *vertical* e o tempo *horizontal*.

O *vertical* é o momento intenso, extático e profundamente realizador: o primeiro encontro amoroso, ter passado num con-

140 Leonardo Boff

curso difícil, o nascimento do primeiro filho. A pessoa *está feliz*. É um momento que incide, muito realizador, mas passageiro.

E há o momento *horizontal*: é o que se estende no dia a dia, como a rotina com suas limitações. Manejar sabiamente os limites, saber negociar com as contradições, tirar o melhor de cada situação: isso faz a pessoa *ser feliz*.

Talvez o casamento nos sirva de ilustração. Tudo começa com o enamoramento, a paixão e a idealização do amor eterno, o que leva a querer viver junto. É a experiência de *estar feliz*. Mas, com o passar do tempo, o amor intenso dá lugar à rotina e à reprodução de um mesmo tipo de relações com seu desgaste natural. Diante dessa situação, normal numa relação a dois, deve-se aprender a dialogar, a tolerar, a renunciar e a cultivar a ternura sem a qual o amor se extenua até virar indiferença. É aqui que a pessoa pode *ser feliz* ou *infeliz*.

Para *ser feliz* na extensão temporal, precisa de invenção e de *sabedoria prática*. Invenção é a capacidade de romper a rotina: visitar um amigo, ir ao teatro, inventar um programa fora de casa. Sabedoria prática é saber desproblematizar as questões, acolher os limites com leveza, saber rimar dor com amor. Se não fizer isso, vai ser infeliz pela vida afora.

Estar feliz é um momento fugaz. *Ser feliz* é um estado prolongado. Esse se prolonga porque sempre é recriado e alimentado. Alguém pode *estar feliz* sendo *infeliz*. Quer dizer, tem uma experiência intensa de felicidade (momento fugaz) como o reencontro com um irmão que escapou da morte ou que regressou depois de longos anos fora do país. Como pode *ser feliz* (estado prolongado) pela vida relativamente harmoniosa que leva, sem *estar feliz* (momento fugaz), quer dizer, sem que algo arrebatador e surpreendente lhe aconteça.

A felicidade participa de nossa incompletude. Nunca é plena e completa. Faço minha a brilhante metáfora de Pedro Demo: "A felicidade participa da lógica da flor: não há como separar sua beleza de sua fragilidade e de seu fenecimento."

20. Felicidade Interna Bruta

Butão é um pequeníssimo reinado nas encostas do Himalaia, espremido entre a China, a Índia e o Tibet. Não tem mais do que dois milhões de habitantes, a maior cidade é a capital Timfú, com cerca de 50 mil moradores. Está ameaçado de desaparecer dentro de poucos anos caso os lagos do Himalaia, que se estão enchendo pelo degelo, transvasem avassaladoramente. Governado por um rei e por um monge que possui autoridade quase real, é considerado um dos menores e menos desenvolvidos países do mundo. Contudo, é uma sociedade extremamente integrada, patriarcal e matriarcal simultaneamente, sendo que o membro mais influente se transforma em chefe de família.

Butão possui algo único no mundo e que todos os países deveriam imitar: o "índice de felicidade interna bruta". Para o rei e o monge governante, o que conta em primeiro lugar não é o Produto Interno Bruto, medido por todas as riquezas materiais e serviços que um país ostenta, mas a Felicidade Interna Bruta, resultado das políticas públicas, da boa governança, da equitativa distribuição da renda que resulta dos excedentes da agricultura de subsistência, da criação de animais, da extração vegetal e da venda de energia à Índia, da ausência de corrupção, da garantia geral de uma educação e saúde de qualidade, com estradas transitáveis nos vales férteis e nas altas montanhas, mas especialmente fruto das relações sociais de cooperação e de paz entre todos. Isso não chegou a evitar conflitos com o Nepal, mas não tem desviado o propósito humanístico do reinado. A economia, que no mundo globalizado é o bezerro de ouro, comparece como um dos itens no conjunto dos fatores a serem considerados.

Por trás desse projeto político funciona uma imagem multidimensional do ser humano. Supõe o ser humano como um nó de relações orientado em todas as direções, que possui, sim, fome de pão como todos os seres vivos, mas principalmente é movido pela fome de comunicação, de convivência e de paz, que não podem ser compradas no mercado ou na bolsa. A função de um governo é atender à vida da população na multiplicidade de suas dimensões. O seu fruto é a paz. Na inigualável compreensão que a Carta da Terra elaborou da paz, essa "é a plenitude que resulta das relações corretas consigo mesmo, com outras pessoas, com outras culturas, com outras vidas, com a Terra e com o Todo maior do qual somos parte" (IV, f).

A felicidade e a paz não são construídas pelas riquezas materiais e pelas parafernálias que nossa civilização materialista e pobre nos apresenta. No ser humano ela vê apenas o produtor e o consumidor. O resto não lhe interessa. Por isso temos tantos ricos desesperados, jovens de famílias abastadas se suicidando por não verem mais sentido na superabundância. A lei do sistema dominante é: quem não tem quer ter, quem tem quer ter mais, quem tem mais diz que nunca é suficiente. Esquecemos que o que nos traz felicidade é o relacionamento humano, a amizade, o amor, a generosidade, a compaixão e o respeito, realidades que valem mas não têm preço. O dramático está em que essa civilização humanamente pobre está acabando com o planeta no afã de ganhar mais, quando o esforço seria o de viver em harmonia com a natureza e com os demais seres humanos.

Butão nos dá um belo exemplo dessa possibilidade. Sábia foi a observação de um pobre de nossas comunidades que comentou: "Aquele homem é tão pobre, mas tão pobre que tem apenas dinheiro." E era notoriamente infeliz.

21. O sentido do humor e da festa

Os tempos neste início do século XXI não são bons. A humanidade é conduzida por líderes na maioria negativos e medíocres. As religiões, quase todas, estão doentes de fundamentalismo, arrogância e dogmatismo, não excluídos setores da Igreja Católica Romana, contaminados pelo pessimismo cultural do atual papa Bento XVI.

Mesmo assim há ainda lugar para o humor e o sentido da festa? Claro que sim. Apesar dos absurdos existenciais, a maioria das pessoas não deixa de confiar na bondade fundamental da vida. Levanta-se de manhã, vai ao trabalho, luta pela família, procura viver com um mínimo de decência (tão traída pelos políticos) e aceita enfrentar sacrifícios por valores que realmente contam. O que se esconde por trás de tais gestos cotidianos? Aí se afirma de forma pré-reflexa e inconsciente: a vida tem sentido; aceitamos morrer, mas a vida é tão boa, como disse, pouco antes de morrer, François Mitterrand.

Sociólogos como Peter Berger e Eric Vögelin têm insistido em suas reflexões que o ser humano possui uma tendência inarredável para ordem. Onde quer que ele emerja, cria logo um arranjo existencial com ordens e valores que lhe garantem uma vida minimamente humana e pacífica.

É essa bondade intrínseca da vida que permite a festa e o sentido de humor. Através da festa, no sacro e no profano, todas as coisas se reconciliam. Como afirmava Nietzsche, "festejar é poder dizer: sejam bem-vindas todas as coisas". Pela festa o ser humano rompe o ritmo monótono do cotidiano, faz uma parada para respirar e viver a alegria de estar juntos, na amizade e na satisfação de comer e de beber. Na festa, o beber e o comer não têm a finalidade prática de matar a fome ou a sede, mas de gozar o encontro e de celebrar a amizade. Na festa o

144 Leonardo Boff

tempo do relógio não conta e é dado ao ser humano, por um momento, vivenciar o tempo mítico de um mundo reconciliado consigo mesmo. Por isso, inimigos e desconhecidos são estranhos no ninho da festa, pois essa supõe a ordem e a alegria na bondade das pessoas e das coisas. A música, a dança, a gentileza e a roupa festiva pertencem ao mundo da festa. Por tais elementos o ser humano traduz seu *sim* ao mundo que o cerca e a confiança em sua harmonia essencial.

Essa última confiança dá origem ao senso de humor. Ter humor é possuir a capacidade de perceber a discrepância entre duas realidades: entre os fatos brutos e o sonho, entre as limitações do sistema e o poder da fantasia criadora. No humor ocorre um sentimento de alívio em face das limitações da existência e até das próprias tragédias. O humor é sinal da transcendência do ser humano, que sempre pode estar para além de qualquer situação. No seu ser mais profundo é um livre. Por isso pode sorrir e ter humor sobre as maneiras com que o querem enquadrar, sobre a violência com a qual se pretende submetê-lo. Somente aquele que é capaz de relativizar as coisas mais sérias, embora as assuma num efetivo engajamento, pode ter bom humor.

O maior inimigo do humor é o fundamentalista e o dogmático. Ninguém viu um terrorista sorrir ou um severo conservador cristão esboçar um sorriso. Geralmente são tão tristes como se fossem ao próprio enterro. Basta ver seus rostos crispados. Não raro são reacionários e até violentos.

Em última instância, a essência secreta do humor reside numa atitude religiosa, mesmo esquecida no mundo profano, pois o humor vê as realidades todas em sua insuficiência diante da Última Realidade. O humor e a festa revelam que há sempre uma reserva de sentido que nos permite ainda viver e sorrir.

22. O Espírito chega antes do missionário

Um dos efeitos do processo de mundialização — que vai muito além de sua expressão econômico-financeira — é o encontro com todo tipo de tradições espirituais e religiosas. Instaurou-se um verdadeiro mercado de bens simbólicos no qual os vários caminhos, cerimoniais, ritos e esoterismos e as várias doutrinas são oferecidos para atender à demanda de um número crescente de pessoas, geralmente fatigadas pelo excesso de materialismo, racionalismo, consumismo e superficialismo de nossa cultura convencional.

Por trás desse fenômeno há uma busca humana a ser entendida e também a ser atendida. O espiritual e o místico, à revelia das predições dos mestres da suspeita, como Marx, Freud e Nietzsche, estão voltando com renovado vigor. Eles revelam uma dimensão esquecida do ser humano, vista pelos modernos mais como expressão de patologia do que de sanidade. Hoje, entre os estudiosos das ciências da religião, ela está resgatando sua cidadania. Tem seu assento na razão sensível e cordial que não substitui, mas completa a razão científico-calculatória. Nela se elaboram os grandes sonhos e surgem as estrelas-guias que dão rumo à nossa vida. A religião desvela o ser humano como projeto infinito e lhe brinda com o objeto adequado que o faz descansar: o Infinito.

Os cristãos têm especial dificuldade no diálogo com as religiões. Sustentam a crença de que são portadores de uma revelação única e de um Salvador universal, Jesus Cristo, o Filho de Deus encarnado. Em alguns, essa crença ganha foros de fundamentalismo, dizendo, sem atalhos, que fora do cristianismo não há salvação, repetindo uma versão de cariz medieval. Outros, a partir da própria Bíblia e de uma reflexão teológica mais profunda, sustentam que todos os seres humanos, e também o cosmos,

146 Leonardo Boff

estão permanentemente sob o arco-íris da graça de Deus. Para os primeiros 11 capítulos do Gênesis, nos quais não se fala ainda em judeus como "povo eleito", todos os povos da Terra são povos de Deus. Isso permanece válido até os tempos atuais.

Ademais, dizem as Escrituras que o Espírito enche a face da Terra, perpassa a história, anima as pessoas a praticar o bem, a viver na verdade e a realizar a justiça e o amor. O Espírito chega antes do missionário. Esse, antes de anunciar sua mensagem, precisa reconhecer as obras que esse Espírito fez no mundo e prolongá-las.

O Cristo não pode ser reduzido ao espaço palestinense. Ao assumir o homem Jesus de Nazaré, o Filho se inseriu no processo da evolução, tocou a realidade humana e ganhou uma dimensão cósmica. Coube ao teólogo franciscano Duns Scotus na Idade Média e a Teilhard de Chardin nos tempos modernos apontar que o Filho está presente na matéria e nas energias originárias e que foi densificando sua presença à medida que se realizava a complexidade e crescia a consciência até irromper na forma de Jesus de Nazaré.

Essa individuação não diminuiu seu caráter divino e cósmico, de forma que pode irromper sob outros nomes e sob outras figuras que revelam em suas vidas e obras a cercania do mistério de Deus. Para evitar certa "cristianização" do tema, podemos falar, como o fazem grandes tradições, da Sabedoria/Sofia. Ela está presente na criação, na vida dos povos e especialmente nas lições dos mestres e sábios. Ou se usa também a categoria Logos ou Verbo, que revela o momento de inteligibilidade e ordenação do Universo. Ele não se mantém uma Energia impessoal, mas revela suma subjetividade e suprema consciência.

Essas visões ancoram nossa vida num sentido bom que nos permite suportar os avatares desta cansada existência.

23. Como falar diferentemente do amor

Quando sou convidado para falar sobre o amor sinto certo constrangimento, porque esta palavra — amor — é uma das mais desgastadas de nossa linguagem. E como fenômeno interpessoal, um dos mais desmoralizados.

Para não repetir aquilo que todo mundo já sabe e ouve, costumo fazer uma abordagem inspirado num dos maiores biólogos contemporâneos: o chileno Humberto Maturana. Em suas reflexões o amor é contemplado como um fenômeno cósmico e biológico. Expliquemos o que ele quer dizer: o amor se dá dentro do dinamismo da própria evolução, desde as suas manifestações mais primárias, de bilhões e bilhões de anos atrás, até as mais complexas no nível humano.

Vejamos como o amor entra no universo. No universo se verificam dois tipos de acoplamentos (encaixes) dos seres com seu meio, um necessário e outro espontâneo. O primeiro, o necessário, faz com que todos os seres estejam interconectados uns aos outros e acoplados aos respectivos ecossistemas para assegurar sua sobrevivência. Mas há um outro acoplamento que se realiza espontaneamente. Os *topquarks*, a primeira densificação da energia em matéria, interagem sem razões de sobrevivência, por puro prazer, no fluir de seu viver. Trata-se de encaixes dinâmicos e recíprocos entre todos os seres, não vivos e vivos. Não há justificativas para isso. Acontecem porque acontecem. É um evento original da existência em sua pura gratuidade. É como a flor que floresce por florescer.

Quando um se relaciona com o outro (digamos dois prótons) e assim se cria um campo de relação, surge o amor como fenômeno cósmico. Ele tende a se expandir e a ganhar formas cada vez mais inter-retrorrelacionadas nos seres vivos, especialmente nos humanos. No nosso nível é mais do que simplesmente espontâneo como

148 Leonardo Boff

nos demais seres; é feito projeto da liberdade que acolhe conscientemente o outro e cria o amor como o mais alto valor da vida.

Nessa deriva, surge o amor ampliado que é a socialização. O amor-relação é o fundamento do fenômeno social, e não sua consequência. Em outras palavras: é o amor-relação que dá origem à sociedade; essa existe porque existe o amor, e não o contrário, como convencionalmente se acredita. Se falta o amor-relação (o fundamento), se destrói o social. Sem o amor, o social ganha a forma de agregação forçada, de dominação e de violência, todos sendo obrigados a se encaixar. Por isso, sempre que se destroem o encaixe e a congruência entre os seres, se destroem o amor-relação e, com isso, a sociabilidade. O amor-relação é sempre uma abertura para o outro e uma convivência e comunhão com o outro.

Não foi a luta pela sobrevivência do mais forte que garantiu a persistência da vida e dos indivíduos até os dias atuais. Mas a cooperação e o amor-relação entre eles. Os ancestrais hominídios passaram a ser humanos à medida que mais e mais partilhavam entre si os resultados da coleta e da caça e compartilhavam seus afetos. A própria linguagem que caracteriza o ser humano surgiu no interior desse dinamismo de amor-relação e de partilha.

A competição, enfatiza Maturana, é antissocial, hoje e outrora, porque implica a negação do outro, a recusa da partilha e do amor. A sociedade moderna neoliberal e de mercado se assenta sobre a competição. Por isso é excludente, inumana e faz tantas vítimas, como a atual crise revelou. Ela não traz felicidade porque não se rege pelo amor-relação. A atual crise se originou, em parte, pela excessiva competição e pela falta de cooperação. Vale uma sociedade *com* mercado, mas não só *de* mercado.

Como se caracteriza o amor humano? Responde Maturana: "O que é especialmente humano no amor não é o amor, mas o que fazemos com o amor enquanto humanos; é a nossa maneira particular de viver juntos como seres sociais na linguagem; sem amor nós não somos seres sociais."

Como se depreende, o amor é um fenômeno cósmico e biológico. Ao chegar ao patamar humano, ele se revela como um projeto da liberdade, como uma grande força de união, de mútua entrega e de solidariedade. As pessoas se unem e recriam pela linguagem amorosa, o sentimento de benquerença e de pertença a um mesmo destino.

Sem o cuidado essencial, o encaixe do amor-relação não ocorre, não se conserva, não se expande nem permite a consorciação entre os demais seres. Sem o cuidado não há atmosfera que propicie o florescimento daquilo que verdadeiramente humaniza: o sentimento profundo, a vontade de partilha e a busca do amor. Estimo que falar assim do amor faz sentido porque nos faz mais humanos.

Notas

1. Boff, L. *A civilização planetária*. Rio de Janeiro: Sextante, 2003.
2. Ver alguma bibliografia a respeito do tema: Depuis, J. *Rumo a uma teologia cristã do pluralismo religioso*. São Paulo: Paulinas, 2002; Hick, J. *God has many names*. Philadelphia: The Westminster Press, 1982; Knitter, P. *Introducing Theology of Religions*. Nova York: Orbis Books, 2002; Lopes, C.J. *Pluralismo teológico e cristologia*. Petrópolis: Vozes 2005; de Mier, F. *Salvados y salvadores. Teología de la salvación para el hombre de hoy*. Madri: San Pablo. 1998; Vigil, J.M. *Teología del pluralismo teológico*. Quito: Editorial Abya Yala, 2005; Teixeira, F. *Teologia das religiões*, São Paulo: Paulinas, 1995; Pieris, A. *El rosto asiático de Cristo*. Salamanca: Sigueme, 1991.
3. Cf. Boff, L. *O evangelho do Cristo cósmico*. Rio de Janeiro: Record, 2007; Galloway, A.D. *The Cosmic Christ*. Londres: Nisbet, 1951; Wells, H. *The Christic Center. Life-Giving and Liberating*. Nova

150 Leonardo Boff

York: Orbis Books, 2004; Edwards, D. *Jesus and the Cosmos*. Nova York, Paulist Press, 1991; Idem, *Jesus, the Wisdom of God. An Ecological Theology*. Nova York: Orbis Books, 1995; Schiwy, G. *Der kosmische Christus*. München: Kósel Verlag, 1990; Beinert, W. *Christus und der Kosmos*. Freiburg: Herder, 1974; Moltmann, J. *Der kosmische Christus, em Wer ist Christus für uns heute*. Gütersloh: Gütersloher Verlaghaus, 1994, capítulo VI; Depuis, J. "O Cristo cósmico nos primeiros padres", in *Rumo a uma teologia cristã*, op. cit., pp. 83-122; Gabathuler, H.J. *Jesus Christus Haupt der Kirche-Haupt der Welt*. Zürich-Stuttgart: Zwingli Verlag, 1965; Ernst, J., *Pleroma und Pleroma Christi*. Regensburg: Pustet, 1970; Nooth, R. "The Scotist Cosmic Christ", in *De doctrina Johannis Duns Scoti*, vol. III. Roma, 1968, pp. 169-217; Merino Abad, J.A. "Cristología escotista y creación", in *Carthaginensia* 25 (1998), p. 101-116.

4. Swimme, B.; Berry, Th. *The Universe Story*. San Francisco: Harper San Francisco, 1992.

5. Cf. a reunião dos principais textos em Boff, L. *O evangelho do Cristo cósmico*, op. cit., pp. 35-37.

6. Cf. Orbe, A. "La unción del Verbo", in *Analecta Gregriana* 113 (1961) p. 67-71.

7. Ver os comentários de Jean-Yves Leloup e Leonardo Boff, *Terapeutas do deserto,* Petrópolis: Vozes, 1997, pp. 148- 151. Ver também C.G. Jung, Jesus, archetypisch gesehen, in *Obras Completas*, 11. Olten: Walter Verlag, 1971.

8. Ver A *via de Chuang-Tzu*, trad. Thomas Merton. Petrópolis: Vozes, 1979.

9. Cf. Edwards, D. *Jesus, the Wisdom of God. An Ecological Theology*. Nova York: Orbis Books, 1995; Feuillet, A. *Le Christ, Sagesse de Dieu d'après les Epîtres pauliniennes*. Paris: Bauchesne. 1966.

10. Uma minuciosa discussão sobre os vários sentidos de Logos se encontra em Depuis, J. *Rumo a uma teologia cristã do pluralismo religioso*, op. cit., pp. 83-113.

11. *Canção universal*. Rio de Janeiro: Record, 1991, p. 47.

Cuidar da Terra — proteger a vida   151

12. Veja as excelentes reflexões do teólogo católico Karl Rahner, em Röper, A. *Ist Gott ein Mann? Ein Gespräch mit Karl Rahner.* Düsseldorf: Patmos, 1979; van Lunen-Chenu, M.-T.; Gibellini, R. *Donna e teologia.* Brescia: Queriniana, 1988; Hunt, M.; Gibellini, R. *La sfida del femminismo alla teologia.* Brescia: Queriana, 1980; Excelentes são os números completos da revista internacional *Concilium* dedicados à questão das mulheres: o n° 202, de 1985, "A mulher invisível na teologia e na Igreja"; o n° 238, de 1991, "Mulher-mulher"; e o n° 281, de 1999, "A não ordenação da mulher e a política do poder".

13. Uma reflexão mais detalhada se encontra em meu livro *A trindade, a sociedade e a libertação.* Petrópolis: Vozes 1979.

14. Ver a articulação dessa ideia em Boff, L. *O evangelho do Cristo cósmico.* Rio de Janeiro: Record, 2009; Idem. *Jesus Cristo libertador. Ensaio de cristologia crítica para o nosso tempo.* Petrópolis: Vozes, 1972, pp. 272-275; ver também as boas reflexões de Ratzinger, J. *Introdução ao cristianismo.* São Paulo: Herder, 1970, pp. 189-190.

15. Ver Blofeld, J. *A deusa da compaixão e do amor. O culto místico de Kuan Yin.* São Paulo: Ibrasa, 1995.

CAPÍTULO III

ÉTICA ECOLÓGICA: EM BUSCA DE UMA ÉTICA MUNDIAL

1. Caminhos da ética hoje

Nenhuma sociedade, no passado ou no presente, viveu ou vive sem uma ética. Como seres sociais, precisamos elaborar certos consensos, coibir certas ações e criar projetos coletivos que deem sentido e rumo à história. Hoje, devido ao fato da globalização e da coexistência, nem sempre pacífica, das diversidades culturais, constata-se o encontro de muitos projetos éticos, nem todos compatíveis. Em face da nova era da humanidade, agora mundializada, sente-se a urgência de um patamar ético mínimo que possa ganhar o consentimento de todos e, assim, viabilizar a convivência dos povos. Vejamos, sucintamente, como na história se formularam as éticas.

Uma permanente fonte de ética são as religiões. Essas animam valores, ditam comportamentos e dão significado à vida de grande parte da humanidade, que, a despeito do processo de secularização, se rege pela cosmovisão religiosa. Como as religiões são muitas e diferentes, variam também as normas éticas. Dificilmente se pode fundar um consenso ético, baseado somente no fator religioso. Qual religião tomar como referência? A ética fundada na religião possui, entretanto, um valor inestimável, por referi-la a um último fundamento, que é o Absoluto.

156   Leonardo Boff

A segunda fonte é a razão. Foi mérito dos filósofos gregos terem construído uma arquitetônica ética fundada em algo universal, exatamente na razão, presente em todos os seres humanos. As normas que regem a vida pessoal chamaram de *ética* e as que presidem a vida social chamaram de *política*. Por isso, para eles, política é sempre ética. Não existe, como entre nós, política sem ética.

Essa ética racional é irrenunciável, mas não recobre toda a vida humana, pois existem outras dimensões que estão aquém da razão, como a vida afetiva, ou além, como a estética e a experiência espiritual.

A terceira fonte é o desejo. Somos seres, por essência, desejantes. O desejo possui uma estrutura infinita. Não conhece limites e é indefinido por ser naturalmente difuso. Cabe ao ser humano dar-lhe forma. Na maneira de realizar, limitar e direcionar o desejo surgem normas e valores. A ética do desejo se casa perfeitamente com a cultura moderna, que surgiu do desejo de conquistar o mundo. Ela ganhou uma forma particular no capitalismo no seu afã de realizar todos os desejos. E o faz excitando de forma exacerbada todos os desejos. Pertence à felicidade, à realização de desejos, mas, atualmente, sem freios e controles, pode pôr em risco a espécie e devastar o planeta. Precisamos incorporá-la em algo mais fundamental.

A quarta fonte é o cuidado, fundado na razão sensível e na sua expressão racional, a responsabilidade. O cuidado está ligado essencialmente à vida, pois essa sem o cuidado não persiste. Daí haver uma tradição filosófica que nos vem da antiguidade (a fábula-mito 220 de Higino) que define o ser humano como essencialmente um ser de cuidado. A ética do cuidado protege, potencia, preserva, cura e previne. Por sua natureza não é agressiva e quando intervém na realidade, o faz tomando em consideração as consequências benéficas ou maléficas da intervenção. Vale dizer, se responsabiliza por todas as ações humanas. Cuidado e responsabilidade andam sempre juntos.

Essa ética é hoje imperativa. O planeta, a natureza, a humanidade, os povos, o mundo da vida (*Lebenswelt*) estão demandando cuidado e responsabilidade. Se não transformarmos essas atitudes em valores normativos, dificilmente evitaremos catástrofes em todos os níveis. Os problemas do aquecimento global e o complexo das várias crises só serão equacionados no espírito de uma ética do cuidado e da responsabilidade coletiva. É a ética da nova era.

A ética do cuidado não invalida as demais éticas, mas as obriga a servir à causa maior, que é a salvaguarda da vida e a preservação da Casa Comum para que continue habitável.

2. Em busca de um *ethos* planetário

Como nunca antes na história do pensamento, a palavra grega *ethos* assume seu pleno sentido. Para os gregos, *ethos* significava fundamentalmente a morada humana, não em sua materialidade, mas em seu sentido existencial, como aquela porção da natureza (*physis*) que reservamos para nós, a organizamos e cuidamos de tal modo que se transforma em nosso hábitat, o lugar onde "nos sentimos em casa", protegidos e vivendo em harmonia com todos os que nela habitam, com os vizinhos e com a natureza circundante. A diligência com a qual cuidamos da casa, a forma dos relacionamentos dentro dela e para fora constroem concretamente aquilo que significa ética. Entretanto, para nós hoje, o *ethos*-morada não é mais a nossa casa, a nossa cidade ou o nosso país. É o inteiro planeta Terra, feito *ethos*-Casa Comum.

Só esse fato já suscita a questão: qual deve ser o *ethos* que nos permite conviver todos juntos, vindos das mais diferentes

158 Leonardo Boff

regiões da Terra, com suas culturas, tradições, religiões e seus valores éticos? Que opções assumir, que coalizão de valores favorecer para que a comunidade/sociedade humana, a vasta comunidade de vida e a inteira comunidade terrenal possam conviver com um mínimo de paz e de justiça? (Lima Vaz, 1997; Oliveira, 2001).

O que se faz necessário e urgente é construir uma base comum a partir da qual possamos articular um consenso que salvaguarde e regenere a Casa Comum, hoje crucificada pela devastação ecológica e pela injustiça social internacional, e também que garanta um futuro comum Terra-humanidade (Boff, 2002; 2008).

A ética e a fase planetária da humanidade

Antes de abordar essa momentosa questão, faz-se mister tomarmos consciência de que vivemos uma etapa nova da história da humanidade e da própria Terra: a etapa planetária. Por ela fica claro que todos temos um destino e um futuro comuns. E precisamos garanti-los, porque, com a situação mudada pelo aquecimento global, esse está ameaçado. Precisamos, como diz a Carta da Terra, "formar uma aliança global para cuidar uns dos outros e da Terra ou arriscar a nossa própria destruição e a devastação da diversidade da vida".

Esse *ethos* a ser construído deve tomar em conta a perspectiva básica da mundialização como no-la vem apresentada pela nova cosmologia. A Terra é fruto de um longo processo de evolução que já tem 13,7 bilhões de anos. Ela como planeta existe já há quatro bilhões de anos. Nela as coisas todas não estão justapostas, mas inter-retroconectadas. A Terra comparece como uma totalidade físico-química, biológica, socioantropológica e espiritual, una e complexa, que articula de tal forma todas essas instâncias, formando um grande sistema vivo e benfazejo para a reprodução da vida (Lovelock, 1989; 2006).

A visão que nos legaram os astronautas confirma essa compreensão. De lá da Lua ou no espaço exterior, a Terra se lhes mostrava em sua esplêndida e frágil unidade. Confessavam: não há diferença entre Terra e biosfera, entre Terra e humanidade. Elas formam uma única entidade, um todo orgânico e sistêmico.

Essa experiência de contemplar a Terra de fora está mudando o estado de consciência da humanidade, como mudou a dos astronautas, consciência que se sente interconectada com a Terra e através da Terra com o cosmos inteiro.

A vida na Terra e da Terra aparece como emergência da complexidade de sua história, como matéria que se auto-organiza e, ao expandir-se, se autocria. A vida humana é um subcapítulo da história da vida. Aqui não há disjunção, mas conjunção. Tudo constitui um único processo complexo (portanto, não linear), dinâmico e ainda aberto para a frente e para cima.

Mais ainda, com o surgimento do cibionte (a combinação do ser humano com a cibernética) entramos definitivamente numa fase nova do processo evolucionário humano (Haussmann, 1992). Quer dizer, a tecnologia não é algo instrumental e exterior ao ser humano. Incorporou-se à sua natureza concreta. Sem o aparato técnico-científico não se pode mais entender a existência concreta e a sobrevivência humana. *Pari passu* está se criando um como que novo cérebro, um novo córtex cerebral, a *world wide web* (rede mundial de comunicação): a conexão de todos com todos, o acesso individual a todo o conhecimento e à informação acumulada pela humanidade (via internet e a rede global de comunicação). Cada pessoa se transforma, de certa forma, num neurônio do cérebro ampliado de Gaia.

160   Leonardo Boff

Tal fenômeno nos obriga a ir além do paradigma moderno, que fraciona, atomiza e reduz. Há de se abrigar o paradigma holístico contemporâneo que articula, relaciona tudo com tudo e vê a coexistência do todo e das partes (holograma), dá a devida atenção à multidimensionalidade da realidade com sua não linearidade, com equilíbrios/desequilíbrios, com caos/cosmos e vida/morte. Enfim, todas as coisas devem ser contempladas na e através de sua relação eco-organizadora com o meio ambiente cósmico, natural, cultural, econômico, simbólico, religioso e espiritual.

Essa leitura modificou nossa concepção de mundo, do ser humano e de seu lugar no conjunto dos seres. Para nova música precisamos de novos ouvidos.

Essa nova ótica demanda uma nova ética. Cabe então perguntar: que tipo de ética importa viver nesta nova fase, chamada por alguns de era ecozoica e planetária? (Boff, 2003).

Queremos nos confrontar com três propostas de ética planetária, elaboradas a partir de distintos lugares sociais, mas que trazem elementos significativos para a instituição de um possível e necessário *ethos* mundial. Por fim, apresentaremos a nossa própria proposta.

A religião como base para um *ethos* mundial

Um projeto inspirador é oferecido pelo conhecido teólogo suíço/ alemão Hans Küng (nascido em 1928), que em Tübingen fundou o Instituto de Ethos Mundial. O título de seu livro principal já anuncia sua tese de base: *Um* ethos *mundial para uma política mundial e para uma economia mundial (Weltethos für Weltpolitik und Weltwirtschaft*, 1997; cf. também Projekt Weltethos, 1990).

Para Küng, não se trata apenas de construir um *ethos* mínimo, mas, antes, de forjar um consenso acerca de um *ethos* universalmente válido. Esse deve ser viável e efetivo e deve ser obrigatório para

Cuidar da Terra — proteger a vida 161

todas as pessoas, nas suas diferentes culturas. Como construir um consenso com tais pretensões? Küng responde taxativamente: mediante a religião. E a razão reside na constatação de que a religião comparece como realidade mais universalmente difusa, base para um consenso entre os humanos. Assevera enfaticamente: "Não haverá paz entre as nações se não existir paz entre as religiões. Não haverá paz entre as religiões se não existir diálogo entre as religiões. Não haverá diálogo entre as religiões se não existirem padrões éticos globais. Nosso planeta não irá sobreviver se não houver um *ethos* mundial, uma ética para o mundo inteiro" (Küng, 2004, 280).

Esse *ethos* é "o mínimo necessário de valores humanos comuns, normas e atitudes fundamentais, melhor ainda, é o consenso com referência a valores vinculantes, normas obrigatórias e atitudes básicas afirmadas por todas as religiões, apesar de suas diferenças dogmáticas e assumidas por todas as pessoas, mesmo não religiosas" (*Weltethos*, 1997, 132).

Küng cita a seu favor o testemunho de um dos mais significativos intérpretes do processo de globalização, Samuel P. Huntington, em seu discutido livro *O choque de civilizações*: "No mundo moderno é a religião uma força central, talvez a força central que motiva e mobiliza as pessoas... O que finalmente conta para elas não é a ideologia política ou o interesse econômico. Convicções religiosas e família, sangue e doutrina são as realidades com as quais as pessoas se identificam e em função das quais lutam e morrem" (Küng, 1997, 162).

Tal *ethos*, fundado na religião, possui duas pilastras: a verdade concreta e a justiça irrenunciável, dois valores éticos elementares, compartidos por todas as religiões.

A *verdade concreta*, independente das teorias filosóficas sobre a verdade, fundamentalmente diz: "Não queremos mais ser enganados e ludibriados sobre nossa situação social e econômica, sobre as causas reais de nossa pobreza e exclusão social, sobre a

162 Leonardo Boff

morte prematura de nossos filhos e nossas filhas, sobre o desaparecimento de nossos entes queridos, sobre o perigo que nos ameaça a todos."

A justiça irrenunciável, para além das formulações eruditas da academia, postula: "Chega de prisões e de torturas a presos políticos, chega de privilégios no sistema financeiro nacional e mundial; chega de exploração do trabalho infantil, chega de abuso sexual a menores, chega de chacinas de meninos e meninas de rua; chega de limpeza étnica de toda uma região!" Com referência a esse tipo de verdade e de justiça não cabem discussões, mas convergência mundial em valores e ações conjugadas.

Formalizando, o consenso se densifica no direito à vida, no respeito inviolável aos inocentes, no tratamento justo dispensado ao detido e na integridade física e psíquica de cada pessoa humana. É a base comum mínima, sem a qual não há convivência possível em nenhuma parte do planeta.

É pela religião que os povos concretamente encontraram o meio para fazer valer e garantir o caráter universal e incondicional desse consenso. A religião funda a incondicionalidade e a obrigatoriedade das normas éticas muito melhor do que a razão abstrata ou o discurso racional, parcamente convincentes e só compreensíveis por alguns setores da sociedade que possuem as mediações teóricas de sua apreensão. A religião, por ser *Weltanschauung* mais generalizada, concretamente, o caminho comum das grandes maiorias, é mais universal e compreensível. Ela vive do Incondicional e procura testemunhá-lo como a dimensão profunda do ser humano. Só o Incondicional pode obrigar incondicionalmente.

Prescindir, em qualquer análise da realidade, da dimensão religiosa é prejudicar a análise, é encurtar a realidade, é minar o fundamento de uma atitude ética universal. Só setores raciona-

Cuidar da Terra — proteger a vida   163

listicamente arrogantes da sociedade mundial desprezam esse tipo de argumentação, seja porque perderam acesso à experiência do sagrado e do religioso, seja porque vivem alienados da vida concreta de seus próprios povos.

O cerne dessa ética universal é a *humanitas*, a obrigatoriedade de tratar humanamente os humanos, independentemente de sua situação de classe, de religião ou de idade. As religiões históricas resumiram esse cerne na regra de ouro: "Faça ao outro o que queres que te façam a ti", ou negativamente: "Não faças ao outro o que não queres que te façam a ti" (Küng, 1997, 155).

Elas ainda ensinaram: "Não matar." Traduzindo para o código moderno, significa: "Venere a vida; desenvolva uma cultura da não violência e do respeito diante de toda vida." Ensinaram ainda: "Não roubar." Traduzindo para os dias de hoje significa: "Aja com justiça e com correção; alimente uma cultura da solidariedade e uma ordem econômica justa." Ensinaram também: "Não mentir." Significa: "Fale e aja com veracidade; obrigue-se a uma cultura da tolerância e a uma vida na verdade." Por fim, ensinaram: "Não cometer adultério." Traduzindo: "Amem-se e respeitem-se uns aos outros; imponham-se como obrigação uma cultura da igualdade e da parceria entre o homem e a mulher" (Küng, 1997,155-156).

Uma sociedade mundial única (geossociedade) necessita de um único *ethos* básico; caso contrário, não se garante o futuro comum; desta vez o perigo é total e a salvação deverá ser também total; não haverá uma saída escondida, salvação para alguns privilegiados; ou nos salvamos todos, mediante a incorporação de uma ética mundial, ou todos podemos conhecer o destino das grandes devastações que dizimaram outrora milhões de espécies (Swedish, 2008).

A contribuição de Küng tem sido inestimável, e no conjunto das propostas mundiais é uma das mais sensatas e factíveis. En-

164 Leonardo Boff

tretanto, possui um limite interno. A maioria das sociedades mundiais se entende secular com estados de caráter laico. Embora o que Küng afirma possa se fundar também racionalmente, encontrará dificuldades de aceitação por aqueles que não se inscrevem numa perspectiva religiosa ou que fizeram opção por outro sentido de vida, diverso do religioso.

Ethos mundial a partir dos pobres

Outra proposta nos vem de Enrique Dussel (nascido em 1934), teólogo, filósofo e historiador argentino vivendo atualmente no México (*Etica de la liberación en la edad de la globalización y de la exclusión*, 1998).

Ele define seu lugar social: a partir do grande Sul, onde vive grande parte da humanidade sofredora. Faz uma crítica rigorosa aos principais formuladores de um *ethos* mundial pelo fato de, em sua maioria, não terem consciência de seu lugar social que é o centro do poder. Desse lugar central dificilmente se dão conta de que existe uma periferia e uma exclusão mundial, fruto desses sistemas fechados, incapazes de incluir todos e, por isso, produtores permanentes de vítimas. Como podem universalizar suas propostas se deixam de fora os pobres e os excluídos que constituem a grande maioria da humanidade? Tais pensadores não fazem um juízo ético prévio do sistema histórico-social em que vivem imersos e do tipo de racionalidade que utilizam. Dão por pressuposto que suas realidades são evidentes e inquestionáveis por si mesmas.

Nesse sentido, os marginalizados e mais ainda os excluídos são portadores de um privilégio epistemológico. A partir deles, se pode fazer um juízo ético-crítico sobre todos os sistemas de poder dominantes. O excluído grita. Seu grito denuncia que o sistema social e ético está falho, é injusto e deve ser transformado.

Como universalizar um discurso ético que englobe realmente todos sem distinção? Dussel é enfático ao afirmar que somente chegamos à universalidade se partirmos de uma parcialidade, dos últimos, dos que estão de fora, dos que têm seu ser negado. Partindo dessa parte maior podemos nos abrir a todos os demais, sentindo a urgência das mudanças necessárias, capazes de garantir uma efetiva inclusão e universalidade. Deixando-os de fora, teremos discursos éticos seletivos, encobridores, não universalizáveis e abstratos.

A ética, pois, deve partir do outro, não do outro simplesmente, mas do outro mais outro que é o pobre e o excluído, o negro e o indígena, a mulher oprimida, o discriminado pelos mais variados preconceitos. Esse pobre representa mais do que uma categoria econômica, constitui uma grandeza antropológica; ele tem um rosto. O rosto do pobre se desvela irredutível e provocador. Ele grita: "Socorro"; estende a mão e suplica: "Tenho fome, dá-me de comer." Escutar a voz do outro é mostrar consciência ética. "A consciência não é tanto um aplicar os princípios ao caso concreto, mas um ouvir, um escutar a voz que interpela a partir da exterioridade, do além do horizonte do sistema: o pobre que clama por justiça a partir de seu direito absoluto, santo, de pessoa enquanto tal. Consciência ética é saber abrir-se ao outro e levá-lo a sério (responsabilidade) em favor do outro ante o sistema" (Dussel, 1986, 51-52).

O princípio supremo e absoluto da ética reza: "Liberta o pobre" (Ética comunitária, 88). O princípio é absoluto porque rege a práxis sempre, em todo lugar e para todos. "Liberta o pobre" supõe: (a) a denúncia de uma totalidade social, de um sistema fechado que exclui e produz o pobre; (b) um opressor que produz o pobre e o excluído; (c) o pobre injustamente feito pobre, por isso

166 Leonardo Boff

empobrecido; (d) levar em conta os mecanismos que reproduzem o empobrecimento; (e) o dever ético de desmontar tais mecanismos; (f) a urgência de construir um caminho de saída do sistema excludente; e por fim, (g) a obrigatoriedade de realizar o novo sistema no qual tendencialmente todos possam caber na participação, na justiça e na solidariedade.

Essa ética arranca *dos* pobres, mas não é apenas *para* os pobres. É para todos, pois diante do rosto do empobrecido ninguém pode ficar indiferente, todos se sentem concernidos. Essa ética é, fundamentalmente, uma ética da justiça, no sentido do resgate do reconhecimento negado à grande maioria e de sua inclusão na sociedade da qual se sente excluída. Em função disso, hierarquiza prioridades: primeiro salvar a vida dos pobres, depois garantir os meios de vida para todos (trabalho, moradia, saúde, educação, segurança), em seguida assegurar a sustentabilidade da casa comum, a Terra, com seus ecossistemas e a imensa biodiversidade, e a partir dessa plataforma básica garantir as condições para realizar os demais direitos humanos fundamentais, consignados em tantas declarações universais.

Essa ética possui um inegável caráter messiânico na medida em que leva a salvar vidas, a enxugar lágrimas, a despertar a compaixão e a incentivar a colaboração para que todos se sintam filhos e filhas da Terra e irmãos e irmãs uns dos outros. Ela se centra em coisas essenciais ligadas à vida e aos meios da vida. Por isso tem a ver diretamente com a maioria da humanidade empobrecida e, pelo apelo à consciência, com todos. É uma ética do óbvio humano, compreensível e realizável por todos. Suas intuições continuarão valendo enquanto não se calar o último grito do último oprimido do último rincão da Terra.

A Carta da Terra: o *ethos* centrado na Terra e na humanidade

Uma terceira proposta de larga abrangência é apresentada pela Carta da Terra: a ética centrada na Terra e na humanidade (Boff, 2003). Trata-se de um documento que surgiu das bases da humanidade, após a Rio-92, envolvendo milhares de pessoas de todas as extrações sociais. Alguns representantes de todos os continentes, animados por M. Gorbachev, S. Rockefeller e Paulo Freire (após a sua morte, ocupei o seu lugar), elaboraram a Carta da Terra a partir da imensa mole dos materiais recolhidos. Disso nasceu um documento de grande beleza e elegância ética e espiritual que foi acolhido pela Unesco em 2003 para ser inserido nos processos educativos do mundo inteiro.

A Carta da Terra representa, a meu ver, a cristalização até agora mais bem-sucedida da nova consciência ecológica e planetária na perspectiva de um novo paradigma civilizatório.

Decididamente, parte de uma visão ética integradora e holística, considerando as interdependências entre pobreza, degradação ambiental, injustiça social, conflitos étnicos, paz, democracia, ética e crise espiritual.

Seus formuladores dizem-no claramente: "A Carta da Terra está concebida como uma declaração de princípios éticos fundamentais e como um roteiro prático de significado duradouro, amplamente compartido por todos os povos. De forma similar à Declaração Universal dos Direitos Humanos das Nações Unidas, a Carta da Terra será utilizada como um código universal de conduta para guiar os povos e as nações na direção de um futuro sustentável" (1999, 12).

O mérito principal da Carta é colocar como eixo articulador a categoria da inter-retroconectitividade de tudo com tudo. Isso lhe permite sustentar o destino comum da Terra e da humanidade e

168 Leonardo Boff

reafirmar a convicção de que formamos uma grande comunidade terrenal e cósmica. As perspectivas desenvolvidas pelas ciências da Terra, pela nova cosmologia, pela física quântica, pela biologia contemporânea e os pontos mais seguros do paradigma holístico da ecologia subjazem ao texto da Carta. Ela se divide em quatro partes: um preâmbulo, quatro princípios fundamentais,[16] princípios de apoio e uma conclusão.

O preâmbulo afirma enfaticamente que a Terra está viva e com a humanidade forma parte de um vasto universo em evolução. Hoje ela está ameaçada em seu equilíbrio dinâmico devido às formas predatórias do tipo dominante de desenvolvimento que acabou por criar o aquecimento global. Em face dessa situação global, temos o dever sagrado de assegurar a vitalidade, a diversidade e a beleza de nossa Casa Comum. Para isso precisamos fundar uma nova aliança com a Terra e um novo pacto social de responsabilidade entre todos os humanos, enraizado numa dimensão espiritual de reverência em face do mistério da existência, de gratidão pelo presente da vida e de humildade em face do lugar que o ser humano ocupa na natureza, como diz a Carta.

Melhor do que resumir os conteúdos éticos é dar relevo a alguns dos 16 princípios fundantes do novo *ethos* mundial.

- Respeitar a comunidade de vida e cuidar dela com compreensão, compaixão e amor;
- Proteger e restaurar a integridade dos sistemas ecológicos da Terra, com especial preocupação pela diversidade biológica e pelos processos naturais que sustentam a vida;
- Adotar padrões de produção, consumo e reprodução que protejam as capacidades regenerativas da Terra, os direitos humanos e o bem-estar comunitário;
- Erradicar a pobreza como um imperativo ético, social, econômico e ambiental;

Cuidar da Terra — proteger a vida   169

- Afirmar a igualdade e a equidade de gênero como pré-requisitos para o desenvolvimento sustentável e assegurar o acesso universal à educação, ao cuidado da saúde e às oportunidades econômicas;
- Apoiar, sem discriminação, os direitos de todas as pessoas a um ambiente natural e social, capaz de assegurar a dignidade humana, a saúde corporal e o bem-estar espiritual, dando especial atenção aos povos indígenas e às minorias.
- Reforçar as instituições democráticas em todos os níveis e garantir-lhes transparência e credibilidade no exercício do governo, participação inclusiva na tomada de decisões e no acesso à justiça;
- Tratar todos os seres vivos com respeito e consideração;
- Promover uma cultura da tolerância, não violência e paz.

A Carta postula uma mudança na mente e no coração e requer um novo sentido de interdependência global e de responsabilidade universal. Expressa, como efeito final, a confiança na capacidade regenerativa da Terra e na responsabilidade compartida dos seres humanos de aprenderem a amar e a cuidar do Lar comum. Belamente conclui: "Que o nosso tempo seja lembrado pelo despertar de uma nova reverência face à vida, por um compromisso firme de alcançar a sustentabilidade, pela rápida luta pela justiça e pela paz e pela alegre celebração da vida."

Concluindo, ousamos afirmar que estamos diante de uma proposta de ética mundial, seguramente a mais articulada, universal e elegante que se produziu até agora. Se essa Carta da Terra for universalmente assumida, mudará o estado de consciência da humanidade. A Terra ganhará, finalmente, centralidade junto com todos os filhos e filhas da Terra que possuem a mesma origem e o mesmo destino que ela. Nela não haverá mais lugar para o empobrecido, o desocupado e o agressor da própria Grande Mãe. E ela, em face do novo estado de aquecimento global, encontrará seu adequado equilíbrio.

A nossa proposta de uma ética do cuidado

Todas as propostas anteriormente apresentadas possuem seu valor e contribuem poderosamente para a construção de um *ethos* planetário salvador.

Apresentaremos a nossa própria proposta, fundada num outro tipo de racionalidade, naquela cordial e sensível (Boff, 2003a; 2003b; 2006). Constatamos que, de modo geral, quase todos os sistemas éticos, pelo menos no Ocidente, pagam pesado tributo ao logocentrismo e ao racionalismo moderno. Nos fundamentos de nossa cultura se encontra o *logos* grego e o *cogito* cartesiano. A evolução do pensamento filosófico e o próprio processo histórico vieram mostrar mais e mais que a razão não explica tudo nem abarca tudo. Antes dela vige algo de mais profundo e originário: o *pathos*, a afetividade e o cuidado essencial. Acima se encontra a inteligência, que é a descoberta do transcendente, do eu conectado com tudo e com o Mistério que subjaz ao universo.

Além disso, existe ainda o arracional e o irracional, que mostram a presença do caos junto do cosmos, da desordem acolitando a ordem. O *demens* sempre acompanha o *sapiens*, o diabólico se emparelha com o simbólico. Há vasta convergência na admissão de que a inteligência se encontra impregnada de sensibilidade, emoções e afetos, pois são essas características que dão conta da vida cotidiana e da sociabilidade humana. M. Maffesoli, na esteira de Ortega y Gasset, fala de *raciovitalismo* (Maffesoli 1988, 58). Podemos nos referir também à *razão cordial*, pois é no coração que residem os valores, o mundo das excelências, dos afetos e dos grandes sonhos que orientam a vida.

Qual é a experiência-base da vida humana? É o sentimento, o afeto e o cuidado. Não é o *logos*, mas o *pathos*. *Sentio, ergo sum* (sinto, logo existo): eis a proposição seminal. *Pathos* é a capacidade de sentir, de ser afetado e de afetar. Forma o *Lebenswelt*, o arranjo existencial concreto e protoprimário do ser humano. A existência jamais é pura existência; é uma coexistência, sentida e afetada pela ocupação e pela preocupação, pelo cuidado e pela responsabilidade no mundo com os outros, pela alegria ou pela tristeza, pela esperança ou pela angústia.

A primeira relação é sem distância, de profunda passividade ativa: sentir o mundo, os outros e o eu como uma totalidade una e complexa, dentro do mundo como parte dele e, todavia, *vis-à-vis* a ele como distinto para vê-lo, pensá-lo e moldá-lo. Fundamentalmente é um estar *com* e não *sobre* as coisas, é um conviver dentro de uma totalidade ainda não diferenciada.

Martin Heidegger, em seu *Ser e tempo* (1989), fala do ser no mundo como um existencial, quer dizer, como uma experiência-base, constitutiva do ser humano, e não como mero acidente geográfico ou geológico. Por isso as estruturas axiais da existência circulam em torno da afetividade, do cuidado, do eros, da paixão, da compaixão, do desejo, da ternura, da simpatia e do amor. Esse sentimento básico não é apenas moção da psique, é muito mais, é uma *qualidade existencial*, um modo de ser essencial, a estruturação ôntica do ser humano.

O *pathos* não se opõe ao *logos*. O sentimento também é uma forma de conhecimento, mas de natureza diversa. Engloba dentro de si a razão, transbordando-a por todos os lados. Biologicamente está ligado ao cérebro límbico, que irrompeu há mais de cem milhões anos e com ele surgiu, no nosso sistema planetário, o *pathos*, o sentimento, o cuidado e o amor. O pensamento racional está vinculado ao neocórtex, que emergiu apenas nos últimos sete milhões de anos.

172 Leonardo Boff

Quem viu genialmente essa dimensão do *pathos* foi Blaise Pascal, um dos fundadores do cálculo de probabilidades e construtor de máquinas de calcular, ao afirmar que os primeiros axiomas do pensamento vêm intuídos pelo coração e que cabe ao coração colocar as premissas de todo o conhecimento possível do real.

A análise empírica de David Golemann, com sua *Inteligência emocional* (1984), veio confirmar o que certa tradição filosófica apoiada em Platão, Agostinho, Boaventura, Pascal, chegando a Freud e Heidegger, Damásio e Maffesoli, afirmava. A mente é incorporada, quer dizer, a inteligência vem saturada de emoções. É nas emoções que se elabora o universo das significações e dos sentidos existenciais. O conhecimento pelo *pathos* se dá num processo de *simpathia*, quer dizer, de comunhão com o real, sofrendo e se alegrando com ele e participando de seu destino.

Tal compreensão compensa o vasto racionalismo da cultura contemporânea, hegemonizada pela razão instrumental-analítica. Importa resgatar o coração, sede dos sentimentos profundos e dos valores, e a razão cordial, que o articula com as outras formas de exercício da razão.

Mas quem lhe deu uma fundamentação filosófica cerrada foi o já referido Heidegger. Ele comenta a fábula 220 de Higino, o escravo de César Augusto, que versa sobre o cuidado (*Ser e tempo*, §§ 41-43). Aí deixa claro que o cuidado é um modo de ser singular do homem e da mulher. Sem cuidado deixamos de ser humanos. Afirma que realidades tão fundamentais como o querer e o desejar se encontram enraizadas no cuidado essencial (*Ser e tempo*, § 41, 258). Somente a partir da estrutura do cuidado elas se exercem como dimensões do humano.

O cuidado, comenta ele, é "uma constituição ontológica sempre subjacente" a tudo o que o ser humano empreende, pro-

Cuidar da Terra — proteger a vida   173

jeta e faz"; "Cuidado subministra preliminarmente o solo em que toda interpretação do ser humano se move" (§ 42, 265). Quando diz "constituição ontológica", significa: entra na definição essencial do ser humano e determina a estrutura de sua prática. Quando fala do cuidado como "solo em que toda a interpretação do ser humano se move", significa: o cuidado é o fundamento para qualquer interpretação que dermos do ser humano. Se não tomarmos o cuidado por base, não conseguiremos compreender o ser humano como um ser vivo e prático. Mais simplesmente, o cuidado (Winnicot chamaria *concern*) funciona como a condição prévia para que qualquer ser venha à realidade e representa norteador antecipado dos comportamentos humanos. Se não tivesse imperado o cuidado, como nos primeiríssimos momentos após o *big bang* e as energias originárias com a matéria primordial não tivessem mantido um sutilíssimo equilíbrio, não haveria condições para que surgisse a matéria, daí as estrelas e a vida, e nós não estaríamos aqui para falar disso tudo. Portanto, o cuidado é a condição prévia para a emergência dos seres. Se não alimentarmos cuidado, a ação se torna atabalhoada, quando não irresponsável.

O cuidado, portanto, funda um novo *ethos*, no sentido originário do *ethos* grego como referimos anteriormente: a forma como organizamos nossa casa, o mundo que habitamos com os seres humanos e com a natureza.

O ser humano é fundamentalmente um ser de cuidado e sensibilidade, mais do que um ser de razão e de vontade. Cuidado é uma relação amorosa com a realidade, com o objetivo de garantir-lhe a subsistência e criar-lhe espaço para o seu desenvolvimento, como o temos desenvolvido em nossa investigação *Saber cuidar: ética do humano — compaixão pela Terra* (1999). O cuidado previne os danos futuros e regenera os danos passados. Correspondente ao cuidado, em termos do discurso ecológico, é a

174 Leonardo Boff

sustentabilidade, que visa a encontrar o justo equilíbrio entre a utilização racional das virtualidades da Terra e sua preservação para nós e para as gerações futuras.

Em tudo os humanos colocam e devem colocar cuidado: com a vida, o corpo, o espírito, a natureza, a saúde, a pessoa amada, quem sofre e a casa. Sem cuidado a vida perece.

A ética do cuidado é seguramente a mais imperativa nos dias atuais, dado o nível de descuido e desleixo que paira como uma ameaça sobre a biosfera e o destino humano, objeto de crescentes alarmes dos grandes organismos ecológicos mundiais.

A partir dessa plataforma globalizante do *pathos*, enriquecido pela tradição do *logos*, tendo no cuidado essencial sua expressão maior, derivam-se outras dimensões éticas, estreitamente ligadas ao cuidado. Aqui apenas as referimos, pois as temos desenvolvido mais detalhadamente alhures (Boff, 2003a): a ética da *compaixão* para com todos os seres que sofrem, a começar pelo planeta como um todo, as espécies em extinção e especialmente os seres humanos submetidos aos bilhões a grandes tribulações. Junto à compaixão comparece a *solidariedade/cooperação*, atitudes radicais mais do que virtudes, pois foi por elas que o ser humano deu o salto da animalidade para a humanidade e ainda hoje estão na base de qualquer forma de sociabilidade. Por fim, ao cuidado pertence a *responsabilidade*. Por ela nos damos conta das consequências de nossos atos, se benfazejos ou funestos. Importa cuidar para que com consciência e plena atenção nossa prática não sacrifique o sistema da vida e agrave o estado da Terra e da humanidade.

Duas virtudes acompanham a ética do cuidado: a autolimitação e a justa medida. A *autolimitação* é a renúncia necessária que fazemos de nossos desejos e da voracidade produtivista e consumista para salvaguardar a integridade e a sustentabilidade do nosso planeta. A *autolimitação* tutela os interesses privados para que não se sobreponham aos coletivos que formam o bem comum. Inspira uma cultura da simplicidade voluntária e um consumo responsável e solidário.

A justa medida é o apanágio de todas as grandes tradições éticas e espirituais do Ocidente e do Oriente. Ela está na base de todas as virtudes, porque a justa medida é o ótimo relativo, o equilíbrio entre o mais e o menos. Nossa cultura é em tudo excessiva e peca pela *hybris* (autoestima demasiada e arrogância) tão condenada pela cultura grega.

Hoje se coloca continuamente a seguinte questão: qual é a justa medida de nossa intervenção na natureza para satisfazer a nossas necessidades e, ao mesmo tempo, conservar o capital natural de modo a que ele possa se regenerar e ser passado de forma enriquecida às gerações futuras.

Estimo que o futuro da vida e da humanidade depende de nossa autolimitação, de nossa justa medida e do cuidado que nutrirmos permanentemente para que o dom mais precioso que a natureza nos legou e que Deus fez suscitar no longo processo de evolução — a vida — possa se manter e continuar a coevoluir na escalada rumo ao seu ponto Ômega.

3. A urgência de rever os fundamentos

A conjugação das várias crises, algumas conjunturais e outras sistêmicas, obriga todos a trabalharem em duas frentes: uma intrassistêmica, buscando soluções imediatas dos problemas para salvar vidas, garantir o trabalho e a produção e evitar o colapso. Outra trans-sistêmica, fazendo uma crítica rigorosa aos fundamentos teóricos que nos levaram ao atual caos e trabalhar sobre outros fundamentos que propiciem uma alternativa que permita, num outro nível, a continuidade do projeto planetário humano.

176   Leonardo Boff

Cada época histórica precisa de um mito que congregue pessoas, galvanize forças e confira novo rumo à história. O mito fundador da modernidade reside na *razão*. Ela cria a ciência, transforma-a em técnica de intervenção na natureza e se propõe dominar todas as suas forças. Para isso, segundo Francis Bacon, o fundador de método científico, deve-se torturar a natureza até que entregue todos os seus segredos. Essa razão crê num progresso ilimitado e cria uma sociedade que se quer autônoma, de ordem e progresso. A razão suscitava a pretensão de tudo prever, gerir, controlar, organizar e criar. Ela ocupou todos os espaços. Enviou ao limbo outras formas de conhecimento.

Eis que, depois de mais de 300 anos de exaltação da razão, assistimos à loucura da razão. Pois só uma razão enlouquecida organiza a sociedade na qual 20% da população mundial detêm 80% de toda riqueza da Terra; as três pessoas mais ricas do mundo possuem ativos superiores a toda a riqueza de 48 países mais pobres onde vivem 600 milhões de pessoas; 257 indivíduos sozinhos acumulam mais riqueza do que 2,8 bilhões de pessoas, o equivalente a 45% da humanidade; no Brasil cinco mil famílias detêm 46% da riqueza nacional. A insanidade da razão produtivista e consumista gerou o aquecimento global, que trará desequilíbrios já visíveis e a dizimação de milhares de espécies, inclusive a humana.

A ditadura da razão criou a sociedade da mercadoria com sua cultura típica, um certo modo de viver, de produzir, de consumir, de fazer ciência, de educar, de ensinar e de moldar as subjetividades coletivas. Essas devem se afinar com sua dinâmica e seus valores, procurando sempre maximalizar os ganhos, mediante a mercantilização de tudo. Ora, essa cultura, dita moderna, capitalista, burguesa, ocidental e hoje globalizada, entrou em crise. Ela se expressa nas várias crises atuais, que são todas expressão de uma única crise, a dos fundamentos. Não se trata de abdicar da razão, mas de combater sua arrogância (*hybris*) e de criticar seu estreitamento na capacidade de compreender. O que a razão mais precisa neste momento é de ser urgentemente completada pela razão sensível (M. Maffesoli), pela inteligência emocional (D. Golemann), pela razão cordial (A. Cortina), pela educação dos sentidos (J.F. Duarte Jr.), pela ciência com consciência (E. Morin), pela inteligência espiritual (D. Zohar), pelo *concern* (R. Winnicott) e pelo cuidado, como eu mesmo venho propondo há tempos.

É o sentir profundo (*pathos*) que nos faz escutar o grito da Terra e o clamor canino de milhões de famélicos. Não é a razão fria, mas a razão sensível que move as pessoas para tirá-las da cruz e fazê-las viver. Por isso, é urgente submeter à crítica o modelo de ciência dominante, impugnar radicalmente as aplicações que se fazem dela mais em função do lucro do que da vida, desmascarar o modelo de desenvolvimento atual, que é insustentável por ser altamente depredador e injusto.

A sensibilidade, a cordialidade, o cuidado levados a todos os níveis, com a natureza, nas relações sociais e na vida cotidiana, podem fundar, junto com a razão, uma utopia que podemos tocar com as mãos, porque imediatamente praticável. Esses são os fundamentos do nascente paradigma civilizatório que nos dá esperança.

4. Não desperdiçar as oportunidades da crise

Em face do cataclismo econômico-financeiro mundial no seio de uma crise ecológica generalizada se desenham dois cenários: um de crise e outro de tragédia. Tragédia seria se toda a arquitetura econômica mundial desabasse e nos empurrasse para um caos total, com milhões de vítimas por violência, fome e guerra.

Não seria impossível, pois o capitalismo, geralmente, supera as situações caóticas mediante a guerra. Ganha ao destruir e ga-

178 Leonardo Boff

nha ao reconstruir. Somente que hoje essa solução não parece viável, pois uma guerra tecnológica liquidaria com a espécie humana; só cabem guerras regionais, sem uso de armas de destruição em massa.

Outro cenário seria de crise. Para ela, não acaba o mundo econômico, mas este tipo de mundo, o neoliberal. O caos pode ser criativo, dando origem a outra ordem diferente e melhor. A crise teria, portanto, uma função purificadora, abrindo espaço para uma outra oportunidade de produção e de consumo.

Não precisamos recorrer ao ideograma chinês de crise para saber de sua significação como risco e oportunidade. Basta recordar o sânscrito matriz das línguas ocidentais.

Em sânscrito, crise vem de *kir* ou *kri*, que significa purificar e limpar. De *kri* vem também *crítica*, que é um processo pelo qual nos damos conta dos pressupostos, dos contextos, do alcance e dos limites, seja do pensamento, seja de qualquer fenômeno. De *kri* se deriva, outrossim, *crisol*, elemento químico com o qual se limpa ouro das gangas e, por fim, *acrisolar*, que quer dizer depurar e decantar. Então, a crise representa a oportunidade de um processo crítico, de depuração do cerne: só o verdadeiro fica, o acidental cai sem sustentabilidade.

Ao redor e a partir desse cerne se constrói uma outra ordem, que representa a superação da crise. Os ciclos de crise do capitalismo são notórios. Como nunca se fazem cortes estruturais que inaugurem uma nova ordem econômica, mas sempre se recorre a ajustes que preservam a lógica exploradora de base, ele nunca supera propriamente a crise. Alivia seus efeitos danosos, revitaliza a produção para novamente entrar em crise e assim prolongar o recorrente ciclo de crises.

A atual crise poderia ser uma grande oportunidade para a invenção de um outro paradigma de produção e de consumo. Mais do que regulações novas, fazem-se urgentes alternativas.

Cuidar da Terra — proteger a vida   179

A solução da crise econômico-financeira passa pelo encaminhamento da crise ecológica geral e do aquecimento global. Se essas variáveis não forem consideradas, as soluções econômicas, dentro de pouco tempo, não terão sustentabilidade e a crise voltará com mais virulência.

As empresas nas bolsas de Londres e de Wall Street tiveram perdas de mais de 1,5 trilhão de dólares, perdas do capital humano. Enquanto isso, segundo dados do Greenpeace, o capital natural tem perdas anuais da ordem de 2 a 4 trilhões de dólares, provocadas pela degradação geral dos ecossistemas, pelo desflorestamento, pela desertificação e escassez de água. A primeira produziu pânico, a segunda sequer foi notada. Mas desta vez não dá para continuar com o *business as usual*.

O pior que nos pode acontecer é não aproveitar a oportunidade advinda da crise generalizada do tipo de economia neoliberal para projetar uma alternativa de produção que combine a preservação do capital natural com o capital humano. Há que se passar de um paradigma de produção industrial devastador para um de sustentação de toda a vida.

Essa alternativa é imprescindível, como o mostrou corajosamente François Houtart, sociólogo belga e grande amigo do Brasil, numa conferência diante da Assembleia da ONU em 30 de outubro de 2009: se não buscarmos uma alternativa ao atual paradigma econômico, em 15 anos, 20% a 30% das espécies vivas poderão desaparecer e nos meados do século haverá cerca de 150 milhões a 200 milhões de refugiados climáticos. Agora a crise, em vez de oportunidade, vira risco aterrador.

A crise atual nos oferece a oportunidade, talvez uma das últimas, para encontrarmos um modo de vida sustentável para os humanos e para toda a comunidade de vida. Sem isso poderemos ir de encontro à escuridão.

180 Leonardo Boff

5. A cosmologia da dominação em crise

Há imenso sofrimento produzido pela atual crise econômico-financeira, acrescida da crise ambiental, em todos os estratos sociais, seja rico seja pobre. Mais do que a admiração, é o sofrimento que nos faz pensar. É o momento de irmos para além do aspecto econômico-financeiro da crise e descermos aos fundamentos que a provocaram. Caso contrário, as causas da crise continuarão a produzir crises cada vez mais dramáticas, até se transformarem em tragédias de dimensões planetárias.

O que subjaz à atual crise é a ruptura da clássica cosmologia que perdurou por séculos, mas que não dá mais conta das transformações ocorridas na humanidade e no planeta Terra. Ela surgiu há pelo menos cinco milênios, quando começaram a se constituir os grandes impérios, ganhou força com o Iluminismo e culminou com o projeto da tecnociência contemporâneo. Ela partia de uma visão mecanicista e antropocêntrica do universo. As coisas estão aí uma ao lado da outra, sem conexão entre si, regidas por leis mecânicas. Elas não possuem valor intrínseco, apenas valem na medida em que se ordenam ao uso humano.

O ser humano se entende fora e acima da natureza, como seu dono e senhor, que pode dispor dela ao seu bel-prazer. Partia de uma falsa pressuposição de que poderia produzir e consumir de forma ilimitada dentro de um planeta limitado, que essa abstração fictícia chamada dinheiro representa o valor maior, que a competição e a busca do interesse individual resultarão em bem-estar geral. É a cosmologia da dominação.

Pois essa cosmologia levou a crise ao âmbito da ecologia, da política, da ética e agora da economia. As ecofeministas nos chamaram a atenção para a estreita conexão existente entre antropocentrismo e patriarcalismo, que desde o neolítico faz violência às mulheres e à natureza.

Cuidar da Terra — proteger a vida   181

Felizmente, a partir dos meados do século passado, vindo de várias ciências da Terra, especialmente da teoria da evolução ampliada, está se impondo uma nova cosmologia, mais promissora e com virtualidades capazes de contribuir para a travessia da crise de forma criativa. Ao invés de um cosmos fragmentado, composto pela soma de seres mortos e desconectados, a nova cosmologia vê o universo como o conjunto de sujeitos relacionais, todos inter-retroconectados.

Espaço, tempo, energia, informação e matéria são dimensões de um único grande Todo. Mesmo os átomos, mais do que partículas, são entendidos como ondas e cordas em permanente vibração. Antes que uma máquina, o cosmos, incluindo a Terra, comparece como um organismo vivo que se autorregula, se adapta, evolui e eventualmente, em situações de crise, dá saltos buscando um novo equilíbrio.

A Terra, segundo renomados cosmólogos e biólogos, é um planeta vivo – Gaia – que articula o físico, o químico, o biológico de tal forma que se torna sempre benfazeja para vida. Todos os seus elementos são dosados de uma forma tão sutil que somente um organismo vivo poderia fazê-lo. Somente a partir dos últimos decênios, e agora de maneira inequívoca, dá sinais de estresse e de perda de sustentabilidade. Tanto o universo quanto a Terra se mostram direcionados por um propósito que se revela pela emergência de ordens cada vez mais complexas e conscientes.

Nós mesmos somos a parte consciente e inteligente do universo e da Terra. Pelo fato de ser portadores dessas capacidades, podemos enfrentar as crises, detectar o esgotamento de certos hábitos culturais (paradigmas) e inventar novas formas de ser humanos, de produzir, consumir e conviver. É a cosmologia da transformação, expressão da nova era, a ecozoica.

Precisamos abrirmo-nos a essa nova cosmologia e crer que aquelas energias (expressão da suprema Energia) que estão pro-

182 Leonardo Boff

duzindo o universo já há mais de 13 bilhões de anos estão também atuando na presente crise econômico-financeira e ambiental. Elas certamente nos forçarão a um salto de qualidade rumo a outro padrão de produção e de consumo, que efetivamente nos poderá salvar, pois seria mais conforme à lógica da vida, aos ciclos de Gaia e às necessidades humanas.

6. A quem pertence a Terra?

No Brasil se discute muito a questão da internacionalização da Amazônia ou a quem pertence essa rica porção do planeta Terra. Sem querer entrar nessa discussão, que um dia retomarei, percebo que ela remete a outra ainda mais fundamental: a quem pertence a Terra?

Muitas são as respostas possíveis, algumas verdadeiras, outras, insuficientes ou até falsas. Com certa naturalidade poderíamos responder: a Terra pertence aos humanos. Apelamos até à palavra das Escrituras, que nos diz: "Entrego-vos tudo... propagai-vos pela Terra e dominai-a" (Gn 9,3.7). Estranhamente, os humanos irromperam no cenário da evolução quando a Terra estava em 99,98% pronta. Eles não assistiram ao seu nascimento nem ela precisou deles para organizar sua complexidade e biodiversidade. Como pode lhes pertencer? Só a ignorância unida à arrogância os faz pretender a posse da Terra.

Poderíamos ainda responder: a Terra pertence aos seres mais numerosos que a habitam. Então ela pertenceria aos microrganismos – bactérias, fungos, vírus –, pois constituem 95% de todos os seres vivos. Segundo o conceituado biólogo E. Wilson, um grama de terra contém cerca de 10 bilhões de bactérias de seis mil espécies diferentes. Imaginemos os quintilhões de quintilhões de microrganismos que habitam a totalidade dos solos terrestres.

Todos esses têm mais direito de posse da Terra do que nós, seja por sua ancestralidade, seja pelo número, seja pela função de garantir a vitalidade do planeta.

Ou ela pertence à totalidade dos seres que habitam os muitos ecossistemas que servem à comunidade de vida, regulando os climas e a composição físico-química do planeta. Essa resposta é boa, mas insuficiente, porque esquece as relações que a Terra entretém com as energias e os elementos do universo.

A Terra pertence aos nossos filhos e netos que ainda não nasceram e que a emprestaram a nós para que nela vivêssemos e trabalhássemos, devolvendo-a a eles para que eles, por sua vez, a repassem a seus filhos e netos e assim indefinidamente ao longo dos tempos. Portanto, a Terra pertence a todos, aos que já aqui viveram, aos que atualmente vivem e aos que ainda vão nascer.

Em último termo, a Terra pertence ao sistema solar, que, por sua vez, pertence à nossa galáxia, a Via Láctea, que, por fim, pertence ao cosmos. Ela é um momento de um processo evolucionário de 13,7 bilhões de anos.

Mas essa resposta não nos satisfaz, pois ela remete a uma pergunta ulterior: e o cosmos, a quem pertence? Pertence àquela Energia de fundo, ao Vácuo Quântico, ao Abismo alimentador de todos os seres, à Fonte originária de tudo. Essa é a resposta que os astrofísicos e cosmólogos costumam dar. E é correta. Mas não é ainda a última.

Cabe uma derradeira pergunta: a quem pertence a Energia de fundo do universo? Alguém poderia simplesmente responder: ela não pertence a ninguém, pois pertence a si mesma. Essa resposta é simplesmente uma não resposta, porque nos coloca diante de um muro. Ela nos remete à teologia, a Deus.

Mudando de registro e caindo na nossa realidade cotidiana e brutal dos negócios: a quem pertence a Terra? Ela, na verdade, pertence aos que detêm poder, aos que controlam os mercados, aos que vendem e compram seu chão, seus bens e serviços, água, genes, sementes, órgãos humanos, pessoas feitas também mercadorias. Esses pretendem ser os donos da Terra e dispõem dela como bem entendem.

Mas são donos ridículos, pois esquecem que não são donos deles mesmos, nem de sua origem nem de sua morte.

A quem pertence a Terra? Fico com a resposta mais sensata e satisfatória das religiões, bem representadas pela judaico-cristã. Nessa, Deus diz: "Minha é a Terra e tudo o que ela contém e vocês são meus hóspedes e inquilinos" (Lv 25,23). Só Deus é senhor da Terra e não passou escritura de posse a ninguém. Nós somos hóspedes temporários, inquilinos e simples cuidadores com a missão de torná-la o que um dia foi: o Jardim do Éden.

7. A crise econômico-financeira: o buraco perfeito

Ignace Ramonet, diretor do *Le Monde Diplomatique* e um dos agudos analistas da situação mundial, chamou a atual crise econômico-financeira de "a crise perfeita". Putin, em Davos, em 2008, a chamou de "a tempestade perfeita". Eu, de minha parte, a chamaria de "o buraco perfeito".

O grupo que compõe a Iniciativa Carta da Terra (M. Gorbachev, S. Rockefeller, M. Strong e eu mesmo, entre outros) há mais de dez anos advertia: "Não podemos continuar pelo caminho já andado, por mais plano que se apresente, pois lá na frente ele encontra um buraco abissal." Como um *ritornello* o repetia também o Fórum Social Mundial, desde a sua primeira edição, em Porto Alegre, em 2001. Pois chegou o momento em que o buraco apareceu. Lá para dentro caíram grandes bancos, tradicionais fábricas, imensas corporações transnacionais e 50

Cuidar da Terra — proteger a vida   185

trilhões de dólares de fortunas pessoais se uniram ao pó do fundo do buraco. Junto caíram milhões de desempregados do mundo inteiro que vivem uma via-sacra de sofrimentos verdadeiramente dolorosa.

Stephen Roach, do banco Morgan Stanley, também afetado, confessou: "Errou Wall Street. Erraram os reguladores. Erraram as agências de avaliação de risco. Erramos todos nós." Mas não teve a humildade de reconhecer: "Acertou o Fórum Social Mundial. Acertaram os ambientalistas. Acertaram grandes nomes do pensamento ecológico, como J. Lovelock, E. Wilson, E. Morin, Marina Silva e tantos outros."

Em outras palavras, os que se imaginavam senhores do mundo a ponto de alguns deles ridiculamente decretarem o fim da história, que sustentavam a impossibilidade de qualquer alternativa e que em seus concílios ecumênico-econômicos promulgaram dogmas da perfeita autorregulação dos mercados e da única via, aquela do capitalismo globalizado, agora perderam todo o seu latim. Andam confusos e perplexos como um bêbado em beco escuro.

O Fórum Social Mundial realizado em Belém em janeiro de 2009, sem orgulho, mas sinceramente, pôde dizer: "Nosso diagnóstico estava correto. Não temos a alternativa ainda, mas uma certeza se impõe: este tipo de mundo não tem mais condições de continuar e de projetar um futuro de inclusão e de esperança para a humanidade e para toda a comunidade de vida." Se prosseguir, ele pode pôr fim à vida humana e ferir gravemente a Pacha Mama, a Mãe Terra.

Seus ideólogos talvez não creiam mais em dogmas e se contentem apenas com o catecismo neoliberal. Mas procuram um bode expiatório. Dizem: "Não é o capitalismo em si que está em crise. É o capitalismo de viés americano, que gasta um dinheiro que não tem em coisas de que o povo não precisa." Um de seus

186 Leonardo Boff

sacerdotes, Ken Rosen, da Universidade de Berkeley, pelo menos reconheceu: "O modelo dos Estados Unidos está errado. Se o mundo todo utilizasse o mesmo modelo, nós não existiríamos mais."

Mas não é esse modelo que a mentalidade imperial americana queria exportar para todo o mundo e que Barack Obama ainda se propõe a isso ao dizer, não sem certa arrogância, em seu discurso inaugural: "Não vamos nos desculpar por nosso modo de vida, nem vamos esmorecer em sua defesa?" Deveria se desculpar, sim, pois foram os EUA que provocaram, primeiro, a crise atual que desgraça o restante do mundo. Se persistirem em expandir para todo o mundo o *american way of life*, é então que a humanidade corre perigo e que o planeta Terra vai estremecer.

Nisso tudo vigora palmar engano. A razão da crise não está apenas no capitalismo americano, como se outro capitalismo fosse o correto e humano. A razão está na lógica mesma do capitalismo. Já foi reconhecido por políticos como Jacques Chirac e por uma gama considerável de cientistas que se os países opulentos, situados no Norte, quisessem generalizar seu bem-estar para toda a humanidade, precisaríamos pelo menos de três Terras iguais à atual.

O capitalismo em sua natureza é voraz, acumulador, depredador da natureza, criador de desigualdades e sem sentido de solidariedade com as gerações atuais e muito menos com as futuras. Não se tira a ferocidade do lobo fazendo-lhe alguns afagos ou limando-lhes os dentes. Ele é feroz por natureza. Assim o capitalismo, pouco importa o lugar de sua realização, se nos EUA, na Europa, no Japão ou mesmo no Brasil, coisifica todas as coisas, a Terra, a natureza, os seres vivos e também os humanos. Tudo está no mercado e de tudo se pode fazer negócio.

Esse modo de habitar o mundo regido apenas pela razão utilitarista e egocêntrica cavou o buraco perfeito, diria, um verdadeiro buraco negro. E nele caiu e puxou milhões para dentro dele.

A questão não é econômica. É moral e espiritual. Só sairemos a partir de uma outra relação com a natureza, sentindo-nos parte dela e vivendo a inteligência do coração, que nos faz amar e respeitar a vida e cada ser. Caso contrário, continuaremos no buraco no qual o capitalismo nos jogou.

8. O caminho mais curto para o fracasso

Das muitas reflexões acerca do colapso do sistema neoliberal, três despontam com clareza.

A primeira é que para salvar o *Titanic* afundando não bastam correções e regulações no sistema em naufrágio. Precisa-se de uma outra rota que evite o choque com o *iceberg*: uma produção que não se reja só pela ganância nem por um consumo ilimitado e excludente.

A segunda, não valem rupturas bruscas na ilusão de que já nos transportariam para um outro mundo possível, pois seguramente implicariam o colapso total do sistema de convivência, com vítimas sem conta, sem a certeza de que das ruínas nasceria uma nova ordem melhor.

A terceira, a categoria sustentabilidade é axial em qualquer intento de solução. Isso significa: o desenvolvimento necessário para a manutenção da vida humana, para toda a comunidade de vida e para a preservação da vitalidade da Terra não pode seguir as pautas do crescimento até agora vigentes. Ele é demasiadamente depredador do capital natural e parco em solidariedade geracional presente e futura.

Importa encontrar um sutil equilíbrio entre a capacidade de suporte e regeneração da Terra, com seus diferentes ecossistemas, e o pretendido desenvolvimento necessário para assegurar o bem viver humano e a continuidade do projeto planetário em curso, que representa a nova e irreversível fase da história.

Essa diligência precisa acolher a estratégia da transição do paradigma atual, que não garante um futuro sustentável, para um novo paradigma, a ser construído pela cooperação intercultural, que signifique um novo acerto entre economia e ecologia na perspectiva da manutenção da vida na Terra e a continuidade das civilizações.

Onde se encontra o grande gargalo? É na questão ecológica. Ela é citada apenas *en passant* nas agendas políticas visando à superação da crise. Na reunião do G-20 em 2 de abril de 2009, em Londres, o tema não influiu na formulação dos instrumentos para ordenar o caos sistêmico. Não se trata apenas do mais grave de todos, o aquecimento global, mas também do degelo, da acidez dos oceanos, da crescente desertificação, do desflorestamento de grandes zonas tropicais e do surgimento do planeta-favela em razão da urbanização selvagem e do desemprego estrutural. E mais ainda: a revelação dos dados que mostram a insustentabilidade geral da própria Terra, cujo consumo humano ultrapassou em 30% sua capacidade de reposição.

Uma natureza devastada e um tecido social mundial dilacerado pela fome e pela exclusão anulam as condições para a reprodução do projeto do capital dentro de um novo ciclo. Tudo indica que os limites da Terra são os limites terminais desse sistema que imperou por vários séculos.

O caminho mais curto para o fracasso de todas as iniciativas visando a sair da crise sistêmica é essa desconsideração do fator ecológico. Ele não é uma "externalidade" que se pode tolerar por ser inevitável. Ou lhe conferimos centralidade em qualquer solução possível ou então teremos de aceitar o eventual colapso da espécie humana. A bomba ecológica é mais perigosa do que todas as bombas letais já construídas e armazenadas.

Desta vez teremos de ser coletivamente humildes e escutar o que a própria natureza, aos gritos, nos está pedindo: renunciar ao modelo de produção que implica agressão à natureza e grande exclusão social. Não somos deuses nem donos da Terra, mas suas criaturas e seus inquilinos. Belamente termina Rose Marie Muraro seu instigante livro sobre as revoluções tecnológicas, com o subtítulo *Querendo ser Deus*: "Quando tivermos desistido de ser deuses, poderemos ser plenamente humanos, o que ainda não sabemos o que é, mas que já intuíamos desde sempre."

9. Guerra total contra Gaia

O cataclismo econômico-financeiro, fruto de avidez e de mentiras, esconde uma via-sacra de sofrimento para milhões de pessoas que perderam suas economias, suas casas e seus postos de trabalho. Quem fala deles? Os verdadeiros culpados se reúnem mais para salvaguardar ou corrigir o sistema que lhes garante hegemonia sobre os demais atores do que para encontrar caminhos com características de racionalidade, cooperação e compaixão com as vítimas e com toda a humanidade.

Esta crise traz à luz outras crises que, qual espadas de Dâmocles, estão pesando sobre a cabeça de todos: a climática, a energética, a alimentar e outras. Todas elas remetem para a crise do paradigma dominante. A situação de caos generalizado suscita questões metafísicas sobre o sentido do ser humano no conjunto dos seres em evolução. Neste momento silenciam os pós-modernos com o seu *every thing goes*. Queiram eles ou não, há coisas que têm de valer, há sentidos que devem ser preservados, caso contrário, nos chafurdamos no mais reles cinismo, expressão de profundo desprezo pela vida.

190 Leonardo Boff

Já há tempos que pensadores como Teilhard de Chardin ou René Girard notaram certo excesso de maldade no caminho da evolução consciente. Cito um pensamento de Girard, estudioso da violência, quando esteve entre nós em 1990 dialogando com teólogos da libertação: "Tudo parece provar que as forças geradoras da violência neste mundo, por razões misteriosas que tento compreender, num certo nível são mais poderosas do que a harmonia e a unidade. Esse é o aspecto sempre presente do pecado original, enquanto, para além de qualquer concepção mítica, representa um nome para a violência na história." Não há por que rejeitar esse sombrio veredicto. Somente o pensamento da esperança contra toda a esperança, da compaixão e da utopia nos oferece com um pouco de luz.

Mesmo assim, há que conviver com a sombra de que somos seres com imensa capacidade de autodestruição, até o último homem. Há anos uma pesquisa alemã sobre as guerras na história da humanidade, citada por Michel Serres em seu recente livro *Guerre mondiale* (2008), chegava aos seguintes dados: de três mil anos antes de nossa era até o presente momento, 3,8 bilhões de seres humanos teriam sido chacinados, muitos deles em guerras de total extermínio. Só no século XX foram mortos 200 milhões de pessoas. Como não se questionar, honestamente, sobre a natureza deste ser complexo, contraditório, anjo bom e satã da Terra que é o ser humano?

Hoje vivemos uma situação absolutamente inédita. É a guerra coletiva contra Gaia. Até a introdução da guerra total por Hitler (*totaler Krieg*), as guerras possuíam seu ritual: eram entre exércitos. Depois passaram a ser entre nações e entre povos: era a guerra de todos contra todos. Hoje ela se radicalizou: é a guerra de todos contra o mundo, contra o planeta Gaia (*bellum omnium contra Terram*). Pois é isso que está implicado em nosso paradigma civilizacional, que se propôs explorar e sugar, com violência tecnológica, a totalidade dos recursos do planeta Terra. Com efeito, atacamos a Terra em todas as suas frentes, nos solos, nos subsolos, nos ares, nas florestas, nas águas, nos oceanos, no espaço exterior. Qual é o canto da Terra que não é objeto de conquista e de dominação por parte do ser humano?

Há feridas e sangue por toda parte, sangue e feridas de nossa Mãe Terra. Ela geme e se contorce nos terremotos, nas tsunamis, nos ciclones, nas enchentes devastadoras em Santa Catarina e nas secas terrificantes do Nordeste. São sinais que ela nos está enviando. Cabe interpretá-los e mudar a nossa conduta. Essa guerra não será ganha por nós. Gaia é paciente e com capacidade imensa de aguente. Como fez com tantas outras espécies no passado, oxalá não decida livrar-se da nossa, nas próximas gerações.

Não nos basta o sonho do filósofo Immanuel Kant da *paz perpétua* entre todos os povos. Precisamos com urgência fazer um pacto de paz perene de todos com a Terra. Já a atormentamos demasiadamente. Importa pensar-lhe as feridas e cuidar de sua saúde. Só então Terra e humanidade teremos um destino minimamente garantido.

10. Tendência suicida do capitalismo

Quem acompanha os principais comentaristas econômicos dos grandes jornais do mundo, e mesmo entre nós, fica perplexo com sua pouquíssima capacidade de aprendizado das várias crises pelas quais passa o sistema social mundial. Continuam seguindo a cartilha neoliberal que os dispensa de um pensamento mais crítico. Ainda manejam a interpretação clássica dos ciclos do capitalismo depois da abundância sem se dar conta da mudança substancial do estado da Terra, ocorrida nos últimos tempos. Por isso se nota neles certa cegueira paradigmática.

192 Leonardo Boff

Comentam a crise irrompida no centro do sistema e assinalam o desmoronamento de suas teses mestras, mas continuam com a crença ilusória de que o modelo que trouxe a desgraça pode ainda nos tirar dela. Esquecem aquilo que dizia Einstein: "O pensamento que produziu a crise não pode ser aquele que nos vai tirar dela; precisamos de outro."

Essa miopia de visão lhes impede de considerar os limites da Terra, que impõem limites ao projeto do capital. A Terra dá sinais claros de que não aguenta mais. Quer dizer, a sustentabilidade entrou num processo de crise global. Mais e mais cresce a convicção de que não basta fazer correções. Somos obrigados a trocar de rumo caso queiramos evitar o pior, que é ir de encontro a um colapso sistêmico.

O sistema em crise, digamos-lhe o nome – em termos de modo de produção é o capitalismo e de sua expressão política é o neoliberalismo –, responde fundamentalmente a estas questões: como ganhar mais com um mínimo de investimento, no menor tempo possível, e aumentar ainda o poder? Ele supõe o domínio da natureza e a desconsideração das necessidades das gerações futuras. O desenvolvimento pretendido se mostrou insustentável porque lá onde se instalou criou desigualdades sociais graves, devastou a natureza e consumiu seus recursos para além de sua capacidade de reposição. Na verdade, trata-se apenas de um crescimento material que se mede por benefícios econômicos, e não de um desenvolvimento integral.

O grave é que a lógica desse sistema se contrapõe diretamente à lógica da vida. A primeira é linear, se rege pela competição, tende à uniformização tecnológica, à monocultura e à acumulação privada. A outra, a da vida, é complexa, incentiva a diversidade, as interdependências, as complementaridades e reforça a cooperação na busca do bem de todos. Esse modelo também produz, mas para servir à vida, e não em exclusivo ao lucro, visando

Cuidar da Terra — proteger a vida   193

ao equilíbrio com a natureza, à harmonia com a comunidade de vida e à inclusão de todos os seres humanos. Opta por viver melhor com menos.

Paul Krugman, editorialista de *The New York Times*, denunciou corajosamente (*Jornal do Brasil*, 20/12/08) que não há diferença básica entre os procedimentos de B. Madoff, que lesou em 50 bilhões de dólares muitas pessoas e instituições, e aqueles dos especuladores de Wall Street, que também enganaram milhares de aplicadores e pulverizaram grandes fortunas. Conclui: "O que estamos vendo agora são consequências de um mundo que ficou louco."

Essa loucura é conjuntural ou sistêmica? Penso que é sistêmica, porque pertence à dinâmica mesma do capitalismo: para acumular, mantém grande parte da humanidade em situação de escravos *pro tempore* e põe em risco a base que o sustenta: a natureza, com seus recursos e serviços.

Cabe a pergunta: não há uma pulsão suicida inerente ao capitalismo, como projeto civilizatório, de explorar de forma ilimitada um planeta sabidamente limitado? É como se toda a humanidade fosse empurrada para dentro de uma correnteza violentíssima e não pudesse mais sair dela. Seguramente o destino seria a morte. Será que não é esse o desígnio inscrito em nosso atual ADN civilizatório, que se esboçou já há mais de dois milhões de anos, quando surgiu o *homo habilis*, aquela espécie de humanos que, por primeiro, começou a usar o instrumento no afã de dominar a natureza, se potenciou com a revolução agrária no neolítico e culminou no atual estágio de vontade de completa dominação da natureza e da vida? A seguir esse curso, para onde iremos?

Como somos seres de inteligência e com imenso arsenal de meios de saber e de fazer, não é impossível que reorientemos nosso curso civilizatório e demos centralidade mais à vida do que

194 Leonardo Boff

ao lucro, mais ao bem comum do que à vantagem individual. Então nos salvaríamos *in extremis* e teríamos ainda um futuro discernível pela frente.

11. Seremos todos socialistas por razões estatísticas?

Estamos todos sentados em cima de paradigmas civilizacionais e econômicos falidos. É o que nos revela a atual crise global, com suas várias vertebrações. Nada de consistente se apresenta como alternativa viável a curto e médio prazos. Somos passageiros de um avião em voo cego. O que se oferece é fazer correções e controles *à la* Keynes, que, no fundo, são mudanças *no* sistema, mas não *do* sistema. Mas é esse sistema que comparece como insustentável, incapaz de oferecer um horizonte discernível para a humanidade. Por isso, a demanda é por outro sistema e outro paradigma de habitar este pequeno, velho, devastado e superpopulado planeta. Sentimos a urgência porque o tempo do relógio corre contra nós e temos pouca sabedoria.

Em razão dos interesses dos poderosos, que não fazem o necessário para evitar o fatal, as soluções implementadas mundo afora vão na linha de "mais e melhor do mesmo". Mas isso é absolutamente irracional, pois foi esse "mesmo" que produziu a crise que poderá evoluir para uma tragédia total.

Estamos, pois, enredados num círculo vicioso que nos poderá ser letal. Dois impasses estão à vista, gostem ou não os economistas: um humanitário e outro ecológico.

O primeiro é de natureza ética: dada a consciência planetária que se criou à deriva da globalização, quanto de inumanidade e crueldade aguenta o estômago humano ao verificar que 20% das pessoas consomem 80% de toda a riqueza da Terra, crucificando

Cuidar da Terra — proteger a vida   195

a humanidade no desespero, encurralada nos limites da sobrevivência? Essa aceitará o veredicto de morte sobre ela? Não se rebelará simplesmente por indignação e instinto de sobrevivência? O ideal capitalista de crescimento ilimitado num planeta limitado parece não ser mais proponível, exceto com aplicação de extrema violência sobre povos e sobre ecossistemas.

O segundo é o limite ecológico. O capitalismo criou a cultura do consumo e do esbanjamento que tem na sociedade americana seu protótipo. Por outra parte, encostamos nos limites dos recursos e serviços da Terra e os ultrapassamos. Todas as energias alternativas à fóssil, mantido o atual consumo, atenderiam somente a 30% da demanda global. Como se depreende, dentro do mesmo modelo, somos um sapo sendo cozido sem chances de saltar da panela.

Há duas propostas criativas: a da economia solidária, que se difunde amplamente e que não mais se guia pelo objetivo capitalista da maximização do lucro e de sua apropriação individual. Mas não acumulou força suficiente para impor a hegemonia. A outra é projetada pelo economista polonês Ignacy Sachs, que dirige em Paris um centro de pesquisa sobre o Brasil. Ela vem sob o signo da centralidade da vida e da natureza com todos os recursos disponíveis, fundando uma biocivilização e uma Terra da Boa Esperança. Ela teria como lugar de realização antecipatória para todos o Brasil. Mas ela não leva em conta a insustentabilidade geral do sistema-Terra.

Essas propostas talvez pudessem nos salvar. Mas teremos tempo hábil? Bem dizia Gramsci: "O velho não acaba de morrer e o novo custa a nascer." Não se desmonta uma cultura de um dia para o outro. Quem está acostumado a comer bife de filé dificilmente se resignará a comer ovo.

Meu sentimento do mundo me diz que vamos de encontro a uma formidável crise generalizada que nos colocará nos limites da sobrevivência. Chegando a água ao nariz, faremos de tudo para nos salvar. Possivelmente seremos todos socialistas, não por ideologia, mas por estatística: os parcos recursos naturais serão repartidos equanimemente entre os humanos e os demais viventes.

Santo Agostinho sabiamente ensinou que duas energias ocasionam em nós grandes transformações: o sofrimento e o amor. Devemos aprender já agora a sofrer e amar por esta única Casa Comum, a fim de que possa ser uma grande Arca de Noé que abrigue a todos. Então será, sim, a Terra da Boa Esperança, um pedaço preservado do jardim do Éden.

12. Viver melhor ou bem viver?

Na ideologia dominante, todo mundo quer viver melhor e desfrutar de uma melhor qualidade de vida. Para viver melhor se depreda a natureza, se exploram os trabalhadores, se é mais forte na competição que desbanca os demais, se acumula riqueza em poucas mãos. Viver melhor não exclui certo egoísmo e desinteresse pelo bem comum.

Comumente se mede o viver melhor de todo um país pelo seu Produto Interno Bruto. O PIB representa todas as riquezas materiais que um país produz. Se esse é o critério, então os países mais bem colocados são os Estados Unidos, seguidos do Japão, da Alemanha, Suécia e outros. Esse PIB é uma medida inventada pelo capitalismo para estimular a produção crescente de bens materiais e o consumo deles. Viver num país que detém um PIB alto garante, por si mesmo, viver melhor? Os fatos dizem outra coisa.

Nos últimos anos, dado o crescimento da pobreza e da urbanização favelizada do mundo, e até por um senso de decência, a ONU introduziu a categoria Índice de Desenvolvimento Humano

(IDH). Nele se relacionam valores intangíveis, como saúde, educação, igualdade social, cuidado com a natureza, equidade de gênero e outros. Enriqueceu o sentido de "qualidade de vida", que era entendido de forma muito materialista: quem mais e melhor consome. Consoante o IDH, pequenos países com menor PIB podem apresentar melhor qualidade de vida, como se pode observar na Costa Rica quando comparada com os EUA. Acima de todos os países está o Butão, como nos referimos no tópico "Felicidade Interna Bruta" no capítulo II.

Nas tradições indígenas de Abya Yala, nome para o nosso continente ameríndio, ao invés de "viver melhor" se fala em "bem viver" (*sumak kawsay*). Essa categoria entrou nas constituições da Bolívia e do Equador como o objetivo social a ser perseguido pelo Estado e por toda a sociedade.

O "viver melhor" supõe uma ética do progresso ilimitado e nos incita a uma competição com os outros para criar mais e mais condições materiais para "viver melhor". Entretanto, para que alguns pudessem "viver melhor", milhões e milhões têm e tiveram de "viver mal". É a contradição capitalista.

Contrariamente, o "bem viver" visa a uma ética da suficiência para toda a comunidade, e não apenas para o indivíduo. O "bem viver" supõe uma visão holística e integradora do ser humano inserido na grande comunidade terrenal que inclui, além do ser humano, o ar, a água, os solos, as montanhas, as árvores e os animais; é buscar um caminho de equilíbrio e estar em profunda comunhão com a Pacha Mama (Terra), com as energias do universo e com Deus.

A preocupação central não é acumular. De mais a mais, a Mãe Terra nos fornece tudo de que precisamos. Nosso trabalho supre o que ela não nos pode dar ou a ajudamos a produzir o suficiente e decente para todos, também para os animais e as plantas. "Bem viver" é estar em permanente harmonia com o todo, celebrando os

198   Leonardo Boff

ritos sagrados que continuamente renovam a conexão cósmica e com Deus. Por isso, no "bem viver" há uma clara dimensão espiritual com os valores que a acompanham, como o sentimento de pertença a um Todo, compaixão com os que sofrem, solidariedade entre todos, capacidade de sacrificar-se pela comunidade.

O "bem viver" serve de base para um outro tipo de socialismo, diferente daquele ensaiado e fracassado no século XX. É o *socialismo do bem viver da democracia comunitária*, da participação de todos e do respeito pela natureza.

O "bem viver" nos convida a não consumir mais do que o ecossistema pode suportar, a evitar a produção de resíduos que não podemos absorver com segurança e nos incita a reutilizar e reciclar tudo o que tivermos usado. Será um consumo reciclável e frugal. Então não haverá escassez.

Nesta época de busca de novos caminhos para a humanidade, o "bem viver" oferece elementos para uma solução que deve incluir todos os seres humanos e toda a comunidade de vida.

13. Consumo solidário e responsável

A principal causa, embora não exclusiva, para a atual falta de alimentos na humanidade reside no consumismo que a cultura do capital gestou. Em face de tal situação, nos devemos seriamente perguntar: como deveria ser o consumo humano?

Em primeiro lugar, o consumo deve ser adequado à natureza do ser humano. Essa, por um lado, é material, enraizada na natureza, e precisamos de bens materiais para subsistir. Por outro lado, é espiritual, se alimenta de bens intangíveis, como a solidariedade, o amor, a acolhida e a abertura ao Infinito. Se essas duas dimensões não forem atendidas, tornar-nos-emos anêmicos no corpo e no espírito.

Cuidar da Terra — proteger a vida   199

Em segundo lugar, o consumo precisa ser justo e equitativo. A Declaração dos Direitos Humanos afirma que a alimentação é uma necessidade vital e, por isso, um direito fundamental de cada pessoa humana (justiça) e conforme as singularidades de cada um (equidade). Não atendido esse direito, a pessoa se confronta diretamente com a morte.

Em terceiro lugar, o consumo deve ser solidário. É solidário aquele consumo que supera o individualismo e se autolimita por causa do amor e da compaixão com aqueles que não podem consumir o necessário. A solidariedade se expressa pela partilha, pela participação e pelo apoio aos movimentos que buscam os meios de vida, como terra, moradia e saúde. Implica também a disposição de sofrer e de correr riscos que tal solidariedade comporta.

Em quarto lugar, o consumo há de ser responsável. É responsável o consumidor que se dá conta das consequências do padrão de consumo que pratica, se suficiente e decente ou sofisticado e suntuoso. Consome o que precisa ou desperdiça aquilo que vai faltar na mesa dos outros. A responsabilidade se traduz por um estilo sóbrio, capaz de renunciar não por ascetismo, mas por amor e em solidariedade com os que sofrem necessidades. Trata-se de uma opção pela simplicidade voluntária e por um padrão conscientemente contido, que não se submeta aos reclamos do desejo nem às solicitações da propaganda. Mesmo que não tenha consequências imediatas e visíveis, essa atitude vale por ela mesma. Mostra uma convicção que não se mede pelos efeitos esperados, mas pelo valor que essa atitude humana possui em si mesma.

Por fim, o consumo deve ser realizador da integralidade do ser humano. Esse tem necessidade de conhecimento e então consumimos os muitos saberes com o discernimento sobre qual deles convém e edifica. Temos necessidade de comunicação e de relacionamentos e satisfazemos essa necessidade alimentando re-

200 Leonardo Boff

lações pessoais e sociais que nos permitem dar e receber. Nessa troca nos complementamos e crescermos. Às vezes essa comunicação se realiza participando de manifestações em favor da justiça, da reforma agrária, do cuidado com a água potável, da preservação da natureza ou também vendo um filme, assistindo a um concerto, indo a um teatro, visitando uma exposição artística, participando de algum debate. Temos necessidade de amar e de ser amados. Satisfazemos essa necessidade amando com gratuidade as pessoas e os diferentes de nós. Temos necessidade de transcendência, de ousar e de estar para além de qualquer limite imposto, de mergulhar em Deus, com quem podemos comungar. Todas essas formas de consumo realizam a existência humana em suas múltiplas dimensões.

Essas formas de consumo não custam e não gastam energia, pressupõem apenas o empenho e a abertura para a solidariedade, para a compaixão e para a beleza.

Tudo isso não traduz aquilo que pensamos quando falamos em felicidade?

14. Desenvolvimento e sustentabilidade: conceitos em conflito?

Atrás da expressão "desenvolvimento sustentável" se escondem oportunidades e também equívocos perigosos. Não podemos falhar com respeito ao tema, pois suas consequências poderão ser desastrosas para o futuro da Terra e da humanidade.

Cabe abordar a questão em dois níveis. Um estritamente teórico-conceitual, construindo o conceito. Essa diligência não é sem sentido, pois orienta as práticas e evita mal-entendidos.

Outra é uma abordagem prática, partindo do processo real daquilo que chamamos usualmente desenvolvimento.

Na linguagem política da empresas e dos governos, desenvolvimento é entendido como aumento do Produto Interno Bruto (PIB), crescimento econômico, modernização industrial, progresso tecnológico, aumento da renda das empresas e das pessoas.

Ai da empresa e do país que não mostrem taxas positivas de crescimento anuais. Entram em estagnação, crise, falência e suscitam a ameaça de desestabilização social.

Avancemos já agora algumas observações críticas. O que mais chama a atenção é a perspectiva quantitativa e antropocêntrica. Não toma em consideração os demais seres vivos com os quais somos interdependentes, formando a biosfera. Por isso, esse tipo de desenvolvimento dificilmente pode ser sustentável. Diria mais, ele representa uma *contradição*, um equívoco e uma ilusão. Ele encarna uma contradição, pois os dois termos — desenvolvimento e sustentável — se negam mutuamente.

A categoria *desenvolvimento* provém da área da economia política dominante, que é capitalista. Obedece à lógica férrea da maximalização dos benefícios com a minimalização dos custos e o encurtamento maior possível do tempo empregado. Procura-se extrair da Terra literalmente tudo o que é consumível sendo apropriado privadamente. O resultado é uma produção fantástica de bens materiais e serviços, mas distribuídos desigualmente, gerando injustiça social mundial.

A categoria *sustentabilidade* provém do âmbito da biologia e da ecologia. Ela traduz a tendência dos ecossistemas ao equilíbrio dinâmico, à cooperação e à coevolução e responde pelas interdependências de todos com todos, garantindo a inclusão de cada ser, até dos mais fracos.

Se essa é a compreensão, então unir esse conceito de *sustentabilidade* com o de *desenvolvimento* configura uma contradição nos próprios termos. Eles têm lógicas que se autonegam: uma privilegia o indivíduo, a outra, o coletivo, uma enfatiza a compe-

202 Leonardo Boff

tição, a outra, a cooperação, uma, a evolução do mais apto, a outra, a coevolução de todos juntos e inter-relacionados.

Além disso, o *desenvolvimento sustentável* dentro do modo de produção capitalista representa um *equívoco*. Sim, pois aduz como causa aquilo que é efeito. Diz-se que a pobreza é a causa da degradação ecológica. Portanto, quanto menos pobreza e mais desenvolvimento, menos degradação.

Analisando criticamente, porém, as causas reais da pobreza e da degradação, vê-se que resultam exatamente do tipo de desenvolvimento praticado. Ele é que produz degradação, pois dilapida a natureza em seus recursos, é consumista e explora a força de trabalho ao pagar baixos salários, gerando pobreza e exclusão social.

É por essa razão que a utilização política da expressão *desenvolvimento sustentável* representa uma armadilha do sistema imperante: assume os termos da ecologia (sustentabilidade) para esvaziá-los e assume o ideal da economia (o desenvolvimento), mascarando, porém, a pobreza, as desigualdades e a devastação ambiental que ele mesmo produz.

Por fim, a fórmula *desenvolvimento sustentável* no quadro da economia dominante capitalista significa uma *ilusão*. Postula-se um desenvolvimento que se move entre dois infinitos: o infinito dos recursos da Terra e o infinito do futuro.

Ora, os dois infinitos são ilusórios: os recursos da Terra são finitos e o futuro humano é limitado, por não poder ser generalizado para toda a humanidade. Se a Índia quisesse ser como a Inglaterra, precisaria de duas Terras para explorar, como já dizia ironicamente Gandhi por volta de 1950. O mesmo dizem hoje sociobiólogos, como Edward Wilson, ou astrofísicos, como James Lovelock.

Entender tal equívoco é entender o porquê das desigualdades mundiais. A categoria-mestre deve ser *sustentabilidade*, livre de seu condicionamento capitalista, e não *desenvolvimento*, considerado em si mesmo. A sustentabilidade deve ser garantida, primeiramente, à Terra, à humanidade como um todo, à sociedade e a cada pessoa. Essa é a pré-condição sem a qual não há o desenvolvimento sustentável.

A consciência crítica se expressou mundialmente em 1972, com os resultados da investigação do Clube de Roma sobre o estado da Terra. Então ficou claro o lado destrutivo do tipo de desenvolvimento dominante. Para corrigi-lo, acrescentaram-se ao desenvolvimento os adjetivos humano, social, integral e sustentável.

Esse adjetivo *sustentável* é o correto, não obstante as contradições que seu uso político encerra. A declaração da ONU sobre o Direito dos Povos ao Desenvolvimento, de 1993, nos ajuda a entender a sustentabilidade, pois entende o desenvolvimento numa perspectiva integral: "É o processo econômico, social, cultural e político abrangente, que visa ao constante melhoramento do bem-estar de toda a população e de cada individuo, na base da sua participação ativa, livre e significativa no desenvolvimento e na justa distribuição dos benefícios resultantes dele." Acrescentaríamos as dimensões psicológica e espiritual e ainda o bem-estar de toda a comunidade de vida e da biosfera, pois não queremos ser antropocêntricos e cair no erro de imaginar que somos os únicos a usar os recursos da biosfera; todos os organismos vivos precisam dela para se reproduzir e continuar a coevoluir. São os outros filhos e filhas da Mãe Terra, irmãos e irmãs nossos na aventura planetária.

Aqui se supera a visão de quantidade e se visa à qualidade. Devemos agora distinguir crescimento de desenvolvimento.

Crescimento obedece à estratégia das células cancerígenas que, desligadas do sistema global do organismo, vão conquistando autonomia, crescendo de forma descontrolada até predominar e, assim, levar o paciente à morte.

Desenvolvimento obedece à estratégia do embrião: ele também cresce, mas dentro do todo, colocando cada órgão no seu lugar, na devida quantidade de energia e hormônios e no seu devido tempo. Por exemplo, depois da oitava semana de concepção, tudo para ou fica mais lento no embrião. É o momento em que vai se formar o cérebro. Mas logo em seguida tudo segue num crescimento simultâneo e harmônico. Esse desenvolvimento é naturalmente sustentável, porque acontece em equilíbrio com todos os fatores.

Uma sociedade é sustentável quando consegue atender às suas necessidades, mantendo o capital natural, com sua capacidade de reposição, e ainda garantindo as condições para que as gerações futuras possam também atender a suas demandas.

Somente esse tipo de desenvolvimento pode ser considerado sustentável. Para isso, ele postula uma superação histórica do capitalismo e da ideologia política do neoliberalismo. A permanecerem hegemônicas essas duas realidades sociais, entrega-se a Terra e a humanidade a um destino precário e a um futuro duvidoso e perigoso. Poderemos ir de encontro ao pior.

A questão agora não é mais de desenvolvimento, mas de política e de uma nova moralidade: buscar caminhos e valores que vão criando alternativas mais benfazejas para a Terra e para a humanidade, quer dizer, que se tornem mais sustentáveis.

Por fim, o ideal é chegarmos a "um modo sustentável de viver", ideal proposto pela Carta da Terra, bom para a Terra, entendida como Gaia-superorganismo-vivo, bom para nós e para toda a cadeia da vida, desde os microrganismos, passando pelos vegetais e animais, até os mais complexos, que somos nós mesmos.

Em termos mais imediatos, o desafio é criar uma vida pessoal sustentável. É aquela que se torna capaz de autossustentar, biológica, psíquica, familiar e espiritualmente. Viver uma vida pessoal sustentável implica, em primeiríssimo lugar, poder pagar suas contas no fim do mês, viver sem precisar do outro para subsistir, alimentar um equilíbrio psíquico que o mantenha integrado em si mesmo, e não pesado aos demais, viver dimensões éticas e espirituais da existência, cultivando valores como a abertura aos demais, o respeito às normas sociais, a cooperação com os outros, a benquerença para com todos, o convívio com as diferenças, a busca da verdade e da justiça e a capacidade de relacionar-se com a Fonte de todo o ser, Deus.

O desafio, entretanto, é conseguir uma sociedade sustentável. É sustentável uma sociedade quando ela se organiza e se comporta de tal forma que, através das gerações, consegue garantir a vida dos cidadãos e dos ecossistemas nos quais está inserida. Quanto mais uma sociedade se funda sobre recursos renováveis e recicláveis, mais sustentabilidade ostenta. Isso não significa que não possa usar de recursos não renováveis. Mas, ao fazê-lo, deve praticar grande racionalidade, especialmente por amor à única Terra que temos e em solidariedade com gerações futuras. Há recursos que são abundantes, como o carvão, o alumínio e o ferro, com a vantagem de que podem ser reciclados.

Uma sociedade só pode ser considerada sustentável se ela mesma, por seu trabalho e sua produção, se tornar mais e mais autônoma. Se tiver superado níveis agudos de pobreza ou tiver condições de crescentemente diminuí-la. Se seus cidadãos estiverem ocupados em trabalhos significativos. Se a seguridade social for garantida para aqueles que são demasiadamente jovens, ou idosos, ou doentes, e que não podem ingressar no mercado de trabalho. Se a igualdade social e política, também de gênero, for continuamente buscada. Se a desigualdade econômica for reduzida a níveis aceitáveis. Por fim, se seus cidadãos forem socialmente participativos e destarte puderem tornar concreta e continuamente perfectível a democracia. Por esses critérios, o

206 Leonardo Boff

Brasil e a maioria dos países estão ainda longe de ser uma sociedade sustentável.

Tal sociedade sustentável deve se colocar continuamente a questão: quanto de bem-estar ela pode oferecer ao maior número possível de pessoas com o capital natural e cultural de que dispõe?

Obviamente, essa questão supõe a prévia sustentabilidade do planeta, sem a qual todos os demais projetos perderiam sua base e seriam vãos. Hoje, dados o aquecimento global, as mudanças climáticas, a devastação da biodiversidade e a crescente escassez de água potável, a Terra está mostrando sinais de estresse generalizado. Ela lentamente se está tornando insustentável. Cientistas notáveis, como o astrônomo Martin Rees (*A hora final*, 2005) e James Lovelock (*A vingança de Gaia*, 2006; *Gaia: alerta final*, 2010), nos advertem que ainda no decurso deste século poderemos assistir à devastação da vida no planeta e ao desaparecimento de grande parte da espécie humana. Daí ser importante que as políticas mundiais deem mais e mais atenção ao estado degradado da Terra e façam políticas globais de regeneração e de salvamento, para não chegarmos tarde demais.

Em outras palavras, trata-se de garantir a sustentatibilidade da Mãe Terra, sem a qual nenhum projeto se sustenta. Devemos, portanto, saber combinar o pacto natural com a natureza e a Terra com o pacto social entre todos os povos em vista do futuro comum. Ele não está garantido. Mas com sabedoria e esforços cooperativos poderemos salvar a vida e garantir a coevolução de nosso pequeno e esplendoroso planeta, a única Casa Comum que temos para morar.

15. Ética e situações terminais

Estamos em tempos de transversalidade dos discursos, buscando convergências nas diversidades, em benefício da qualidade humana, espiritual e cívica dos seres humanos.

Hoje temos consciência clara sobre o limite e o alcance da medicina e da lei com referência ao complexo problema dos doentes terminais e da morte. Pessoalmente, estimo que essa questão, logicamente, comporta dimensões científicas, técnicas e jurídicas, mas também nos remete a questões de natureza cultural e filosófica: qual a imagem que temos do ser humano? Que visão projetamos da vida, cuja compreensão mais profunda vem sendo elaborada no interior das ciências biológicas, da moderna cosmologia e de uma compreensão ampliada do processo da evolução ascendente? Uma nova ótica provoca uma nova ética.

O cuidado: essência concreta do ser humano

Sobre isso importa refletir no sentido de levar avante a discussão com a eventual contribuição da filosofia, especialmente da ética. É fecunda a opção de articular a reflexão ao redor do tema do cuidado, tão essencial à vida, especialmente à vida humana em seu limite extremo de doença e de morte.

A ética do cuidado é conatural aos médicos e enfermeiros e também aos promotores do direito e da justiça na sociedade. No meu livro *Saber cuidar: ética do humano — compaixão pela Terra* (1999), tentei vertebrar um pensamento que acolhesse essas questões e as aprofundasse no arco de uma visão mais arquitetônica, própria da filosofia e da ética. Parti de uma conhecida fábula de Higino, um filósofo escravo egípcio-romano, na qual aparece

208 Leonardo Boff

claramente que a essência do ser humano não reside tanto no espírito e na liberdade quanto no cuidado.

O cuidado significa uma relação amorosa com a realidade. Impulsiona um investimento de zelo, desvelo, solicitude, atenção e proteção com aquilo que tem valor e interesse para nós. Tudo o que amamos tambem cuidamos e vice-versa. Pelo fato de sentirmo-nos envolvidos e comprometidos com o que cuidamos, o cuidado comporta também preocupação e inquietação.

O cuidado constitui a plataforma real que possibilita às demais dimensões do humano emergir. Sem ele não guardariam sua característica humana. Heidegger, em seu *Ser e tempo*, dedica alguns dos mais profundos parágrafos a essa visão do cuidado essencial, como a natureza concreta do ser humano no mundo com os outros. Devido à sua essencialidade, dizia Horácio, o poeta romano, "o cuidado nos acompanha como uma sombra ao largo de toda a vida". Tudo aquilo que fizermos com cuidado significa uma força contra a entropia, contra o desgaste, pois prolongamos a vida e melhoramos as relações com a realidade.

A crise da cultura mundial reside na falta de cuidado, falta clamorosa no tratamento das crianças e dos idosos, dos ecossistemas, das relações sociais e de nossa própria profundidade. É o cuidado que salvará o amor, a vida e nosso esplendoroso planeta Terra.

Na Carta da Terra, documento elaborado ao longo de oito anos (1992-2000), envolvendo as bases da sociedade e o melhor do pensamento ecológico, político e ético de 46 países e implicando mais de 100 mil pessoas, visando a garantir o futuro do planeta e da humanidade e em 2003 acolhido pela Unesco, nessa Carta o eixo estruturador é a ética do cuidado. Para os que vêm da medicina e da enfermagem, essa assunção não significa nenhuma surpresa, pois o cuidado é a essência da atitude curativa dos operadores da saúde.

Já no século passado emergia poderosamente essa perspectiva do cuidado com a famosa enfermeira inglesa Florence Nightingale. Ela deixou em 1852 a Inglaterra e foi tratar, sob a ótica do cuidado, os soldados feridos na violenta guerra da Crimeia. Em seis meses conseguiu reduzir de 42% para 2% a mortandade entre os soldados feridos. De volta, organizou toda uma rede de hospitais que davam centralidade ao cuidado. Deu origem a uma corrente de pensamento e de ética na enfermagem, articulada ao redor do cuidado, hoje muito forte nos Estados Unidos e presente no mundo inteiro.

Particularmente a partir dos anos 1970 começou a se discutir a ética da enfermagem utilizando a categoria cuidado. Aí aparecia o cuidado como a aura benfazeja que deve impregnar a investigação científica e a utilização do aparato tecnológico. Esses não devem ser subestimados nem relativizados em nome do cuidado. Antes, devem servir à atitude de cuidado, pois só então servem à integralidade dos pacientes a serem curados ou acompanhados em sua grande travessia para a morte.

Cuidado (âmbito mais da enfermagem) e cura (âmbito da medicina) devem andar de mão dadas, pois representam dois momentos simultâneos de um mesmo processo. Frequentemente somos confrontados com a situação penosa de doentes terminais.

A medicina contemporânea tem condições de prolongar por muito tempo a vida, mesmo no âmbito de situações-limite e para além de qualquer espectativa de reversibilidade. Há situações que comportam grande dor dos pacientes e gastos altíssimos para a família, que quase vai à falência no afã de garantir o tratamento de seus parentes terminais. Como atuar em casos desse gênero? Prolongar a todo custo a vida ou deixar que ela siga o seu curso rumo à morte?

Atrevo-me a apresentar um testemunho pessoal: tive o privilégio de acompanhar a grande travessia de uma das mais brilhantes inteligências brasileiras e cristãs, o Dr. Alceu Amoroso

Lima (Tristão de Athayde), no centenário hospital Santa Teresa, em Petrópolis. Ele foi durante toda a vida um paladino da liberdade, especialmente nos tempos de chumbo da ditadura militar. Com seus mais de 90 anos e sob muitos achaques, padecia ligado a muitos aparelhos e a tubos. Num dado momento de distração dos enfermeiros, arrancou tudo e se libertou.

Criou-se um impasse para cuja solução fui convidado a opinar. Tratava-se de religar ou não aqueles aparelhos todos para permitir ao Dr. Alceu prolongar um pouco mais a vida. Suspeitando do impasse, ele me sussurrou ao ouvido: "Eu lutei a vida inteira pela liberdade e não quero morrer sob ferros como um escravo, isso não é digno, deixem-me morrer em paz."

Foi o que eu disse ao corpo médico: "Respeitem o curso natural da vida do Dr. Alceu, porque a vida é mortal e ela precisa ser respeitada em sua qualidade de mortal. Ademais, o Dr. Alceu é um cristão profundamente convicto na vida eterna; a doença não lhe tira a vida, ele a entrega Àquele de quem a recebeu, a Deus; deixem-no morrer como quer, em plena liberdade." E assim foi feito. E morreu com a aura de um liberto. Essa atitude significa também cuidado com a natureza da vida, em sua finitude e mortalidade.

Uma compreensão mais complexa do ser humano

Essas pequenas referências nos suscitam a questão que merece ser rapidamente abordada no seguinte contexto: qual a compreensão do ser humano que preside nossas práticas terapêuticas? Façamos um ensaio de reflexão filosófica.

Antes de mais nada, importa enfatizar que o ser humano constitui uma totalidade extremamente complexa. Quando dizemos "totalidade" significa que nele não existem partes justapostas. Tudo nele se encontra articulado, formando um todo orgânico.

Cuidar da Terra — proteger a vida 211

Quando dizemos "complexa" significa que o ser humano não é simples, mas a sinfonia de múltiplas dimensões que coexistem e se interpenetram. Dentre as muitas, discernimos três dimensões fundamentais do único ser humano, dimensões que ocorrem sempre juntas e articuladas: a exterioridade (corpo), a interioridade (mente) e a profundidade (espírito). Essa consideração holística nos propicia uma visão mais integrada que beneficia a medicina e a enfermagem em sua missão de cura.

A exterioridade do ser humano é tudo o que diz respeito ao conjunto de suas relações com o universo, com a natureza, com a sociedade, com os outros e com sua própria realidade concreta reunidas na realidade do corpo. Ela ganha densidade especial através do cuidado, já referido anteriormente. Sem o cuidado o corpo não sobrevive nem se desenvolve. Por isso, importa ter cuidado com o ar que respiramos, com os alimentos que consumimos/comungamos, com a água que bebemos, com as roupas que vestimos e com as energias que vitalizam nossa corporeidade. Tudo isso tem a ver com o *corpo*.

Mas, bem entendido: corpo como o ser humano todo inteiro, vivo, dotado de inteligência, de sentimento, de compaixão, de amor e de êxtase enquanto se relaciona para fora, com o meio ambiente, numa palavra, para além de si mesmo.

A interioridade do ser humano vem constituída por tudo o que é voltado para dentro e diz respeito ao universo interior, tão complexo quanto ao universo exterior. A interioridade humana se constela ao redor do consciente e do inconsciente pessoal e coletivo. Por isso, não é jamais vazia, mas habitada por instintos, paixões, imagens poderosas, arquétipos ancestrais e, principalmente, pelo desejo. O desejo constitui, possivelmente, a estrutura básica da interioridade humana. Sua dinâmica é ilimitada. Como seres desejantes, nós humanos não desejamos apenas isso e aquilo. Desejamos tudo e o todo.

212 Leonardo Boff

O obscuro e permanente objeto do desejo é o Ser em sua totaiidade. Tentação permanente consiste em identificar o Ser com alguma de suas manifestações, os entes. Quando isso ocorre, surge a fetichização, que é a ilusória identificação da parte com o todo, do absoluto com o relativo. O efeito é a frustração do desejo e o sentimento de irrealização.

O ser humano precisa sempre cuidar de seu desejo e orientá-lo para que, ao passar pelos vários objetos de sua realização, não perca a memória bem-aventurada do único grande objeto que o faz realmente descansar: o Ser, a Totalidade e a Realidade fontal. É a interioridade, chamada também de mente humana. Novamente, mente, bem entendida, como a totalidade do ser humano voltado para dentro, captando seu dinamismo interior e também as ressonâncias que o mundo da exterioridade provoca dentro dele.

Por fim, o ser humano possui profundidade. Ele é dotado da capacidade de captar o que está além das aparências, que constituem aquilo que se vê, que se escuta, que se pensa e que se ama com os sentidos da exterioridade e da interioridade. Ele apreende o outro lado das coisas, sua profundidade.

As coisas todas não são apenas coisas. São símbolos e metáforas de outra realidade que está sempre além e que nos remete a um nível cada vez mais profundo. Assim, a montanha não é apenas montanha. Ela traduz o que significa majestade. O mar, a grandiosidade. O céu estrelado, a infinitude. Os olhos profundos de uma criança, o mistério da vida humana.

O ser humano coloca questões fundamentais que estão sempre presentes em sua agenda: de onde viemos, para onde vamos, como devemos viver? Que significam a doença e finalmente a morte? Como preservar o mundo que nos sustenta? Quem somos nós e qual a nossa função no conjunto dos seres? Que podemos esperar e qual nome dar ao mistério que subjaz a todo o universo e que reluz em cada coisa à nossa volta? Ao balbuciar respostas para essas questões vitais, captamos valores e significados, e não apenas constatamos fatos e enumeramos acontecimentos.

Na verdade, o que definitivamente conta não são as coisas que nos acontecem, mas o que elas significam para a nossa vida e que experiências e visões novas nos propiciam. As coisas, então, passam a ter caráter simbólico e sacramental: nos recordam o vivido, nos reenviam a questões mais globais e, a partir daí, alimentam nossa profundidade.

Colocar questões fundamentais e captar a profundidade do mundo, de si mesmo e de cada coisa constituem o que se chamou de espírito. Espírito não é uma parte do ser humano. É aquele momento pleno de nossa totalidade consciente, vivida e sentida dentro de outra totalidade maior que nos envolve e nos ultrapassa: o universo das coisas, das energias, das pessoas, das produções histórico-sociais e culturais. Pelo espírito captamos o todo e a nós mesmos como parte e parcela desse todo.

Mais ainda. O espírito nos permite fazer uma experiência de não dualidade. "Tu és isso tudo", dizem os upanishads da Índia, respondendo à pergunta: quem sou eu? Num gesto largo, o mestre yogui, referindo-se ao universo, responde: "Tu és isso tudo, tu és o todo." "O Reino de Deus está dentro de vós", proclama Jesus. Quer dizer: o sentido último do universo é a presença amorosa e poderosa de Deus, sinalizada pela categoria Reino.

Essas afirmações nos remetem a uma experiência vivida, e não a uma doutrina. A experiência é a de que estamos ligados e religados uns aos outros e todos à totalidade e à sua Fonte Originante. Um fio de energia, de vida e de sentido perpassa todos os seres, constituindo-os em cosmos, e não em caos, em sinfonia, e não em disfonia.

A planta não está apenas diante de mim. Ela está também dentro de mim, como ressonância, símbolo e valor. Há em mim uma dimensão planta, bem como uma dimensão montanha, uma dimensão animal e uma dimensão Deus.

214 Leonardo Boff

Sentir-se espírito não consiste em saber essas coisas. Mas em vivenciá-las e fazer delas conteúdo de experiência. Quando isso ocorre, emerge a não dualidade e a profunda sintonia com todas as coisas. A partir da experiência, tudo se transfigura. Tudo vem carregado de veneração e sacralidade. Não estamos mais sós, centrados em nosso antropocentrismo ou em nossa visão utilitarista das coisas. Fazemos parte da imensa comunidade cósmica. Sentimo-nos mergulhados no fluxo de energia e de vida que empapa todo o universo e a natureza à nossa volta.

A morte como inteligente invenção da vida

É nesse contexto que importa colocar o tema da morte. O sentido que damos à vida é o sentido que damos à morte e o sentido que damos à morte é o sentido que damos à vida. A morte pertence à vida e a vida pertence ao mistério, àquele processo misterioso de auto-organização da matéria que permite à vida eclodir, em sua imensa diversidade.

A vida, como todas as coisas, é mortal. Quando alguém é concebido já é suficientemente velho para morrer. Começa a morrer devagar, em prestações, e vai morrendo cada dia um pouco até acabar de morrer.

Então a morte não vem no fim da vida, a morte está no coração da vida. Acolher a morte como parte da vida significa tratar diferentemente a vida, acolher sua finitude e suas limitações, sem amargura e ressentimento, mas com jovialidade e sentido de realidade. Numa perspectiva evolutiva e holística, a morte é considerada uma sábia invenção da própria vida, para poder continuar num outro nível mais alto e realizar seu propósito de expansão do cuidado, do amor e da liberdade.

A morte não é entendida como um fracasso ou como uma dissolução, mas como um dos momentos da própria vida, seguramente o culminante. Há outros momentos, também importantes, como o de nascer, o de ficar adulto, o das grandes decisões, o de casar e outros. Assim, a morte significa um momento alquímico de uma grande transformação, da grande travessia para um novo estado de consciência e de realização do projeto infinito que é cada ser humano. Na metáfora brilhante, usada entre médicos, a morte deixa de ser um "fantasma escondido debaixo da cama" para se transformar na irmã que vem nos tomar pela mão e nos conduzir para uma forma mais complexa e mais alta de vida. Assim pensou e viveu São Francisco de Assis, que morreu literalmente cantando e saudando a morte como irmã querida.

Essa concepção de vida e de morte foi historicamente trabalhada pelas religiões. Elas apresentam um sentido derradeiro para o ser humano, uma cura total de sua ânsia de infinito e de vontade de viver.

Para um médico humanista, tais concepções devem ser tomadas a sério, porque elas atuam poderosamente sobre os pacientes no sentido de integrar os sofrimentos e os medos em face do imponderável da grande travessia. Eles querem ser acompanhados pela presença humana, calorosa e solidária, e não abandonados nas UTIs, entregues à parafernália tecnológica. Assim como entramos no mundo cercados pelo carinho humano, queremos também nos despedir dele circundados dos cuidados e da benquerença dos parentes e dos amigos.

Atitude ética básica em face de situações terminais

Para concluir estas ponderações, gostaria de apresentar algumas atitudes a se tomar em face de doentes terminais.

216   Leonardo Boff

Como somos responsáveis pela nossa vida, assim devemos ser responsáveis também pela nossa morte.

Como temos direito a uma vida digna, da mesma forma temos direito a uma morte digna. Esse direito muitas vezes nos é negado pelo fato de sermos obrigados a ficar presos a aparelhos e a medicamentos que nos prolongam a vida no sentido meramente vegetativo, o que é insuficiente para a integralidade da vida minimamente humana.

A vida é o melhor fruto do universo como auto-organização da matéria e, numa perspectiva espiritual, o maior dom de Deus. Mesmo assim, a vida cai sob a responsabilidade dos seres humanos. Somos responsáveis pelo começo da vida e também pelo fim da vida.

Outrora, a teologia moral cristã condenava o planejamento familiar, pois imaginava, erroneamente, que era uma intromissão no desígnio divino de colocar vidas no mundo. Hoje, todas as igrejas entendem que Deus entregou à responsabilidade do ser humano o começo da vida. Também o fim da vida foi entregue à sua responsabilidade (não à sua arbitrariedade).

Não cabe ao Estado assumir a função de decidir quando uma vida deve ser prolongada ou não. O eugenismo nazista nos alerta contra essa tentação. Cabe ao próprio ser humano, mortalmente doente, decidir de forma qualificada sobre o prolongamento ou não de seu estado irreversível. Na sua impossibilidade, ocupam o seu lugar os parentes e os médicos. Isso implica:

- O médico fará tudo para curar o paciente. Não significa que use todos os métodos, meios artificiais e técnicos para postergar a morte;
- Uma terapia só tem sentido quando se ordena à reabilitação e à restituição das funções essenciais e vitais, e não simplesmente garantir uma vida vegetativa;

- O cuidado com o doente não deve ser apenas coisa dos médicos e enfermeiros, mas também dos parentes, dos conselheiros espirituais (sacerdotes, pastores, rabinos, pais de santo etc.) e dos amigos próximos;
- Devem ser levadas em consideração as crenças religiosas e espirituais do paciente com referência ao sentido da vida e da morte. Caso contrário, o violentamos; sempre, entretanto, no pressuposto de que a vida é o bem supremo em nome do qual nenhuma visão, ideologia ou convicção religiosa contrária possa prevalecer;
- Para o cristianismo – a religião da maioria de nosso povo – a morte não é um fim puro e simples, mas um peregrinar para a Fonte originária de toda vida. Morrendo, acabamos de nascer. Não vivemos para morrer, mas morremos para ressuscitar e para viver mais e melhor. Destarte, a morte perde seu caráter de brutal interrupção do ciclo da vida para se transfigurar numa passagem bem-aventurada para a plenitude da vida;
- Morrer é fazer uma despedida da vida, de forma agradecida, por aquilo que ela nos propiciou. Morrer é, então, fechar os olhos para ver melhor o sentido do universo e do Mistério que o circunda e perpassa.

Em conclusão, podemos dizer que tais visões ajudam a humanizar a morte e a desdramatizar os casos terminais, pois a vida e a morte são assimiladas num horizonte maior e transcendente. Elas se pertencem mutuamente. Por isso, com Santo Agostinho, podemos dizer: a vida é mortal e a morte é vital.

CAPÍTULO IV

POLÍTICA ECOLÓGICO-SOCIAL: QUEM DEVE CUIDAR DA TERRA?

1. O novo patamar da história: a noosfera

A atual crise econômica está colocando a humanidade diante de uma terrível bifurcação: ou segue o G-20, que teima em revitalizar um moribundo – o modelo vigente do capitalismo globalizado –, que provocou a atual crise mundial e que, a continuar, poderá levar a uma tragédia ecológica e humanitária; ou então tenta um novo paradigma. que coloca a Terra, a vida e a humanidade no centro e a economia a seu serviço e então fará nascer um novo patamar de civilização, que garantirá mais equidade e humanidade em todas as relações, a começar pelas produtivas.

A sensação que temos é que estamos seguindo um voo cego e tudo poderá acontecer.

De um ponto de vista reflexivo, duas interpretações básicas da crise se apresentam: ou se trata de estertores de um moribundo ou de dores de parto de um novo ser.

Alinho-me na segunda alternativa, a do parto. Recuso-me a aceitar que depois de alguns milhões de anos de evolução sobre este planeta sejamos expulsos dele nas próximas gerações. Se olharmos para trás, para o processo antropogênico, constataremos indubitavelmente que temos caminhado na direção de for-

222 Leonardo Boff

mas mais altas de complexidade e de ordens cada vez mais interdependentes. O cenário não seria de morte, mas de crise, que nos fará sofrer muito, mas que nos purificará para um novo ensaio civilizatório.

Não se pode negar que a globalização, mesmo em sua atualidade de ferro, criou as condições materiais para todo tipo de relações entre os povos. Surgiu de fato uma consciência planetária. É como se o cérebro começasse a crescer fora da caixa craniana e pelas novas tecnologias penetrasse mais profundamente nos mistérios da natureza.

O ser humano está hominizando toda a realidade planetária. Se a Amazônia permanece de pé ou é derrubada, se as espécies continuam ou são dizimadas, se os solos e o ar são mantidos puros ou poluídos, depende de decisões humanas. Terra e humanidade estão formando uma única entidade global. O sistema nervoso central é constituído pelos cérebros humanos cada vez mais em sinapse e tomados pelo sentimento de pertença e de responsabilidade coletiva. Buscamos centros multidimensionais de observação, de análise, de pensamento e de governança.

Outrora, a partir da geosfera surgiu a litosfera (rochas), depois a hidrosfera (água), em seguida a atmosfera (ar), posteriormente a biosfera (vida) e por fim a antroposfera (ser humano). Agora a história madurou para uma etapa mais avançada do processo evolucionário, a da *noosfera*. Noosfera, como a palavra diz (*nous* em grego significa mente e inteligência), expressa a convergência de mentes e corações, originando uma unidade mais alta e mais complexa. É o começo de uma nova história, a história da Terra unida com a humanidade (expressão consciente e inteligente da Terra).

A história avança através de tentativas, acertos e erros. Nos dias atuais, estamos assistindo à fase nascente da noosfera, que não consegue ainda ganhar a hegemonia por causa da força de um tipo de globalização excludente e pouco cooperativa, agora vastamente fragilizada por causa da crise sistêmica.

Mas estamos convencidos de que para essa nova etapa – a da noosfera – conspiram as forças do universo que estão sempre produzindo novas emergências. É em função dessa convergência na diversidade que está marchando nossa galáxia e, quem sabe, o próprio universo. No planeta Terra, minúsculo ponto azul-branco, perdido numa galáxia irrisória, num sistema solar marginal (a 27 mil anos-luz do centro da galáxia), cristalizou-se para nós a noosfera. Ela é ainda frágil, mas carrega o novo sentido da evolução. E não se exclui a possibilidade de outros mundos paralelos.

A atual crise torna necessária uma saída salvadora, e essa é noosfera. Então vigorará a comunhão de mentes e corações, dos seres humanos entre si, com a Terra, com o inteiro universo e com o Atrator de todas as coisas.

2. Quem deve cuidar do planeta?

Um teólogo famoso, no seu melhor livro – *Introdução ao cristianismo* –, ampliou a conhecida metáfora do fim do mundo formulada pelo dinamarquês Sören Kierkegaard, já referida neste livro. Ele reconta assim a história, com certas ampliações: "Num circo ambulante, um pouco fora da vila, instalou-se grave incêndio. O diretor chamou o palhaço, que estava pronto para entrar em cena, para que fosse até a vila para pedir socorro. Foi incontinenti. Gritava pela praça central e pelas ruas, conclamando o povo para que viesse ajudar a apagar o incêndio. Todos achavam graça, pois pensavam que era um truque de propaganda para atrair o público. Quanto mais gritava, mais riam todos. O palhaço pôs-se a chorar e então todos riam mais ainda. Ocorre que o fogo se espalhou pelo campo, atingiu a vila e ela e o circo queimaram totalmente."

Esse teólogo era Joseph Ratzinger. Ele hoje é papa e deve administrar uma instituição, cheia de problemas, com mais de um bilhão de membros, a Igreja romano-católica, o que não lhe deixa tempo para continuar a fazer teologia. No máximo produz documentos oficiais, as encíclicas, mas de fraca densidade reflexiva.

Sua metáfora, no entanto, se aplica bem à atual situação da humanidade, que tem os olhos voltados para o país de Kierkegaard e sua capital, Copenhague. Os 192 representantes dos povos, em dezembro de 2009, deveriam decidir as formas de controlar o fogo ameaçador. Mas a consciência do risco não está à altura da ameaça do incêndio generalizado. O calor crescente se faz sentir e a grande maioria continua indiferente, como nos tempos de Noé, que é o "palhaço" bíblico alertando para o dilúvio iminente. Todos se divertiam, comiam e bebiam, como se nada pudesse acontecer. E então veio a catástrofe.

Mas há uma diferença entre Noé e nós. Ele construiu uma arca que salvou muitos. Nós não estamos dispostos a construir arca nenhuma que salve a nós e a natureza. Isso só é possível se diminuirmos consideravelmente as substâncias que alimentam o aquecimento. Se esse ultrapassar de 2°C a 3°C, poderá devastar toda a natureza e, eventualmente, eliminar milhões de pessoas. O consenso é difícil e as metas de emissão são insuficientes. Preferimos nos enganar cobrindo o corpo da Mãe Terra com band-aids, na ilusão de que estamos tratando de suas feridas.

Há um agravante: não há uma governança global. Predominam os Estados-nações, com seus projetos particulares, sem pensar no todo. Absurdamente dividimos esse todo de forma arbitrária, por continentes, regiões, culturas e etnias. Sabemos hoje que essas diferenciações não possuem base nenhuma. A pesquisa científica deixou claro que todos temos uma origem comum, pois que todos viemos da África.

Consequentemente, todos somos coproprietários da única Casa Comum e somos corresponsáveis pela sua saúde. A Terra pertence a todos. Nós a pedimos emprestado das gerações futuras e nos foi entregue em confiança para que cuidássemos dela.

Se olharmos o que estamos fazendo, devemos reconhecer que a estamos traindo. Amamos mais o lucro do que a vida, estamos mais empenhados em salvar o sistema econômico-financeiro do que a humanidade e a Terra.

Aos humanos como um todo se aplicam as palavras de Einstein: "Somente há dois infinitos: o universo e a estupidez; e não estou seguro do primeiro." Sim, vivemos numa cultura da estupidez e da insensatez.

Não é estúpido e insano que 500 milhões sejam responsáveis por 50% de todas as emissões de gases de efeito estufa e que 3,4 bilhões respondam apenas por 7% e sendo as principais vítimas inocentes? É importante dizer que o aquecimento, mais do que uma crise, configura uma irreversibilidade. A Terra já se aqueceu. Apenas nos resta diminuir seus níveis, adaptarmo-nos à nova situação e mitigar seus efeitos perversos, para que não sejam catastróficos. Resta saber se cada ser humano vai adquirir a consciência de que ele mesmo deve contribuir na manutenção e limpeza da Casa Comum, se os grupos todos do mundo vão se mobilizar na criação de alternativas que preservem a vitalidade do planeta e se os governos não deixarão prevalecer a insensatez com o cuidado e o amor à Mãe Terra.

3. O individualismo tem ainda futuro?

Há hoje nos EUA (mas vale também para a cultura dominante em geral) uma crise mais profunda do que aquela econômico-financeira. É a crise do estilo de sociedade que foi montada desde sua constituição pelos "pais fundadores" e, para os europeus, pela

226 Leonardo Boff

modernidade a partir do século XVI. Ela é profundamente individualista, derivação direta do tipo de capitalismo que foi lentamente sendo implantado.

A exaltação do individualismo ganhou a forma de um credo num monumento diante do majestoso Rockefeller Center, em Nova York, no qual se pode ler o ato de fé de John D. Rockefeller Jr.: "Eu creio no supremo valor do indivíduo e no seu direito à vida, à liberdade e à persecução da felicidade."

No seu clássico livro *A democracia na América* (1835), o magistrado francês Charles de Tocqueville (1805-1859) apontou, em finas análises, o individualismo como a marca registrada da nova sociedade nascente.

Esse individualismo sempre foi triunfante, mas teve de aceitar limites devido à conquista dos direitos sociais dos trabalhadores e, especialmente, com o surgimento do socialismo, que contrapunha outro credo, o dos valores sociais. Mas com a derrocada do socialismo estatal, o individualismo voltou a ganhar livre curso sob o presidente Ronald Reagan e na Inglaterra sob a primeira-ministra Margaret Thatcher, a ponto de se impor em todo o mundo na forma do neoliberalismo político.

O presidente americano Barack Obama tenta um projeto com claras conotações sociais, como a saúde para todos os estadunidenses e as medidas coletivas para limitar a emissão de gases do efeito estufa. Encontra feroz oposição em nome da supremacia do individual sobre o social. Acusam-no de socialista e de comunista e até, num Facebook da internet, não se exclui seu eventual assassinato caso venha a cortar os planos de saúde particulares. E note-se que seu plano de saúde nem é tão radical assim, pois, tributário ainda do individualismo tradicional, exclui dele todos os milhões de imigrantes sem documentos.

A palavra "nós" é uma das mais desprestigiadas da sociedade americana. Denuncia-o o respeitado colunista de *The New York*

Times Thomas L. Friedman, num artigo recente: "Nossos líderes, até o presidente, não conseguem pronunciar a palavra 'nós' sem vontade de rir. Não há mais 'nós' na política americana, numa época em que 'nós' temos enormes problemas – a recessão, o sistema de saúde, as mudanças climáticas e guerras no Iraque e no Afeganistão – com que 'nós' só podemos lidar se a palavra 'nós' tiver uma conotação coletiva" (*Jornal do Brasil*, 01/10/09).

Ocorre que, por falta de um contrato social mundial, os EUA comparecem como a potência dominante que, praticamente, decide os destinos da humanidade. Seu arraigado individualismo projetado para o mundo se mostra absolutamente inadequado para mostrar um rumo para o "nós" humano. Esse individualismo não tem mais futuro, pois não sabe dialogar, ouvir o outro e fazer trocas enriquecedoras.

Mais e mais se faz urgente uma governança global que substitua o unilateralismo monocêntrico. Ou deslocamos o eixo do "eu" (a minha economia, a minha força militar, o meu futuro) para o "nós" (o nosso sistema de produção, a nossa política e o nosso futuro comum) ou então dificilmente evitaremos uma tragédia, não só individual, mas coletiva. Independentemente de sermos socialistas ou não, o social e o planetário devem orientar o destino comum da humanidade.

Mas por que o individualismo é tão arraigado? Porque ele está fundado num dado real do processo evolucionário e antropogênico. Mas ele é vivido de forma unilateral e reducionista.

Os cosmólogos e os bioantropólogos nos asseguram que há duas tendências básicas em todos os seres, especialmente nos vivos: a de autoafirmação (eu) e a de integração num todo maior (nós).

Pela autoafirmação, cada ser defende sua existência, cria mecanismos de autoproteção, caso contrário desaparece. Por outro lado, nunca está só, está sempre enredado numa teia de relações que o integra num todo maior e lhe facilita a sobrevivência. É o comunitário e o coletivo. Há o indivíduo (eu) que sempre está inserido numa espécie (nós).

As duas tendências coexistem e juntas constroem cada ser e sustentam a biodiversidade. Excluindo uma delas surgem patologias. O "eu" sem o "nós" leva ao individualismo e ao capitalismo como sua expressão econômica. O "nós" sem o "eu" desemboca no socialismo estatal e no coletivismo econômico.

O equilíbrio entre o "eu" e o "nós" se encontra na democracia participativa e comunitária, que articula ambos os polos. Ela acolhe o indivíduo (eu) e o vê sempre inserido na sociedade maior (nós) como cidadão ativo.

Hoje precisamos de uma hiperdemocracia que valorize cada ser e cada pessoa e que inclua a própria natureza e a Terra (democracia sociocósmica) e garanta a sustentabilidade do coletivo, que é a geossociedade nascente.

Mais do que nunca precisamos manter sob severo controle o individualismo, que está criando toda sorte de obstáculos para que se formem instituições globais que pensem o destino comum da vida e da humanidade e cuidem dele. Não é sem razão o esforço que se está fazendo para elaborar uma Declaração Universal do Bem Comum da Terra e da humanidade como uma espécie de Carta Magna que regerá as políticas globais de uma geossociedade cada vez mais crescente.

O próximo passo da humanidade vai nessa direção. Há que reforçá-lo para que se inaugure uma nova etapa da história.

4. Pessimismo capitalista e darwinismo social

Que fazer quando uma crise como a nossa se transforma em sistêmica, atingindo todas as áreas, e mostra mais traços destrutivos do que construtivos? É notório que o modelo social montado já nos primórdios da modernidade, assentado na magnificação do eu e em sua conquista do mundo em vista da acumulação privada de riqueza, não pode mais ser levado avante. É a grande questão prática e teórica que deve ser colocada ao ambicioso Programa de Aceleração do Crescimento (PAC) do governo Lula. Mais do que crescimento, deve-se buscar um modo sustentável de organizar a sociedade e nossa relação com a natureza.

Hoje percebemos claramente que não podemos crescer indefinidamente, porque a Terra não suporta mais nem há demanda suficiente. Esse modelo não deu certo, pelas perversidades sociais e ambientais que produziu. Por isso, é intolerável que nos seja imposto como a única forma de produzir, como ainda querem os membros do G-20.

A situação emerge mais grave ainda quando esse sistema vem sendo apontado como o principal causador da crise ambiental generalizada, culminando com o aquecimento global. A perpetuação desse paradigma de produção e de consumo pode, no limite, comprometer o futuro da biosfera e a existência da espécie humana sobre o planeta.

Como mudar de rumo? É tarefa complexíssima. Mas devemos começar. Antes de tudo, com a mudança de nosso olhar sobre a realidade, olhar que subjaz à atual sociedade de mercado: o pessimismo capitalista e o darwinismo social.

O pessimismo capitalista foi bem expresso pelo pai fundador da economia moderna, Adam Smith (1723-1790), professor de ética em Glasgow. Observando a sociedade, dizia que ela é composta por um conjunto de indivíduos egoístas, cada qual procurando para si o melhor. Pessimista, acreditava que esse dado é tão arraigado que não pode ser mudado. Só nos resta moderá-lo. A forma de mitigar o egoísmo é, segundo ele, a criação do mercado, no qual todos competem com seus produtos, equilibrando, assim, os impulsos egoístas.

O outro dado é o darwinismo social raso. Assume-se a tese de Darwin, hoje vastamente questionada, de que no processo da evolução das espécies sobrevive apenas o mais forte e o mais apto a adaptar-se. Aplicando-se essa ideia ao mercado, resulta que os fracos serão sempre engolidos pelos mais fortes. É bom que assim seja, dizem, senão a fluidez das trocas fica prejudicada.

Há que se entender corretamente a teoria de Smith. Ele não a tirou das nuvens. Viu-a na prática selvagem do capitalismo inglês nascente. O que ele fez foi traduzi-la teoricamente no seu famoso livro *Uma investigação sobre a natureza e as causas da riqueza das nações* (1776) e assim justificá-la. Havia, na época, um processo perverso de acumulação individual e de exploração desumana da mão de obra, denunciada classicamente em *O capital*, de Karl Marx.

Hoje não é diferente. Os dados que citamos ao longo do livro nos mostram que somos vítimas de um aterrador egoísmo.

Smith, preocupado com essa barbárie e como professor de ética, acreditava que o mercado, qual mão invisível, poderia controlar os egoísmos e garantir o bem-estar de todos. Pura ilusão, sempre desmentida pelos fatos.

Smith falhou porque foi reducionista: ficou só no egoísmo. Esse existe, mas pode ser limitado por aquilo que ele omitiu: a cooperação, essencial ao ser humano. Essa é fruto da cooperação de muitos, a começar pelos pais, e comparece como um nó de relações sociais. Somente sobrevive dentro de relações de reciprocidade que limitam o egoísmo. É verdade que egoísmo e altruísmo convivem. Mas se o altruísmo não prevalecer, surgem perversões, como se nota nas sociedades modernas assentadas na inflação do "eu" e no enfraquecimento da cooperação. Esse egoísmo coletivo faz todos serem inimigos uns dos outros.

Mudar de rumo? Sim, na direção do "nós", da cooperação de todos com todos e da solidariedade universal, e não do "eu" que exclui. Se tivermos altruísmo e compaixão, não deixaremos que os fracos sejam vítimas da seleção natural. Interferiremos cuidando deles, criando condições para que vivam e continuem entre nós. Pois cada um é mais do que um produtor e um consumidor. É único no universo, portador de uma mensagem a ser ouvida e é membro da grande família humana.

Isso não é uma questão apenas de política, mas de ética humanitária, feita de solidariedade e de compaixão.

5. Pecados do capitalismo: ecocídio, biocídio, geocídio

O capitalismo é um modo de produção social e uma cultura. Como modo de produção, destruiu o sentido originário de economia, que desde os clássicos gregos até o século XVIII significava a técnica e a arte de satisfazer as necessidades do *oikos*. Ou seja, a economia tinha por objetivo atender satisfatoriamente às carências da casa, que tanto podia ser a moradia mesma, a cidade, o país, quanto a Casa Comum, a Terra. Com sua implantação progressiva a partir do século XVII — a expressão capitalismo não era usada por Marx, mas foi introduzida por Werner Sombart —, muda-se a natureza da economia. A partir de agora ela representa uma refinada e brutal técnica de criação de riqueza por si mesma, desvinculada do *oikos*, da referência à casa. Antes pelo contrário, destruindo a casa em todas as suas modalidades. E a riqueza que se quer acumular é menos para ser desfrutada do que para gerar mais riqueza, numa lógica desenfreada e, no termo, absurda. Quer sempre mais, mais ainda, mais sem fim...

A lógica do capital é esta: produzir acumulação mediante a exploração. Primeiro, exploração da força de trabalho das pessoas, em seguida a dominação das classes, depois o submetimento dos povos e, por fim, a pilhagem da natureza. Funciona aqui uma única lógica linear e férrea que a tudo envolve e que hoje ganhou uma dimensão planetária.

Uma análise mesmo superficial da ecologia e do capitalismo identifica uma contradição básica: onde impera a prática capitalista se envia ao exílio ou ao limbo a preocupação ecológica. Ecologia e capitalismo se negam frontalmente. Não há acordo possível. Se, apesar disso, a lógica do capital assume o discurso ecológico, ou é para fazer ganhos com ele ou para vaporizá-lo e, assim, esvaziá-lo ou simplesmente para impossibilitá-lo e, portanto, destruí-lo. O capitalismo não apenas quer dominar a natureza. Quer mais, com as tecnologias mais avançadas de exploração, visa a arrancar tudo dela. Portanto, se propõe depredá-la em função de seu propósito básico de acumulação e enriquecimento privado.

Hoje, pela unificação do espaço econômico mundial nos moldes capitalistas, o saque sistemático do processo industrialista contra a natureza e contra a humanidade torna o capitalismo claramente incompatível com a vida. A aventura da espécie *homo sapiens* e *demens* é posta em sério risco. Portanto, o arqui-inimigo da humanidade, da vida e do futuro é o sistema do capital, com a cultura que o acompanha.

Coloca-se, assim, uma bifurcação: ou o capitalismo triunfa ao ocupar todos os espaços, como pretende, e então acaba com a ecologia e, assim, põe em risco o sistema-Terra, ou triunfa a ecologia e destrói o capitalismo ou o submete a tais transformações e reconversões que não possa mais ser reconhecível como tal.

Essa é a singularidade de nosso tempo e a urgência das reflexões e dos alarmes que aqui são partilhados.

Dizíamos que o capitalismo produziu ainda uma cultura, derivada de seu modo de produção assentado na exploração e na pilhagem. Toda cultura cria o âmbito das evidências cotidianas, das convicções inquestionáveis e, como tal, gesta uma subjetividade coletiva adequada a ela. Sem uma cultura capitalista que veicule as mil razões justificadoras da ordem do capital, o capitalismo não sobreviveria. A cultura capitalista exalta o valor do indivíduo, garante a ele a apropriação privada da riqueza, feita pelo trabalho de todos, coloca como mola de seu dinamismo a concorrência de todos contra todos, visa a maximalizar os ganhos com o mínimo de investimento possível, procura transformar tudo em mercadoria, desde a mística e o sexo até o lazer, para ter sempre benefícios, e ainda instaura o mercado, hoje mundializado, como o mecanismo articulador de todos os produtos e de todos os recursos produtivos.

Se alguém buscar solidariedade, respeito às alteridades, compaixão e veneração em face da vida e do mistério do mundo, não os busque na cultura do capital. Errou de endereço, pois aí encontra tudo ao contrário. George Soros, um dos maiores especuladores das finanças mundiais e profundo conhecedor da lógica da acumulação sem piedade (ele vive disso), afirma claramente que o capitalismo mundialmente integrado ameaça todos os valores societários e democráticos, pondo em risco o futuro das sociedades humanas. Essa é, segundo ele, a crise do capitalismo, que exige urgente solução para não irmos de encontro ao pior.[1]

Queremos mostrar como o capitalismo, como modo de produção e como cultura, inviabiliza a ecologia, tanto ambiental quanto social. Deixado à lógica de sua voracidade, pode cometer o crime da ecocídio, do biocídio e, no limite, do geocídio. Razão suficiente para os humanos que amam a vida e que querem deixar para seus filhos e netos uma casa comum habitável se oporem sistematicamente às suas pretensões.

Capitalismo e destruição do sistema-vida

Comecemos com a ecologia ambiental e sua referência à lógica do capital. A esse respeito, os cenários acerca do futuro da Terra, na perspectiva do meio ambiente e da qualidade de vida, são dramáticos. Grandes analistas confessam que o tempo atual se assemelha muito às épocas de grande ruptura no processo da evolução, épocas caracterizadas por extinções em massa.[2] Efetivamente, a humanidade se encontra diante de uma situação inaudita. Deve decidir se quer continuar a viver ou se escolhe sua própria autodestruição.

O risco não vem de alguma ameaça cósmica, mas da própria atividade humana. Pela primeira vez no processo conhecido de hominização, o ser humano se deu os instrumentos de sua própria destruição. Criou-se o princípio de autodestruição que tem no princípio de responsabilidade sua contrapartida. De agora em diante, a existência da biosfera estará à mercê da decisão humana. Para continuar a viver, o ser humano deverá positivamente querê-lo.

Os indicadores são alarmantes. Deixam transparecer pouco tempo para as mudanças necessárias. Estimativas otimistas estabelecem como data-limite 2030-2034.[3] A partir daí, caso não se tomem medidas urgentes e eficazes, a sustentabilidade do sistema-Terra não estará mais garantida.

Precisamos mais do que nunca de sabedoria. Sabedoria para priorizar as ações concertadas que visem à sustentabilidade da Terra como planeta. Entre outros, quatro são os nós problemáticos, criados pela ordem do capital, que devem ser desatados: o da exaustão dos recursos naturais; o da sustentabilidade da Terra; o do aquecimento global; e o da injustiça social mundial. Vamos por partes.

a) O nó da exaustão dos recursos naturais

Já há séculos, principalmente, embora não exclusivamente, sob o modo de produção capitalista, a Terra vem sendo sistematicamente depredada. Desde o tempo do desaparecimento dos dinossauros, 65 milhões de anos atrás, nunca se viu tão rápida dizimação. Com eles some para sempre uma biblioteca de conhecimentos que a própria natureza sabiamente havia acumulado.

A partir de 1972 a desertificação no mundo cresceu igual ao tamanho de todas as terras cultivadas da China e da Nigéria juntas. Perderam-se 480 milhões de toneladas de solo fértil, o equivalente às terras agricultáveis da Índia e da França combinadas. Das terras um dia cultiváveis, 65% já não o são. A irrigação extensiva, associada à utilização de substâncias químicas, leva à salinização das águas, por não terem tempo de refazer os nutrientes perdidos.

Metade das florestas existentes no mundo em 1950 foi abatida. Somente nos últimos 30 anos foram derrubados 600 mil km^2 da floresta amazônica brasileira, o equivalente à Alemanha ou a duas vezes a República Democrática do Congo.

Os imensos reservatórios naturais de água, formados ao longo de milhões e milhões de anos, foram no século passado sistematicamente bombeados e estão próximos da exaustão. Nos inícios do próximo milênio, a água potável será um dos recursos naturais mais escassos. Far-se-ão guerras para garantir o acesso às fontes de água potável.

O petróleo e o carvão, formados ao longo de 100 milhões de anos e depositados nas profundezas da Terra,[4] ter-se-ão exaurido nos meados deste século. Tanto a água quanto o carbono foram sepultados cuidadosamente pela Terra para estabilizar seu clima. Agora foram trazidos à tona e devolvidos ao espaço com desequilíbrios que ainda não podemos adequadamente medir. Por volta de 2030, o cobre, a bauxita, o zinco, o fosfato e o cromato ter-se-ão extinguido quase totalmente.

236 Leonardo Boff

Por trás desse processo de pilhagem se oculta uma imagem reducionista da Terra. Ela é vista apenas como um reservatório morto de recursos a serem explorados. Não é contemplada como um supersistema sutilmente articulado em sistemas e subsistemas no qual rochas, águas, atmosferas, microrganismos, planetas, animais e seres humanos formam um todo orgânico e dinâmico, com relações de interdependência e de sinergia que garantem a subsistência de todos e de cada um. A Terra não é respeitada em sua alteridade e autonomia nem se lhe reconhece nenhuma sacralidade. Muito menos é amada como a nossa Grande Mãe. A humanidade sempre entendeu a Terra como algo vivo. Somente nos últimos séculos, dentro da cultura do capital pilhador, foi vista como algo inerte, um conjunto desarticulado de solos (continentes) e água (oceanos, mares, lagoas, lagos e rios).

b) O nó da sustentabilidade da Terra

Quanto de agressão aguenta a Terra sem perder seu equilíbrio interno e se desestruturar? Chuvas ácidas matam lagos e fazem mirrar as florestas. Dejetos químicos contaminam as fontes de água potável, os oceanos, e envenenam os solos. Pesticidas entram na cadeia alimentar e afetam a saúde dos seres vivos e das gerações que virão. Lixo nuclear é especialmente perigoso. Muitas substâncias permanecerão radioativas pelos próximos 100 mil anos. Não há no horizonte nenhuma tecnologia que nos possa proteger contra seus malefícios.

As 60 mil armas nucleares construídas, num contexto de guerra mundial, se explodidas, podem originar o inverno nuclear. As finas partículas de fumaça provenientes das grandes queimadas por elas produzidas, junto com os elementos radioativos injetados na atmosfera, obscureceriam e resfriariam a Terra de forma mais aguda do que nas eras glaciais do pleistoceno. Haveria um colapso da humanidade e de todo o sistema de vida, con-

Cuidar da Terra — proteger a vida 237

sequências perversas sempre negligenciadas pelas potências militaristas. Atualmente corremos o risco de que grupos terroristas tenham acesso à tecnologia das bombas e coloquem a humanidade e a Terra em situação de xeque-mate.

Grande risco para a vida do planeta representa a destruição da camada de ozônio. Ela fica na estratosfera, entre 30 e 50km da superfície da Terra, e, como escudo, protege a vida contra as irradiações ultravioleta, que são letais para todos os organismos vivos. O esgarçamento dessa camada de ozônio é provocado pelos clorofluorcarbonos (CFC). Quimicamente trata-se de um material inerte e inofensivo que entra como fluido nas geladeiras, no ar-acondicionado, nos desodorantes spray, nos extintores e na produção de isopor. Entretanto, ao alcançar a camada de ozônio, os raios ultravioleta dividem as moléculas desses gases. O cloro liberado destrói o escudo de ozônio. Consequentemente, todos os seres vivos ficam expostos aos raios ultravioleta. Esses produzem câncer de pele, catarata, debilitamento do sistema imunológico, distorções no ADN, danos à agricultura e à fotossíntese, que responde pela cadeia alimentar de toda a Terra.

Outra ameaça importante é representada pelo aquecimento crescente da Terra, consequência do tipo de sociedade consumista de recursos que poluem. É o assim chamado efeito estufa. A queima de petróleo, de carvão e de florestas libera o dióxido de carbono. Esse, juntamente com outros gases, como o metano, o flúor e o óxido de nitrogênio, absorve raios infravermelhos, formando uma espécie de estufa. Ela esquenta a atmosfera. No último século o calor da Terra aumentou entre 0,3°C e 0,6°C. Para os próximos 100 anos calcula-se um aumento de 1,5°C a 5,5°C. Tais mudanças provocarão desastres descomunais, como secas e o degelo das calotas polares. As inundações das costas marítimas, onde vivem 60% da população mundial, causariam milhões de migrantes e de vítimas. Muitas espécies de seres vivos não se

238 Leonardo Boff

adaptariam e morreriam. Temos um exemplo no poderoso efeito estufa de Vênus, revelado pela nave espacial soviética Venera. Lá se mostra sua superfície toda crespada pelo calor. O efeito estufa da Terra não poderia ter consequências semelhantes? Os pesquisadores já há tempos nos advertem acerca dessa eventualidade.

Que suportabilidade possui a Terra em face de tantas agressões produzidas primordialmente pelo modo de produção capitalista? Ao longo do processo de sua formação, no qual se verificaram imensas dizimações de espécies (na ordem de 80%-90% no período cambriano, há 570 milhões de anos), nosso planeta mostrou grande capacidade de resistência e regeneração. Agora, entretanto, teme-se que o efeito acumulativo das agressões chegue a um ponto crítico tal que quebre o equilíbrio físico-químico-biológico da Terra. Imensas catástrofes afetariam a biosfera e dizimariam milhões de seres humanos.[5]

c) O nó do aquecimento global

A partir de 2 de fevereiro de 2007 soubemos oficialmente que o aquecimento global estava instalado na Terra. Já não podemos evitá-lo, pois ele criou uma irreversibilidade na história da Terra. O que podemos e devemos fazer é adaptarmo-nos a essas mudanças e mitigar os efeitos daninhos.

Ocorre que grande número de espécies de seres vivos necessita de tempo para adaptar-se, caso contrário, desaparece. É o que já está ocorrendo em muitas regiões da Terra onde o clima se alterou para cima. Até espécies de árvores estão migrando para regiões mais frias, como se está verificando na região andina.

Toda a luta coletiva é retardar o mais possível o aquecimento, que vai ocorrer inevitavelmente pela acumulação já feita de dióxido de carbono, de metano e outros gases de efeito estufa, para que não passe de 2°C. Já nesse nível haverá transtornos climáticos consideráveis, como o crescimento da desertificação, o desaparecimento da biodiversidade, a escassez de água potável e a inabitabilidade de várias regiões do planeta, provocando perigosas migrações. O número de refugiados climáticos pode subir a milhões, pressionando as fronteiras de muitos países e criando problemas de toda ordem, sem perspectivas de sua solução a curto e a médio prazos.

Sérios centros de pesquisa que acompanham a situação da Terra sugerem que se não tomarmos já agora medidas coletivas e profundas para estabilizar a emissão de gases produtores de aquecimento, esse poderá pelos meados do século alcançar 3°C, e no fim, 4°C. Nesse nível de temperatura, nenhuma vida agora conhecida subsistiria, inclusive a vida humana.

O que lamentavelmente se nota é que os interesses do capital prevalecem sobre os da vida e do equilíbrio do planeta, como se constatou na Conferência Internacional sobre o Clima, organizada pela ONU em dezembro de 2009 em Copenhague. A impossibilidade de qualquer acordo se deve principalmente à prevalência dos interesses nacionais sobre os internacionais e à completa falta de sentido do bem comum da Terra e da humanidade.

Como se depreende, a insensatez capitalista pode conduzir a humanidade inteira a um suicídio coletivo. Isso não significa que a Terra deixará de existir. Ela continuará entregue às bactérias e a outros micro-organismos, levará avante a evolução, mas sem a presença da espécie humana.

d) O nó da injustiça social mundial

Por fim, passemos à ecologia social: quanto de injustiça e violência aguenta o espírito humano? É injusto e cruel manter um bilhão de pessoas na extrema pobreza. É injusto e perverso deixar morrer anualmente 40 milhões de pessoas estritamente de fome. É injusto, perverso, cruel e sem piedade tolerar que 14 milhões de crianças morram anualmente antes de completar cinco dias de vida.

Esse cataclismo social não é inocente nem natural. É resultado direto de uma forma de organização econômica, política e social que privilegia uns poucos à custa da exploração e da miséria das grandes maiorias. Projetou-se um tipo de desenvolvimento sem medir as consequências sobre a natureza e sobre as relações sociais. Ele é altamente predatório e iníquo. Por isso constitui uma armadilha do sistema capitalista o assim chamado desenvolvimento sustentável.

Quando analisado, ele representa uma contradição nos termos. A categoria desenvolvimento é tirada da área da economia, por suposto, daquela imperante, a capitalista. O desenvolvimento capitalista, na verdade, deveríamos dizer, crescimento, apresenta-se profundamente desigual. Por um lado cria acumulação apropriada por uns poucos à custa da exploração e do prejuízo das grandes maiorias. Esse crescimento pretende ser linear e sempre crescente.

A categoria sustentabilidade provém de outro âmbito, da biologia e da ecologia. Sustentabilidade significa aqui a capacidade que um ecossistema possui de incluir todos, de manter um equilíbrio dinâmico que permita a subsistência da maior biodiversidade possível. Mais do que um processo linear, trata-se de um processo complexo, circular, de inter-retrodependências, sem explorar ou marginalizar ninguém.

Como asseveramos anteriormente, o desenvolvimento sustentável não encontra realização dentro do quadro da economia capitalista. Esta requer o aumento crescente da riqueza, enquanto a sustentabilidade visa à equidade e o equilibrio com a natureza. Portanto, não é uma expressão que componha os interesses da produção humana com os interesses da conservação ecológica; antes pelo contrário, os nega e os destrói. O que se precisa é de uma sociedade sustentável que se dá a si o desenvolvimento de que precisa para satisfazer adequadamente as necessidades de todos, também

Cuidar da Terra — proteger a vida   241

do entorno biótico. O que se demanda é um planeta sustentável que possa manter seu equilíbrio dinâmico, refazer suas perdas e manter-se aberto a ulteriores formas de desenvolvimento.

Se bem repararmos, o sistema do capital se mantém pelo medo. Para se perpetuar, recorre permanentemente à violência econômica. Quando preciso, também à agressão militar. Por isso, a cada minuto destina 1,8 milhão de dólares para armas de morte. Cobra ao grande Sul, a cada dois dias, cerca de 180 mil a 200 mil pessoas, sacrificadas no altar do deus Mamona (mercado mundial), como se sobre ele se lançasse, de dois em dois dias, uma bomba atômica, como em 1945 sobre Hiroshima-Nagasaki.[6]

O efeito perverso é inegável: a grande maioria da humanidade não tem sustentabilidade. Vive diariamente uma catástrofe. Tal violência configura uma agressão à Terra, pois os seres humanos são a própria Terra em sua dimensão consciente e inteligente. A injustiça social se mostra, assim, como uma injustiça ecológica.

Voltamos a perguntar: quanto de violência a Terra pode ainda tolerar sem quebrar-se como sistema? Além de ter sido no passado suicidas, homicidas e etnicidas, começamos agora a ser ecocidas. O sistema do capital não nos levará a ser no futuro não muito distante também geocidas?

Ou mudamos ou nos destruiremos

Alcançamos nos dias atuais um ponto em que as virtualidades do nosso paradigma civilizacional, de perfil capitalista, não conseguem dar conta dos nós problemáticos acima apontados. Pelo contrário: dramatizam ainda mais a situação e aceleram as forças destrutivas.

Entretanto, há sinais de esperança. Já a partir dos inícios deste século, o paradigma moderno começou, teoricamente, a ser

242 Leonardo Boff

erodido pela física quântica, pela teoria da relatividade, pela nova biologia, pela ecologia e pela filosofia crítica. Estava surgindo então um novo paradigma. Ele tem um caráter contrário àquele capitalista; é holístico, sistêmico, inclusivo, panrelacional e espiritual. Entende o universo não como uma coisa ou justaposição de coisas e objetos, mas como um sujeito no qual tudo tem a ver com tudo, em todos os pontos, em todas as circunstâncias e em todas as direções, gerando uma imensa solidariedade cósmica.[7] Cada ser depende do outro, sustenta o outro, participa do desenvolvimento do outro, comungando de uma mesma origem, de uma mesma aventura e de um mesmo destino comum.

O universo (desde as energias mais originárias e as partículas mais elementares até a mente humana) constitui uma comunidade de sujeitos, pois todos os seus componentes (o próprio universo como um todo orgânico) vêm caracterizados por aquilo que constitui um sujeito: a interatividade, a historicidade, a interioridade e a intencionalidade. Ele está inserido num imenso processo evolutivo, autocriativo e auto-organizativo que se manifesta de muitas formas, seja como matéria e energia, seja como informação e complexidade, seja como consciência e interioridade.

Ao invés de ser um universo atomístico, composto de partículas discretas — universo cuja complexidade cabe ser quebrada em componentes menores e mais simples —, agora esse universo é considerado um todo relacional, inter-retroconectado com tudo e maior do que a soma de suas partes. A natureza da matéria, quando analisada com mais profundidade, não aparece como estática e morta, mas como uma dança de energias e de relações para todas as direções. A Terra não é mais vista como um conglomerado de matéria inerte e água, mas como um superorganismo vivo, Gaia,[8] articulando todos os elementos, as rochas, a atmosfera, os seres vivos e a consciência num todo orgânico, dinâmico, irradiante e cheio de propósito, parte de um todo ainda maior que

Cuidar da Terra — proteger a vida   243

nos inclui: o universo em cosmogênese, em expansão e perpassado de consciência.[9]

Essa visão fornece a base para uma nova esperança, para uma sabedoria mais alta e para um projeto civilizacional alternativo àquele dominante hoje, o do capitalismo mundialmente integrado. Ela nos permite passar do sentimento de perda e de ameaça, que o cenário atual nos provoca, ao sentimento de pertença, de promessa e de um futuro melhor.

Quatro eixos dão consistência ao novo paradigma, que se distancia enormemente do capitalismo: a busca da *sustentabilidade* ecológica e econômica, baseada numa nova aliança de fraternidade/sororidade para com a natureza e entre os seres humanos; a acolhida da *diversidade* biológica e cultural, fundada na preservação e no respeito a todas as diferenças e no desenvolvimento de todas as culturas; o incentivo à *participação* nas relações sociais e nas formas de governo, inspirada na democracia entendida como valor universal a ser vivido em todas as instâncias (família, escola, sindicatos, igrejas, movimentos de base, nas fábricas e nos aparelhos de Estado) e com todo o povo; o cultivo da *espiritualidade* como expressão da profundidade humana, que se sente parte do todo, capaz de valores, de solidariedade, de compaixão e de diálogo com a Fonte originária de todos os seres.

Esse novo paradigma não é ainda hegemônico. Perdura vastamente ainda aquele da modernidade burguesa e capitalista, atomístico, mecânico, determinístico e dualista, apesar de sua refutação teórica e prática. Perdura porque é funcional aos propósitos das classes dominantes mundiais. Elas mantêm o povo e até pessoas de formação elevada na ignorância acerca da nova visão do mundo. Continuam a impor um sistema global cujos frutos maiores são a dominação, a exclusão e a destruição.

Mas a crise ecológica mundial e o curto prazo de que dispomos para as mudanças necessárias conferem atualidade e vigor

244 Leonardo Boff

ao novo paradigma. Ele é subversivo para a ordem vigente. Precisamos de uma nova revolução, uma *revolução civilizacional*. Ela será de natureza diversa daquelas nascidas a partir da revolução do neolítico, especialmente daquela propiciada pela cultura do capital. Terá por base e inspiração a nova cosmologia.

Mas para isso temos de mudar nossa forma de pensar, de sentir, de avaliar e de agir. Dentro do sistema do capital não há salvação para as grandes maiorias da humanidade, para os ecossistemas e para o planeta Terra. Devemos ter mais sabedoria do que poder, mais veneração do que saber, mais humildade do que arrogância, mais vontade de sinergia do que de autoafirmação, mais vontade de dizer *nós* do que dizer *eu*, como o faz sistematicamente a cultura do capital. Por essas atitudes os seres humanos poderão se salvar e salvar o seu belo e radiante planeta.

Esposamos a ideia de que estamos na crise de parto, do nascimento de um novo patamar de hominização. Podemos, sim, nos destruir. Criamos para isso a máquina de morte. Mas ela pode ser sustada e transformada. O mesmo foguete gigante que transporta ogivas atômicas pode ser usado para trocar a rota de asteroides ameaçadores da Terra. É a hora de darmos o salto de qualidade e inaugurarmos uma aliança nova com a Terra. A chance está criada. Depende de nós sua realização feliz ou o seu inteiro fracasso. Desta vez não nos é permitido nem protelar nem errar de objetivo.

Rejeitamos a ideia de que os 4,5 bilhões de anos de formação da Terra tenham servido para sua destruição. As crises e o sofrimento se ordenam em uma grande aurora. Ninguém poderá detê-la. Uma nova revolução civilizacional está por nascer e já dá os primeiros vagidos. De uma época de mudança passamos à mudança de época.

Que sonhos nos orientam?

Uma nova civilização surge quando se encontram respostas concretas para as seguintes demandas, deixadas de lado pela ordem capitalista: Que utopias nos abrem o futuro? Que valores novos dão sentido à nossa vida pessoal e social? Que práticas novas mudam as relações sociais? Que cuidado desenvolvemos com a natureza e que benevolência e compaixão suscitaremos com todos os seres da criação? Que novas tecnologias utilizamos que não neguem a poesia e a gratuidade? Que fraternidade e sororidade estabelecemos entre todos os povos e todas as culturas? Que nome daremos ao Mistério que nos circunda e com que símbolos, festas e danças o celebramos? Numa palavra: quais são os sonhos que nos dão esperança?

Os sonhos são da maior importância. Morrem as ideologias e envelhecem as filosofias. Mas os sonhos permanecem. São eles o húmus que permite continuamente projetar novas formas de convivência social e de relação com a natureza. Com acerto escrevia o cacique pele-vermelha Seattle ao governador Stevens, do estado de Washington, em 1856, quando esse forçou a venda das terras indígenas aos colonizadores europeus. O cacique, com razão, não entendia por que se queria comprar a terra, a aragem, o verde das plantas e o esplendor da paisagem. Nesse contexto, refletia que os peles-vermelhas compreenderiam o porquê e a civilização dos brancos "se conhecessem os sonhos do homem branco, se soubessem quais as esperanças que transmite a seus filhos e suas filhas nas longas noites de inverno e quais as visões de futuro que oferecem para o dia de amanhã".

Qual é o nosso sonho? Que esperança transmitiremos aos jovens? Que visões de futuro ocupam as mentes e o imaginário coletivo através das escolas, dos meios de comunicação e de nossa capacidade de criar valores?

246 Leonardo Boff

As respostas a essas indagações geram um novo padrão civilizatório, radicalmente diferente daquele capitalístico. Descendo ao concreto do dia a dia, em face das transformações que atingem os fundamentos de nossa civilização atual, indagamos: Quais são os atores sociais que propõem um novo sonho histórico e desenham um novo horizonte de esperança?

Quem são os sujeitos coletivos gestadores da nova civilização? Sem detalhar a resposta, podemos dizer que eles se encontram em todas as culturas e em todos os quadrantes da Terra. Eles irrompem de todos os estratos sociais e de todas as tradições espirituais. Eles estão em todas as partes. Mas, principalmente, são os que se sentem insatisfeitos com o atual modo de viver, de trabalhar, de sofrer, de se alegrar e de morrer, em particular os excluídos, oprimidos e marginalizados. São aqueles que, mesmo dando pequenos passos, ensaiam um comportamento alternativo e enunciam pensamentos criadores. São ainda aqueles que ousam organizar-se ao redor de certas buscas, de certos níveis de consciência, de certos valores, de certas práticas e de certos sonhos, de certa veneração do Mistério e juntos começam a criar visões e convicções que irradiam uma nova vitalidade em tudo o que pensam, projetam, fazem e celebram.

Por tais sendeiros desponta a nova civilização, que será de agora em diante não mais regional, mas coletiva e planetária, e, esperamos, signifique a superação histórica do capitalismo e, por isso, mais solidária, mais ecológica, mais integradora e mais espiritual.

A civilização da religação

Que nome vamos dar ao novo que está emergindo? Ensaiamos uma resposta: será uma civilização mais sintonizada com a lei fundamental do universo que é a panrelacionalidade, a sinergia e a complementaridade, valores sistematicamente negados pela cultura do capital. Será, numa palavra, a *civilização da religação* de tudo com tudo e de todos com todos. Por isso será uma civilização que dará centralidade à religião, não simplesmente como uma instituição consagrada, mas como aquela instância que se propõe a religar todas as coisas entre si, porque as vê religadas umbilicalmente à Fonte de todo ser. Essa civilização será religiosa ou não será. Pouco importa o tipo de religião, ocidental, oriental, antiga, moderna. Contanto que seja aquela experiência radical que consiga religar todas as coisas e gestar um sentido de totalidade e de integração. Então poderá surgir a civilização da etapa planetária, da sociedade terrenal, a primeira civilização da humanidade como humanidade.

Sentir-nos-emos todos enredados numa mesma consciência coletiva, numa mesma responsabilidade comum, dentro de uma mesma e única arca de Noé que é a nave espacial azul-branca, a Terra. Essa nova civilização não é apenas um desiderato e um sonho ridente. Ela está em curso. Queremos apenas nos deter num poderoso sinal: a *mundialização* e a *globalização*.

Trata-se de um processo irreversível. Representa indiscutivelmente uma etapa nova na história da Terra e do ser humano. Estamos rumando para a constituição de uma única sociedade-mundo, uma república global, que mais e mais demanda uma gestão central para as questões que interessam a todos os humanos, como a alimentação, a saúde, a moradia, a educação a comunicação, a paz e a salvaguarda da Terra.

É verdade que estamos ainda na idade de ferro desse processo. É a fase da globalização *competitiva* que não inaugurou ainda a globalização *cooperativa*, pois ela se realiza sob o signo do *econômico* de molde capitalista, portanto com contradições e conflitos provocados pela concorrência, pela vontade de acumulação desenfreada, de lucro a qualquer preço e pela luta de

248 Leonardo Boff

classes em nível mundial. Esse modo de produção, hoje mundialmente articulado, transforma tudo em mercadoria, do gene humano à informação, do sexo à mística. A mercadoria, pela habilidade do marketing, vira um fetiche para induzir ao consumo e visar ao lucro.

Precisamos de outra economia, que se estruture ao redor da produção do suficiente para todos, seres humanos e demais seres vivos da criação. A economia imperante, do crescimento crescente e linear, faz violência à Terra e é parcamente participativa e, por isso, injusta. Mas somente se alcançará essa nova economia política caso predomine outra escala de valores. Ao invés do egoísmo pessoal e coletivo, do lucro individual e empresarial, deve prevalecer a solidariedade, a participação e a parceria. No modelo vigente de concorrência e de triunfo do mais forte, somente um lado ganha. Todos os outros perdem. No novo modelo sonhado e possível, todos ganham e ninguém perde, também ninguém é vítima de exclusão, porque tudo será estruturado ao redor da vida, da sinergia e da cooperação. Então, sim, teremos a globalização cooperativa e sociedades nas quais todos podem caber.

Mas, quer queiramos ou não, está já se anunciando o dia em que a mundialização não será só econômica. Far-se-á também sob o signo da *ética*, do senso da compaixão universal, da descoberta da família humana e das pessoas dos mais diferentes povos, como sujeitos de direitos incondicionais, direitos que não dependem do dinheiro que temos no bolso, nem da cor de nossa pele, nem da religião que professamos, nem do time de futebol para o qual torcemos. Estaremos todos sob o mesmo arco-íris da solidariedade, do respeito e da valorização das diferenças e movidos pela amorização, que nos faz a todos irmãos e irmãs. Será a era ecozoica, como alguns já o formularam.

Far-se-á também na esfera da *política*, que deverá reconstruir as relações de poder, não mais na forma de dominação/exploração sobre as pessoas e a natureza, mas na forma da mutualidade biofílica (=reciprocidade entre os seres vivos) e da colaboração entre todos os povos, base para a convivência coletiva em justiça, em paz e em aliança fraternal/sororal com a natureza. Ela deverá se organizar ao redor de uma meta comum: garantir o futuro do sistema-Terra e as condições para o ser humano poder continuar a viver e a se desenvolver, como já vem fazendo há cerca de oito milhões de anos.

Por fim, haverá uma mundialização da experiência do Espírito no cultivo das energias espirituais que pervadem o universo, trabalham a profundidade humana e das culturas e reforçam a sinergia, a solidariedade, o amor à vida a partir dos mais ameaçados e a veneração do Mistério inefável que tudo gera, tudo perpassa e tudo sustenta.

Estamos diante de um experimento sem precedentes na história da humanidade. O futuro, para tornar-se presente, não poderá ser a continuação do passado, nem uma nova expressão da cultura do capital. Esse nos conduziria ao destino dos dinossauros, que abruptamente desapareceram.

Essa é a grande lição que devemos tirar: ou mudamos ou perecemos. Ou trilhamos o caminho de Emaús, da partilha e da hospitalidade para com todos os habitantes da nave-espacial Terra, ou então experimentaremos o caminho da Babilônia, da tribulação da desolação. Desta vez não nos é permitida a ilusão acerca da gravidade da situação atual.

Entretanto, vigora uma inarredável esperança. Desde que surgiram os vertebrados, há 570 milhões de anos, e em sua sequência o homo *sapiens* e *demens*, a Terra conheceu 15 grandes dizimações, nas quais seu capital biótico foi quase extinto. Mas a vida sempre triunfou. Cada vez pôde refazer-se. Como numa espécie de *vendetta* da própria evolução, cresceu a biodiversidade. Essa lógica da seta do tempo evolucionário se mantém para a situação atual. Por isso mantemos fundada esperança de que a

250 Leonardo Boff

solidariedade triunfe sobre o individualismo capitalista e a vida se sobreponha à morte, fazendo-a um momento transformador de sua própria dinâmica vital, como a evolução, em seu já longo caminhar, o comprova.

E chegaremos a uma etapa civilizatória a partir da qual olharemos para o passado capitalista como um momento sombrio da humanidade, esquecida de sua própria essência feita de relacionalidade, de cuidado, de enternecimento e de sentido de pertença a todos os seres e ao inteiro universo. Agora libertada desse pesadelo, ela poderá evoluir conjuntamente com os demais seres e dentro de processos sociais nos quais seja menos difícil expressarmos nossa veneração, nossa amizade e nosso amor.

6. Economia rasa e economia profunda

Existe uma economia profunda? Embora não dominante, estimo que exista e deva existir. Nos inícios dos anos 1970 o filósofo norueguês, recentemente falecido, Arne Naes introduziu uma distinção, hoje amplamente acolhida nos meios ambientalistas, entre *ecologia rasa* e *ecologia profunda*.

A *rasa* seria aquela que separa o ser humano da natureza e o coloca fora e acima dela, pressupondo que as coisas só possuem sentido quando úteis a ele. A profunda vê o entrelaçamento homem-natureza, afirma o valor intrínseco de cada ser e se dá conta de que uma teia de relações envolve a todos, formando a comunidade de vida. Há um Todo orgânico e cheio de propósito e o ser humano é capaz de identificar o fio condutor que liga e religa tudo e o chama de Fonte Originária de todo ser, base de valores infinitos (veneração, amor, justiça) que enchem de sentido a vida humana. A *profunda* ajuda a *rasa* a se autolimitar e a não ser destrutiva.

Apliquemos essas reflexões ao campo da economia. A economia rasa seria aquela que se centra somente nela mesma, nos capitais, nos mercados, nos investimentos, nos lucros, numa palavra, no PIB, sem preocupação com a dilapidação da natureza, com a ruptura da autorregulação da Terra e com o crescente fosso entre ricos e pobres. São *externalidades*, fatores que não entram no cálculo econômico.

Sua lógica é a de um sistema fechado, como se a economia fosse tudo numa sociedade. Efetivamente, como foi amplamente denunciado pela escola de Frankfurt, particularmente por Polaniy, no capitalismo avançado a economia absorveu todas as instâncias sociais (política, ética, estética, ciência), transformando tudo em mercadoria e, por isso, em oportunidade de ganho. Estabeleceu-se como o eixo articulador exclusivo do todo social. Isso teve como consequência o excesso insano da vontade de enriquecer a todo custo e nos conduziu ao caos socioeconômico atual. É a loucura da racionalidade econômica *rasa*.

Que seria a economia *profunda*? Seria a volta ao sentido originário de economia como técnica e arte de atender às necessidades da casa, hoje da Casa Comum, a Terra viva, respeitando seus ciclos e sua capacidade de suporte. Ela se inseriria no todo que constitui uma sociedade. Nessa haveria uma base que, em última instância, asseguraria a vida material: a economia. Haveria uma forma de organização, de distribuição do poder e leis que permitira a todos viverem juntos sem demasiados conflitos: a política. Haveria um conjunto de valores morais, éticos e ideais que dariam sentido à vida social e humanizariam as relações sempre tensas entre as diferenças: a cultura. E, por fim, haveria um horizonte de sentido maior que ancoraria a história numa instância mais alta e desenharia o quadro final do universo: a espiritualidade.

Hoje ninguém sabe para onde estamos indo. O certo é que o prolongamento da viagem da nave espacial Terra, limitada em

252   Leonardo Boff

recursos, superpovoada e avariada em muitos pontos, pode provocar um desastre coletivo. Essa situação, como o mostraram bem Michael Löwy (franco-brasileiro) e Robert Sayre, leva àquilo que é o titulo do livro de ambos: *Revolta e melancolia* (1995).

Leva à revolta contra o excesso de materialismo, de espírito utilitarista na relação com a natureza, inflação do *esprit de géométrie* pascaliano, dominação burocrática e desencanto do mundo. Leva à melancolia em face da anemia espiritual dominante na cultura, ausência da razão sensível e cordial que funda o respeito à alteridade, à ética do cuidado e à responsabilidade universal.

Houve no passado e continua no presente um movimento cultural que se opôs ao que se convencionou chamar de "espírito do capitalismo", detalhadamente estudado pelos dois autores citados: o romantismo. Precisamos superar o sentido convencional e até pejorativo de romantismo que o identifica com uma escola literária ou artística ou com atitudes sentimentaloides. Romantismo é algo mais complexo e tem a ver com a economia profunda. Trata-se de uma cosmovisão, de uma forma de habitar o mundo, não apenas prosaicamente com artefatos, máquinas, ordenações sociais e jurídicas, mas principalmente habitar poeticamente o mundo ao articular a máquina com a poesia, o trabalho rotineiro com a criatividade, o interesse com a gratuidade, a objetividade nos conhecimentos com a subjetividade emocional, o pão penosamente ganho com a beleza fascinante das relações calorosas. Isso quer o romantismo e isso deve ser urgentemente resgatado.

A sociedade da tecnociência e do conhecimento nos enviou ao exílio, roubou-nos o sentimento de um lar e de uma pátria e, principalmente, nossa capacidade de nos comover, de chorar, de rir gostosamente e de nos fascinar pela natureza e apaixonar pela vida. Somos condenados a viver sob o "sol negro da melancolia". Mas não apenas os românticos (em termos analíticos) são afetados por essa melancolia, mas também os adeptos da cultura imperante.

Cuidar da Terra — proteger a vida   253

Um devastador vazio existencial marca milhares de pessoas que pelo consumo desenfreado ilusoriamente o procuram preencher.

Essa condição humana faz suscitar novamente a utopia. Essa nasce da convicção de que o mundo não está fatalmente condenado à melancolia. Há em nós e na sociedade virtualidades ainda não ensaiadas que, postas em prática, podem reencantar a vida. Eis uma utopia necessária, mensagem perene do romantismo. Bem termina Michael Löwy sua obra: "A Utopia ou será romântica ou não será."

Assim teríamos, idealmente, uma sociedade que poderíamos considerar verdadeiramente humana, porque teria uma visão integradora da complexidade humana.

Aqui emergeria a economia *profunda*, aquela que sabe seu lugar no conjunto da estruturação social e responderia à questão: como produzir o suficiente e decente conservando o capital natural e em harmonia com a comunidade de vida?

O economista profundo pensaria assim em face da crise atual: como podemos resolver os problemas da humanidade, e não como salvar o sistema econômico em crise?

A mudança da pergunta envolve a mudança da resposta. E essa somente virá se houver uma quebra do paradigma antigo — a ditadura da economia — e recolocarmos a economia no seu devido lugar no conjunto da sociedade. Esse seria um novo paradigma, sustentável a longo prazo. Então, a economia seria parte da política, que seria parte da ética, que seria parte da espiritualidade. A economia *rasa* seria incorporada na *profunda*. E diferente seria o futuro.

7. Como escapar do fim do mundo

Chegamos a um tal acúmulo de crises que, conjugadas, podem pôr fim, não ao mundo simplesmente, mas a *este tipo de mundo*

254 Leonardo Boff

que nos últimos séculos o Ocidente impôs a todo o globo. Trata-se de uma crise de civilização e de paradigma de relação com o conjunto dos ecossistemas que compõem o planeta Terra, relação de conquista e de dominação.

Não temos tempo para acobertamentos, meias-verdades ou simplesmente negação daquilo que está à vista de todos. O fato é que assim como está a humanidade não pode continuar. Caso contrário, vai de encontro a um colapso coletivo da espécie. É tempo de balanço em face da catástrofe previsível. Já se fala em contagem regressiva.

Inspira-nos uma escola de historiadores bíblicos que vem sob o nome de escola deuteronomista, derivada do livro do Deuteronômio, que narra a tomada de Israel e a entronização de chefes tribais (juízes). A escola refletiu sobre 500 anos da história de Israel, a idade do Brasil, fazendo uma espécie de balanço das várias catástrofes políticas havidas, especialmente a do exílio babilônico. Segue um esquema, diria, quase mecânico: o povo rompe a aliança; Deus castiga; o povo aprende a lição e reencontra o rumo certo; Deus abençoa e faz surgir governantes sábios.

Usando um discurso secular, apliquemos, analogamente, o mesmo esquema à presente situação: a humanidade rompeu a aliança de harmonia com a natureza; essa a castigou com secas, inundações, tufões e mudanças climáticas; a humanidade tirou as lições desses cataclismas e definiu um outro rumo para o futuro; a natureza resgatada favorece o surgimento de governos que mantêm a aliança originária de harmonia natureza-humanidade.

Ocorre que apenas uma parte desse esquema está sendo vivida: estamos tirando algumas lições dos transtornos globais. Muitos se dão conta de que temos de mudar os fundamentos da convivência humana e com a Terra, organismo vivo doente e incapaz de se autorregular. Essa mudança deve possuir uma função terapêutica: salvar a biosfera e a humanidade, que se condicionam mutuamente. Outros, no entanto, querem continuar pela mesma rota que os conduziu ao desastre atual.

O alarme ecológico provocado pelo aquecimento global já iniciado deve produzir este primeiro efeito: fazermos uma parada para repensar o caminho até agora andado e criarmos novos padrões que nos permitam continuar juntos e vivos neste pequeno planeta. Temos, sim, de reencontrar nossas raízes terrenais. Somos Terra que sente, pensa, ama e venera. E agora, devido a um percurso civilizatório de alto risco, montado sobre a ilimitada exploração de todos os recursos da Terra e da vontade desenfreada de dominação sobre a natureza e sobre os outros, chegamos a um ponto crítico em que a sobrevivência humana corre perigo.

Assim como está não podemos continuar. Caso contrário, iremos de encontro a nossa própria destruição. Ainda recentemente observava M. Gorbachev: "Precisamos de um novo paradigma civilizatório, porque o atual chegou ao seu fim e exauriu suas possibilidades; temos de chegar a um consenso sobre novos valores ou em 30 ou 40 anos a Terra poderá existir sem nós."

Conseguiremos um consenso quando sabemos que o capitalismo e a ecologia obedecem a duas lógicas contrárias? O primeiro coloca sempre a pergunta: quanto posso ganhar? A ecologia, em direção oposta, diz: como produzir, mas em harmonia com a natureza? Há aqui uma incompatibilidade de base. Ou o capitalismo se nega a si mesmo, e assim cria espaço para o modo sustentável de viver, ou então nos levará fatalmente ao destino dos dinossauros.

Consola-nos a sentença do poeta alemão Hölderlin: "Quando grande é o perigo, grande é também a chance de salvação." Quando, dentro de anos, atingirmos o coração da crise e tudo estiver em jogo, então valerá o máximo da sabedoria ancestral e do cristianismo original: "Em caso de extrema necessidade, tudo se torna comum."

256 Leonardo Boff

O fato é que precisamos escutar aqueles que com consciência da situação nos estão oferecendo as melhores propostas. Eles não se encontram nos centros do poder decisório do Império. Estão na periferia, no universo dos pobres, aqueles que para sobreviver têm de sonhar, sonhos de vida e de esperança.

Uma dessas vozes é de um indígena, o presidente da Bolívia, Evo Morales. Ele escreveu, em novembro de 2008, uma carta aberta à convenção da ONU sobre mudanças climáticas, na Polônia. Escutando o chamado da Pacha Mama, conclama: "Necessitamos de uma Organização Mundial do Meio Ambiente e da Mudança Climática, à qual se subordinem as organizações comerciais e financeiras multilaterais, para promover um modelo distinto de desenvolvimento, amigável com a natureza e que resolva os graves problemas da pobreza. Essa organização tem de contar com mecanismos efetivos de implantação de programas, verificação e sanção para garantir o cumprimento dos acordos presentes e futuros... A humanidade é capaz de salvar o planeta se recuperar os princípios da solidariedade, da complementaridade e da harmonia com a natureza, em contraposição ao império da competição, do lucro e do consumismo dos recursos naturais."

Evo Morales é indígena de uns país pobre. Seria trágico se ele conhecesse o mesmo destino desta triste história narrada pelo livro do Eclesiastes: "Um rei poderoso marchou sobre uma pequena cidade; cercou-a e levantou contra ela grandes obras de assédio. Havia na cidade um homem pobre, porém sábio, que poderia ter salvo a cidade. Mas ninguém se lembrou daquele homem pobre porque a sabedoria do pobre é desprezada" (9,14-15).

A sabedoria dos povos originários não pode ser menosprezada, porque são originários e não pertencem aos quadros da cultura dominante contemporânea, hoje atolada numa crise sem precedentes e incapaz de apresentar um futuro de esperança para todos. Eles sozinhos não poderão resolver todas as questões. Precisamos do concurso de todas as tradições de sabedoria da humanidade. Mas eles guardaram valores sem os quais nenhuma sociedade pode se organizar de forma a integrar a todos em seu seio, por mais diversos que sejam.

Capitais, saberes e haveres materiais e espirituais serão participados por todos para poder salvar a todos. E então escaparemos do fim do mundo.

8. A sociedade mundial da cegueira

O poeta Affonso Romano de Sant'Anna e o Prêmio Nobel de Literatura José Saramago fizeram da cegueira tema para críticas severas à sociedade atual, assentada sobre uma visão reducionista da realidade. Mostraram que há muitos presumidos videntes que são cegos e poucos cegos que são videntes.

Hoje propala-se pomposamente que vivemos sob a sociedade do conhecimento, uma espécie de nova era das luzes. Efetivamente assim é. Conhecemos cada vez mais sobre cada vez menos. O conhecimento especializado colonizou todas as áreas do saber. O saber de um ano é maior do que todo o saber acumulado dos últimos 40 mil anos. Se por um lado isso traz inegáveis benefícios, por outro nos faz ignorantes sobre tantas dimensões, colocando-nos escamas sobre os olhos e assim impedindo-nos de ver a totalidade.

O que está em jogo hoje é a totalidade do destino humano e o futuro da biosfera. Objetivamente, estamos pavimentando uma estrada que nos poderá conduzir ao abismo. Por que esse fato brutal não está sendo visto pela maioria dos especialistas, nem dos chefes de Estado, nem da grande mídia que pretende projetar os cenários possíveis do futuro? Simplesmente porque majoritariamente se encontram enclausurados em seus saberes específi-

258 Leonardo Boff

cos, nos quais são muito competentes, mas que, por isso mesmo, se fazem cegos para os gritantes problemas globais.

Quais dos grandes centros de análise mundial dos anos 1960 previram a mudança climática dos anos 1990? Quem previu a queda do muro de Berlim em 1989? Que analistas econômicos com Prêmio Nobel anteviram a crise econômico-financeira que devastou os países centrais em 2008?

Todos eram eminentes especialistas no seu campo limitado, mas idiotizados nas questões fundamentais. Geralmente é assim: só vemos o que entendemos. Como os especialistas entendem apenas a mínima parte que estudam, acabam vendo apenas essa mínima parte, ficando cegos para o todo. O saber é cartesiano e compartimentado; mudá-lo desmontaria hábitos científicos consagrados e toda uma visão de mundo. Por isso tantos perseveram no velho paradigma.

É ilusória a independência dos territórios da física, da química, da biologia, da mecânica quântica, da filosofia e de outros. Todos os territórios e seus saberes são interdependentes, uma função do todo. Dessa percepção nasceu a ciência do sistema Terra. Dela se derivou a teoria Gaia, que não é tema da *new age*, mas resultado de minuciosa observação científica. Ela oferece a base para políticas globais de controle do aquecimento da Terra, que, para sobreviver, tende a reduzir a biosfera e até o número dos organismos vivos, não excluídos os seres humanos.

Emblemática foi a COP-15 sobre as mudanças climáticas em Copenhague em dezembro de 2009. Como a maioria na nossa cultura é vítima do vezo da atomização dos saberes, o que predominou nos discursos dos chefes de Estado eram interesses parciais, taxas de carbono, níveis de aquecimento, cotas de investimento e outros dados parciais.

A questão central era outra: que destino queremos para a totalidade que é a nossa Casa Comum? Que podemos fazer coleti-

Cuidar da Terra — proteger a vida   259

vamente para garantir as condições necessárias para Gaia continuar habitável por nós e por outros seres vivos?

Esses são problemas globais que transcendem nosso paradigma de conhecimento especializado. A vida não cabe numa fórmula, nem o cuidado numa equação de cálculo. Para captar esse todo, precisa-se de uma leitura sistêmica junto com a razão cordial e compassiva, pois é essa razão que nos move à ação e nos faz perceber valores que realmente contam.

Temos de desenvolver urgentemente a capacidade de somar, de interagir, de religar, de repensar, de refazer o que foi desfeito e de inovar. Esse desafio se dirige especialmente a todos os especialistas, para que se convençam de que a parte sem o todo não é parte. Da articulação de todos esses cacos de saber redesenharemos o painel global da realidade a ser compreendida, amada e cuidada. Essa totalidade é o conteúdo principal da consciência planetária, essa, sim, a era da luz maior que nos liberta da cegueira que nos aflige.

9. O verdadeiro choque de civilizações

A expressão "choque de civilizações" como formato das futuras guerras da humanidade foi cunhada pelo fracassado estrategista da Guerra do Vietnã, Samuel P. Huntington. Para Mike Davis, um dos criativos pesquisadores americanos sobre temas atuais, como "Holocaustos coloniais" ou "A ameaça global da gripe aviária", a guerra de civilizações se daria entre a cidade organizada e a multidão de favelas do mundo.

Seu recente livro *Planeta favela* (2006) apresenta uma pesquisa minuciosa (apesar de a bibliografia ser quase toda em inglês) sobre a favelização que está ocorrendo aceleradamente por todas as partes. A humanidade sempre se organizou de um jeito

260   Leonardo Boff

que grupos fortes pudessem se apropiar da Terra e de seus recursos, deixando grande parte da população excluída.

Com a introdução do neoliberalismo a partir de 1980, esse processo ganhou livre curso: houve uma privatização de quase tudo, uma acumulação de bens e serviços em poucas mãos de tal monta que desestabilizou socialmente os países periféricos e lançou milhões e milhões de pessoas na pura informalidade. Para o sistema eles são "óleo queimado", "zeros econômicos", "massa supérflua" que nem sequer merece entrar no exército de reserva do capital.

Essa exclusão se expressa pela favelização que ocorre no planeta inteiro na proporção de 25 milhões de pessoas por ano. Segundo Davis, 78,2% das populações dos países pobres são de favelados (p. 34). Dados da Central Intelligence Agency americana (CIA) de 2002 davam o espantoso número de um bilhão de pessoas desempregadas ou subempregadas e favelizadas.

Junto com a favela vem toda sorte de perversidades, como o exército de milhares de crianças exploradas e escravizadas, como em Varanasi (Benares), na Índia, na fabricação de tapetes, ou as "fazendas de rins" e outros órgãos humanos comercializados em Madras ou no Cairo e formas inimagináveis de degradação, em que pessoas "vivem literalmente na merda" (p.142).

Ao Império americano não passaram despercebidas as consequências geopolíticas de um "planeta de favelas". Temem "a urbanização da revolta" ou a articulação dos favelados em vista de lutas políticas. Organizaram um aparato Mout (Military Operations on Urbanized Terrain: operações militares em terreno urbanizado) com o objetivo de se treinarem soldados para lutas em ruas labirínticas, nos esgotos, nas favelas, em qualquer parte do mundo onde os interesses imperiais estejam ameaçados. Será a luta entre a cidade organizada e amedrontada e a favela enfurecida.

Um dos estrategistas diz friamente: "As cidades fracassadas e ferozes do Terceiro Mundo, principalmente seus arredores favelados, serão o campo de batalha que distinguirá o século XXI; a doutrina do Pentágono está sendo reconfigurada nessa linha para sustentar uma guerra mundial de baixa intensidade e de duração ilimitada contra segmentos criminalizados dos pobres urbanos. Esse é o verdadeiro choque de civilizações" (p. 205).

Será que os métodos usados recentemente no Brasil, especialmente no Rio de Janeiro e em São Paulo, com a militarização do combate aos traficantes nas favelas, com verdadeiras execuções, tão bem documentado pelo filme *Tropa de elite*, já não obedece a essa estratégia, inspirada pelo Império?

Estamos entre os países mais favelizados do mundo, efeito perverso provocado por aqueles que sempre negaram a reforma agrária e a inclusão social das grandes maiorias, pois lhes convinha deixá-las empobrecidas, doentes e analfabetas. Enquanto não se fizerem as mudanças de inclusão necessária continuarão o medo e o risco real de uma guerra sem fim. E o campo de batalha será em todas as cidades, cujos cinturões de favelas constituem as frentes mais avançadas e sangrentas.

10. Uma sagrada aliança entre ciência e religião

Se há alguém que nos pode relatar com seriedade o estado da vida na Terra, especialmente na perspectiva do aquecimento global, esse é Edward O. Wilson (nascido em 1929), um dos maiores biólogos vivos, introdutor da palavra biodiversidade.

Seu livro *A criação. Como salvar a vida na Terra* (2008) representa um apelo preocupado, diria até desesperado, para que façamos esforços ingentes e coletivos para sair da crise que nós próprios criamos. A Terra, em sua longa história, conheceu cinco grandes dizimações, a última no fim da Era Mesozoica (dos répteis), há 65 milhões de anos, na qual todos os dinossauros desa-

262 Leonardo Boff

pareceram. Deu lugar à Era Cenozoica (a nossa, dos mamíferos). Entre uma dizimação e outra, a Terra precisou de dez milhões de anos para se autorregenerar.

Segundo Wilson, nos últimos séculos os seres humanos, no seu afã de construir bem-estar e de se enriquecer, exploraram de forma tão persistente e sistemática o planeta Terra que começou, como consequência, a sexta extinção em massa. Abstraindo os meteoros rasantes que devastaram o planeta mais ou menos a cada cem milhões de anos, a Terra, que já tem 4,5 bilhões de anos, nunca conheceu um ataque tão poderoso como o que está ocorrendo atualmente. Diz-nos Wilson: "No momento, a taxa global de extinção das espécies supera o nascimento de novas espécies numa proporção de pelo menos cem por um e logo vai aumentar para dez vezes mais do que isso" (p. 98).

O causador dessa devastação é o ser humano, que se transformou numa verdadeira força geofísica destruidora: alterou a atmosfera e o clima da Terra, difundiu milhares de substâncias químicas tóxicas pelo mundo inteiro, represou quase todos os rios, transformou quase todas as terras em aráveis, estando hoje vastamente desertificadas, e nos encontramos perto de esgotar a água potável.

Sabemos que é a biodiversidade, especialmente dos microrganismos, bactérias, fungos, pequenos invertebrados e insetos, que garante as condições para que nossa vida humana possa continuar. Nós dependemos totalmente deles. A continuar nossa prática biocida, a partir dos meados deste século começará a dizimação de nossa própria espécie. Ela não estará na lista das condenadas à extinção? Desta vez não dá para esperar dez milhões de anos para a Terra recuperar seu equilíbrio perdido. Nós temos de ajudá-la; do contrário, Gaia nos expulsará como um corpo letal.

É nesse contexto que Wilson propõe *Uma aliança pela vida*. Convoca as duas forças que para ele são as mais poderosas do mundo: a ciência e a religião. Seu livro é na verdade uma carta aberta a um pastor evangélico, convidando-o a somar forças, a desmontar preconceitos, a construir valores que possam salvar a vida. Wilson se confessa um não crente, digamos um ateu, mas que fala de Deus sempre com reverência. Vai bater na porta das igrejas e religiões para pedir socorro.

Diante de um perigo global, anulam-se as diferenças. Desta vez crente e não crente terão o mesmo destino. Mas ambos podem trabalhar juntos, porque "os que hoje vivem na Terra têm de vencer a corrida contra a extinção das espécies ou então serão derrotados – derrotados para sempre; eles conquistarão honrarias eternas ou o desprezo eterno" (p. 115).

Ciência e religião devem mudar. A ciência até hoje não respeitou a alteridade dos seres. Colocou-se acima, dominando-os. A religião não se livrou ainda de seu fundamentalismo na leitura dos textos sagrados. Ambas, ciência e religião, podem se autoajudar: a religião fará com que a ciência se elabore com consciência e com responsabilidade. A ciência ajudará a religião a superar seu dogmatismo, sempre fiel a suas tradições e negando-se a aceitar um universo em evolução e assim querido por Deus. Ela pode ensinar reverência e respeito a todos os seres, o que imporá limites à dominação. Essa atitude converte o poder em proteção e cuidado.

Essa aliança sagrada deve ser selada urgentemente, pois temos pouco tempo. Ela poderá salvar a vida ameaçada.

11. Ecologia e socialismo

O Painel Intergovernamental sobre as Mudanças Climáticas de 2007, organismo da ONU que estuda o aquecimento do planeta Terra, afirmou que esse é devido às práticas irresponsáveis dos

264 Leonardo Boff

seres humanos. Essas práticas estão ligadas ao processo industrialista mundial, que já possui mais de três séculos. Por ele, as sociedades humanas se propuseram a explorar todos os recursos da Terra de forma ilimitada. O efeito foi lançar anualmente na atmosfera 27 bilhões de toneladas de dióxido de carbono que, densificadas, equivaleriam a uma montanha de 1km de altura por 19km de base. Como a Terra irá digerir tal poluição? Ela está dando sinais de que não o consegue.

Em razão da perda de autorregulação, subiu sua temperatura, que tem como efeito final os eventos extremos, como secas de um lado e enchentes de outro, degelo das calotas polares e das montanhas nevadas, tufões e desaparecimento de milhares de espécies vivas. Para onde iremos? Essa é a questão que todos se colocam.

Prolongando esse processo, poderemos ir de encontro a um desastre com milhões de vítimas humanas e degradação generalizada da biosfera.

A voracidade industrialista foi realizada historicamente por dois modelos de sociedade, a capitalista e a socialista. O assim chamado socialismo real da União Soviética e de outros estados burocráticos devastou os ecossistemas e produziu grande estresse neles. Mas não estava nos ideais do socialismo originário esse tipo de prática. É verdade que Marx não incluiu o momento ecológico em suas análises, porque não detinha ainda a consciência possível e em sua época dava-se por descontada a suportabilidade ilimitada e capacidade permanente de regeneração do sistema-Terra. Mas os ideais socialistas anunciavam uma reconciliação do ser humano consigo mesmo, com o outro e com a natureza. As forças produtivas, em si mesmas, não seriam destrutivas. Estariam a serviço de mais igualdade e justiça para todos.

Mesmo assim, o balanço do socialismo real em termos ecológicos é negativo. Mas sobrou a proposta de uma relação integradora

Cuidar da Terra — proteger a vida   265

do ser humano com a natureza. O socialismo, em seu sentido ético e político, é apenas acidentalmente antiecológico. Entre socialismo originário e ecologia há uma verdadeira afinidade, e não incompatibilidade, pois ambos se baseiam na inclusão e na superação de todo tipo de exploração.

O mesmo não se poderá dizer do capitalismo. Ele é essencialmente antiecológico, porque seu propósito é usar a natureza e explorar a força de trabalho humana para acumular riqueza, no mais breve tempo possível, com um investimento o menor possível e com uma capacidade de competição a maior possível. Ele transformou tudo em mercadoria, os bens da natureza, os órgãos humanos, e criou até o "mercado dos direitos de poluir". Se um país não atingir a quota de poluição a que "tem direito" (na verdade, ninguém tem esse direito), ele pode vendê-la a outro. Como fazer dinheiro com algo que, em si, é perverso e contra a natureza? Mas isso está na lógica do capitalismo.

Marx, em *O capital*, intuiu que a tendência do capitalismo é destruir os dois galhos que o sustentam: o trabalho humano, substituído pela máquina, e a natureza, exaurindo-a totalmente. Por isso, previa um fim trágico para o capitalismo. Hoje estamos vendo a verdade da previsão de Marx.

Atualmente, o modo de produção capitalista é dominante no mundo globalizado. Se ele for levado até o fim, poderá nos destruir a todos e ferir gravemente Gaia, a Terra viva. Por isso, é urgente sua deslegitimação ética e política e sua superação histórica. Isso implica apresentar uma alternativa ao capitalismo.

É nesse contexto que ressurge o socialismo como projeto político, ético e ecológico, capaz de salvar a Terra. Não se trata de um socialismo utópico, no sentido de que vai se realizar no futuro imprevisível. Mas de uma proposta a ser realizada já agora na história, caso queiramos sair do impasse a que o capitalismo mundial está submetendo todo o sistema da vida.

266 Leonardo Boff

Como será esse ecossocialismo? Em primeiro lugar, importa deixar claro qual é a intuição básica do socialismo. É colocar a sociedade e o "nós" no centro das preocupações humanas, e não o indivíduo e o eu. Isso significa que o projeto econômico deve estar a serviço do projeto social e do projeto ecológico de sustentação de toda a vida. A economia deve se submeter à política e a política à ética da solidariedade e da participação do maior número possível de pessoas.

Entendido assim, o socialismo representa a realização radical da democracia. Nessa democracia, a sociedade com um todo, e não as elites, se faz sujeito da ação política. É uma democracia sem fim, como o expressou o pensador português Boaventura de Souza Santos, democracia participativa, e não apenas representativa e delegatícia, democracia vivida na família, na comunidade, nas organizações sociais e na montagem do Estado.

Por trás do ideal democrático está a ideia ancestral: tudo o que interessa a todos deve poder ser discutido e decidido por todos. Portanto, democracia tem a ver com participação ativa de todos pelos caminhos os mais diversos.

Principalmente a democracia deve se realizar também no processo produtivo, pois no sistema capitalista a democracia para na porta da fábrica. Lá dentro reina a ditadura dos donos e de seus técnicos. Isto implica que os trabalhadores não sejam meros produtores de produtos, mas também agentes humanos que discutam entre si e codecidam as formas de produção, subordinando o valor de troca ao valor de uso e organizando a produção em função das necessidades sociais e das exigências de salvaguarda do meio ambiente.

Como escreveu um dos teóricos do ecossocialismo, o franco-brasileiro Michael Löwy: "O socialismo ecológico seria uma sociedade ecologicamente racional, fundada no controle democrático, na igualdade social e na predominância do valor de uso; tal sociedade supõe a propriedade coletiva dos meios de produção, um planejamento democrático que permita à sociedade definir os objetivos da produção e os investimentos e uma nova estrutura tecnológica das forças produtivas" (*Ecologia e socialismo*, São Paulo, Cortez Editora, 2005, p. 49).

Como postulava Walter Benjamin, um marxista que enriqueceu o marxismo com um pensamento humanístico a partir das vítimas e da sociedade integrada na natureza, citando Fourier, um dos fundadores do socialismo utópico: "Sonhamos com um trabalho que, longe de explorar a natureza, tem condições de fazer com que dela nasçam criações adormecidas no seu cerne."

O trabalho deixa, assim, de ser mercadoria a ser comprada e vendida. Resgata sua função de obra pela qual o ser humano se molda a si mesmo, plasma a natureza de forma a garantir a sua sobrevivência sem desgastar o capital natural.

Nesse contexto ganha relevância a questão básica para todas as sociedades: a energia. O ecossocialismo postula o uso de energias renováveis e perenes como o sol, o vento, a energia das marés. Especialmente a energia solar, desprezada pelo capitalismo porque é gratuita e com ela não pode fazer negócios. Surgiu até uma corrente que se denomina de "comunismo solar".

Traduzido em termos práticos, o ecossocialismo enfatiza soluções que nasçam das bases e que poupem recursos naturais ou reduzam a poluição atmosférica. Assim, por exemplo, se empenha no transporte coletivo gratuito, que tiraria da rua milhares de carros e evitaria a poluição, produtora do efeito estufa que gera o aquecimento do planeta. Valoriza as lutas mais simples da população que se opõe à implantação de uma indústria que poluirá os solos e as águas ou que implica desmatamento e, assim, favorece o aumento do volume de dióxido de carbono.

Numa perspectiva mais ampla, que antevê um novo paradigma de civilização, capaz de responder ao clamor ecológico, o ecossocialismo postula a superação da atual configuração política, assen-

268 Leonardo Boff

tada sobre os Estados nacionais. Uma humanidade unificada na única Casa Comum, a Terra, exige um centro de organização dos recursos e serviços naturais, responsável por toda a população do planeta. Faz-se mister uma governabilidade planetária. Ou repartimos com equidade os poucos recursos naturais ou então a Terra não conseguirá atender à voracidade dos consumistas e poderá entrar em processo de caos, afetando a todos indistintamente. Ou nos faremos socialistas por motivos ético-políticos e até meramente estatísticos ou então sofreremos as consequências desastrosas da insustentabilidade da Terra.

Um dos ícones do ecossocialismo é Chico Mendes. Uniu a luta dos povos da floresta — indígenas, seringueiros e sem terra — com os ideais universalistas do socialismo. Queria um socialismo ecológico que fizesse justiça a todos, começando pelas vítimas dos sistemas imperantes, e, ao mesmo tempo, fizesse justiça à natureza agredida e devastada. Morreu vítima desse seu sonho, que continua vivo em todos aqueles que não aceitam a destruição do futuro feita pelo capitalismo globalizado e que acreditam que outra Terra e outra humanidade sejam possíveis e melhores.

12. Democracia ecológico-social

A democracia é um ideal e uma realidade. Um *ideal* com as características da utopia e, por isso, sempre aberto para cima e para a frente e, no termo, inalcançável. E uma *realidade* naquelas sociedades que tentam concretizar o ideal nas condições histórico-sociais-ecológicas possíveis e, por isso, sempre limitada. Entre o ideal e a realidade se dá o *processo* de construção permanente da democracia, na medida em que se amplia a cidadania e o empoderamento dos cidadãos. Quanto mais esses dois valores forem potenciados, mais e mais haverá democracia e se garantirá sua sustentabilidade.

Novo ideal democrático

O pressuposto básico de toda democracia é este: o que interessa a todos deve poder ser decidido por todos, seja diretamente, seja por representantes. Como se depreende, democracia não convive com a exclusão. Na maioria dos países latino-americanos onde existem grandes maiorias marginalizadas e excluídas, no Brasil são 50 milhões, a democracia apresenta traços de irrealidade. Não obstante, propugna-se por democracia enriquecida, especialmente nos movimentos sociais de base, proclamando o ideal: *uma sociedade na qual todos possam caber, a natureza incluída.* Portanto, pretende-se uma democracia mais do que delegatícia e representativa, mas uma democracia inclusiva, como valor universal, participativa e ecológico-social.

Esse último aspecto, o ecológico-social, merece ser aprofundado, pois representa um ponto de enriquecimento em nossa compreensão habitual da democracia. Ele nos obriga a superar um limite interno ao discurso clássico da democracia: o fato de ser ainda antropocêntrica, vale dizer, centrada apenas nos seres humanos, como cidadãos.

O antropocentrismo é um equívoco, pois o ser humano não é um centro exclusivo, como se todos os demais seres somente ganhassem sentido enquanto ordenados a ele. Ele é um elo, entre outros, da corrente da vida. Todos os seres vivos são parentes entre si, primos e primas e irmãos e irmãs, porque todos são feitos do mesmo pó cósmico e construídos com as mesmas informações contidas no código genético.

Sem as relações com a biosfera, com o meio ambiente e com as precondições físico-químicas, o ser humano não existe nem subsiste. Elementos tão importantes devem ser incluídos em nossa compreensão de democracia contemporânea na era da conscientização ecológica e planetária. Segundo ela, natureza e ser

270 Leonardo Boff

humano estão indissoluvelmente unidos, de sorte que possuem um mesmo destino comum.

Democracia e cosmologia contemporânea

A perspectiva ecológico-social tem, ademais, o condão de inserir a democracia na lógica geral das coisas. Sabemos hoje pelas ciências da Terra que a lei básica que continua atuando na constituição do universo e de todos os ecossistemas é a sinergia, a simbiose e a relação de todos com todos em todos os momentos e todas as circunstâncias. Mesmo a sobrevivência do mais forte pela seleção natural de Darwin, em parte válida no reino dos vivos, se inscreve dentro dessa lei universal. Por ela se garante a diversidade e se inclui também o mais fraco, que no jogo das inter-retrorrelações tem chances de sobreviver.

A singularidade do ser humano, dizem renomados antropólogos, como os chilenos Maturana e Varela, consiste no fato de comparecer como ser de sociabilidade, de cooperação e de convivialidade. Tal singularidade aparece melhor quando o comparamos com os símios superiores, dos quais nos diferenciamos em apenas 1,6% da carga genética. Esses também possuem vida societária. Mas se orientam pela lógica da dominação e da hierarquização.

Ao surgir o ser humano, há alguns milhões de anos, ao invés da competitividade e da subjugação entra a funcionar a cooperação. Concretamente, nossos ancestrais humanoides saíam para caçar, traziam os alimentos e os repartiam socialmente entre eles. Esse 1,6% de ácidos nucleicos e de bases fosfatadas que nos diferencia funda o humano enquanto humano, como ser de cooperação.

Ora, a democracia é o valor e o regime de convivência que melhor se adapta à natureza humana cooperativa e societária. Aquilo que vem inscrito em sua natureza é transformado em projeto político-social consciente, fundamento da democracia: a cooperação e a solidariedade sem restrições. Realizar a democracia, da melhor forma que pudermos, significa avançar mais e mais para o reino do especificamente humano. Significa religar-se também mais profundamente com o todo e com a Terra, que são sustentados também pelo princípio da cooperação.

Novos cidadãos: os seres da natureza e a Terra

Cosmólogos vêm afirmando com insistência que há de se entender a vida como um momento da história evolutiva do universo, quando a matéria, colocada longe de seu equilíbrio, se complexifica e se auto-organiza. A vida humana é um capítulo da história da vida. Por isso, somos fundamentalmente Terra, que em seu evoluir chega ao momento de sentir, de pensar, de amar e de venerar.

Não vivemos apenas sobre a Terra. Somos filhos e filhas da Terra. Melhor, somos a própria Terra, que sente, pensa, ama e venera. Em razão disso, notáveis astrofísicos e biólogos, como Lovelock, Margulis, Sathouri, Swimme e Berry, entre outros, sustentam que a Terra é um superorganismo vivo. Mostra tal equilíbrio em todos os seus elementos físico-químicos que somente um ser vivo pode revelar.

Se assim é, então a Terra é portadora de subjetividade, de direitos e de relativa autonomia, tanto ela quanto os ecossistemas que a compõem. Há a *dignitas Terrae*, a dignidade da Terra, que reclama respeito e veneração.

Impõe-se ampliação da personalidade jurídica à Terra, às águas e às florestas. Bem disse o pensador das ciências francês Michel Serres: "A Declaração dos Direitos do Homem teve o mérito de dizer 'todos os homens têm direitos' e o defeito de pensar 'só os homens têm direitos'. Os indígenas, os escravos e as mulheres tiveram de lutar para ser incluídos em 'todos os homens'." E hoje essa luta inclui a Terra e a inteira natureza com seus subsistemas, também sujeitos de direitos e, por isso, novos membros da sociedade ampliada.

Efetivamente, na Cúpula dos Povos sobre o Aquecimento Global e os Direitos da Mãe Terra, realizada em Cochabamba, na Bolívia, em 20-22 de abril de 2010, reunindo cerca de 35 mil pessoas vindas de 142 países, se reafirmaram num belo documento os Direitos da Mãe Terra. A ela cabe o respeito, a sinergia e o cuidado para que mantenha sua integridade e sua biocapacidade.

Não devemos nunca esquecer que criamos uma máquina de morte, capaz de destruir a espécie humana e grande parte da vida da Terra-Gaia. Por isso não podemos mais excluí-la do novo pacto social planetário, base da sociedade mundial que queremos democrática. Hobbes, Locke, Rousseau e Kant partiam do pressuposto de que o futuro da Terra estava garantido pelas forças diretivas do universo. Hoje não é mais assim. Devastada Gaia, não há mais base para nenhum tipo de cidadania e de democracia. Se quisermos sobreviver juntos, a democracia tem de ser também biocracia e cosmocracia, numa palavra, democracia ecológico-social que assume a preservação da Terra, incluindo-a no pacto social.

Foi em razão dessa consciência que governos atentos ao cuidado ecológico (como o do Acre, no Brasil) criaram a expressão *florestania*. Por ela se quer sinalizar uma nova forma de relação do cidadão, habitante da floresta. Convive com a floresta, como um novo cidadão, vive de sua biodiversidade, sem agredi-la ou extenuar sua riqueza. Da mesma forma, o movimento da agroecologia está desenvolvendo semelhante compreensão da florestania. Aí se trata de uma nova relação interativa do homem com a natureza, na qual ambos se veem incluídos e respeitados. Poderse-ia falar, então, de ecoagriculturania.

Uma cidade não vive apenas de cidadãos, instituições e serviços sociais. Nela vivem também paisagens, árvores, pássaros, animais, montanhas, pedras, águas, rios, lagos, mares, atmosfera, ar, estrelas no firmamento, o Sol e a Lua. Sem tais realidades morreríamos de solidão, como disse o sábio indígena Seattle em 1854. São os novos cidadãos com os quais devemos aprender a conviver em harmonia. Faz-se mister uma educação ecológica para que os humanos aprendam a acolher todos os seres como concidadãos, no respeito, na justa relação e na irmandade universal. Eis o surgir da democracia ecológico-social, enriquecimento necessário da democracia clássica em tempos de nova consciência ecológica e de responsabilidade pelo futuro comum da Terra e da humanidade.

13. O ser humano entre o poético e o prosaico

Disse um dos mais inspirados poetas alemães, Friedrich Hölderlin (1770-1843): "É poeticamente que o ser humano habita a Terra." Completou-o mais tarde um pensador francês, Edgar Morin: "É também prosaicamente que o ser humano habita a Terra." Poesia e prosa, além de gêneros literários, expressam dois modos distintos de ser.

A poesia supõe a criação, que faz com que a pessoa se sinta tomada por uma força maior do que ela, que lhe traz conexões inusitadas, iluminações novas, metáforas significativas. Sob a força da criação, a pessoa canta, dança e sai da normalidade. Emerge então o xamã que se esconde dentro de cada um, aquela disposição que nos faz sintonizar com as energias do universo, que capta o pulsar do coração do outro, da natureza e do próprio Deus. Por essa capacidade se desocultam surpreendentes outros sentidos do real.

274 Leonardo Boff

"Habitar poeticamente a Terra" significa senti-la como algo vivo, evocativo, grandioso e mágico. A Terra são paisagens, cores, odores, imensidão, fascínio e mistério.

Como não se extasiar diante da majestade da floresta amazônica, com suas árvores quais mãos tentando tocar as nuvens, com o emaranhado de seus cipós e trepadeiras, com as nuances sutis de seus verdes, vermelhos e amarelos, com os trinados das aves e os frutos coloridos? Como não quedar-se boquiaberto pela imensidão das águas que se espraiam mato adentro e descem molemente para o oceano? Como não sentir-se tomado de temor reverencial quando se anda horas e horas pela floresta virgem, como me tocou várias vezes com Chico Mendes? Como não sentir-se pequeno, perdido, qual bichinho insignificante, em face da incontável biodiversidade?

Habitamos poeticamente o mundo quando sentimos na pele a suavidade do frescor da manhã, quando padecemos sob a canícula do sol a pino, quando serenamos com o cair esmaecido da tarde, quando nos invade o mistério da escuridão da noite. Estremecemos, vibramos, nos enternecemos, nos aterramos extasiados diante da Terra em sua inesgotável vitalidade. Então todos vivemos o modo de ser poeta. Somos poetas.

Lamentavelmente, são cegos e surdos e vítimas da lobotomia do paradigma positivista moderno aqueles que veem a Terra simplesmente como laboratório de elementos físico-químicos, como um conglomerado desconexo de coisas justapostas. Não. Ela é viva, Mãe e Pacha Mama.

Mas habitamos também prosaicamente a Terra. A prosa recolhe o cotidiano e o dia a dia cinzento, feito de tensões familiares e sociais, com os horários e os deveres profissionais, com discretas alegrias e disfarçadas tristezas. Mas o prosaico esconde também valores inestimáveis, descobertos depois de longa internação num hospital ou quando regressamos, pressurosos, após penosos

Cuidar da Terra — proteger a vida   275

meses fora de casa. Nada mais suave do que o desenrolar sereno e doce dos horários e dos afazeres caseiros e profissionais. Temos a sensação de uma navegação tranquila pelo mar da vida.

Poético e prosaico convivem, se complementam e se revezam de tempos em tempos. Temos de zelar pelo poético e pelo prosaico de nossas vidas, pois ambos estão ameaçados de banalização.

A cultura de massas desnaturou o poético. O lazer, que seria ocasião de ruptura do prosaico, foi aprisionado pela cultura do entretenimento que incita ao excesso, ao consumo de álcool, de drogas e de sexo. É um poético domesticado, sem êxtase, um desfrute sem encantamento.

O prosaico foi transformado em simples luta pela sobrevivência, extenuando as pessoas com trabalhos monótonos, sem esperança de gozar de merecido lazer. E quando chega o lazer ficam reféns daqueles que já pensaram tudo para elas, organizaram suas viagens e fabricaram-lhes experiências inesquecíveis. E conseguiram. Mas como tudo é artificialmente induzido, o efeito final é um doloroso vazio existencial. E aí se ingerem antidepressivos.

Saber viver com leveza o prosaico e com entusiasmo o poético é indicativo de uma vida densamente humana.

14. Qual será o próximo passo da humanidade?[10]

Antes de mais nada, quero agradecer à Universidade de Neuchâtel por me haver concedido o título de doutor *honoris causa*. Estou consciente de que a Universidade, mais do que honrar a minha pessoa, quis apoiar uma causa a que me dediquei por toda a minha vida: a causa dos pobres, que buscam justiça e libertação, e a causa da Terra, que já há séculos está sendo sistematicamente devastada e que reagiu provocando o aquecimento global.

276 Leonardo Boff

O tema que gostaria de abordar rapidamente tem a ver com a esperança: qual o próximo passo da humanidade?

Há muitos indicadores que apontam para a irrupção de uma tragédia ecológica e humanitária. Vivemos momentos dramáticos para a humanidade; anunciam-se ameaças globais que afetam a vida na Terra e que põem em risco a existência da espécie humana.

Recordo as palavras graves da Carta da Terra, aquele documento, um dos mais belos e profundos do início do século XXI, surgido da sociedade civil mundial e acolhido pela Unesco em 2003, propondo valores e princípios destinados a superar a crise atual: "Estamos num momento crítico da história da Terra, no qual a humanidade deve escolher seu futuro... A escolha é esta: ou formar uma aliança global para cuidar uns dos outros e da Terra ou arriscar a nossa destruição e devastação da diversidade da vida."

Apesar desses prognósticos sombrios, estou confiante de que a esperança vence o medo e de que a vida é mais forte do que a morte. As dores que estamos sofrendo não são estertores de uma agonia de morte, mas antes indícios de um novo nascimento. Portanto, o cenário atual não seria de tragédia, que sempre acaba mal, mas de crise, que nos purifica e nos permite dar um salto na direção de um patamar mais alto e promissor.

Os desafios das três maiores crises atuais

Confrontamo-nos com três crises estruturais: a crise da falta de sustentabilidade do planeta Terra, a crise social mundial e a crise do aquecimento global.

a) A falta de sustentabilidade da Terra

Em 23 de setembro de 2008, portanto uma semana após o estouro da bolha econômico-financeira em Wall Street, que foi

Cuidar da Terra — proteger a vida   277

em 15 de setembro, ocorreu o assim chamado *Earth Overshoot Day*, quer dizer, *o dia da ultrapassagem da Terra*. Grandes institutos que acompanham sistematicamente o estado da Terra anunciaram: a partir desse dia o consumo da humanidade ultrapassou em 30% a capacidade de suporte e reposição do sistema-Terra. Traduzindo: a humanidade está consumindo 30% mais do que a Terra pode repor. O resultado é a manifestação insofismável da insustentabilidade global da Terra. Entramos no vermelho e assim não poderemos continuar, porque não temos mais fundos para cobrir nossas dívidas ecológicas.

Essa notícia, alarmante e ameaçadora, ganhou apenas algumas linhas na parte internacional dos jornais, ao contrário da crise econômico-financeira, que até hoje ocupa as manchetes dos meios de comunicação e os principais noticiários de televisão.

A diminuição dos recursos e dos serviços da Terra nos obriga a colocar a verdadeira questão: o que é mais importante: resolver os problemas da humanidade ou salvar o sistema econômico-financeiro imperante? Os 20 países mais ricos (G-20), quando se reúnem, pretendem salvar o sistema com controles e correções para que tudo volte como antes. A maioria dos países pobres e em desenvolvimento está preocupada com o futuro da vida e da biosfera. A economia deve estar a serviço dessa questão primeira e fundamental. Se não resolvermos essa equação, a crise poderá voltar na forma de tragédia coletiva.

Em 1961, precisávamos de metade da Terra para atender às demandas humanas. Em 1981, empatávamos: precisávamos de uma Terra inteira. Em 1995 já ultrapassamos em 10% sua capacidade de reposição, mas era ainda suportável.

Se mantivermos o crescimento do Produto Interno Bruto (PIB) mundial entre 2%-3% ao ano, como previsto, então em 2050 vamos precisar para o nosso consumo dos recursos de duas Terras, o que é impossível. Mas não chegaremos lá.

278 Leonardo Boff

Isso significa: não podemos mais produzir como vínhamos produzindo até agora. O atual modo de produção, o capitalista, partia do falso pressuposto de que a Terra é uma espécie de baú do qual podemos tirar recursos indefinidamente. Hoje ficou claro que a Terra é um planeta pequeno, velho e limitado, que não suporta um projeto de exploração ilimitada.

Temos de mudar para um outro modo de produção e assumir outros hábitos de consumo. Vamos produzir para atender às necessidades humanas, em harmonia com a Terra, respeitando seus limites, com sentido de equidade e de solidariedade para com as gerações futuras. Isso exige um novo paradigma civilizatório, diferente daquele vigente até hoje e globalizado.

Disse-o Eric Hobsbawn na última página de seu conhecido livro *A era dos extremos: o breve século XX (1914-1991)*: "Nosso mundo corre o risco de explosão e de implosão. Tem de mudar. E o preço do fracasso, ou seja, a alternativa para a mudança da sociedade, é a escuridão."

b) A injustiça social mundial

Não quero me alongar sobre essa questão porque é do conhecimento geral. Quase metade da humanidade vive abaixo do nível da miséria, esfaimada e com falta crônica de água potável. Os dados são estarrecedores: os 20% mais ricos consomem 82,4% de toda a riqueza da Terra e os 20% mais pobres têm de se contentar com 1,6% desses recursos.

Esses dados revelam uma via-sacra de sofrimento e de morte que tem mais estações do que aquela do Filho do Homem quando sofreu entre nós. Há uma criminosa falta de solidariedade e cooperação internacional. Mostramo-nos cruéis e sem piedade para com nossos semelhantes.

Dados recentes da FAO (organismo da ONU para agricultura e alimentação) nos advertem que nos próximos anos nos confron-

Cuidar da Terra — proteger a vida 279

taremos com 150-200 milhões de refugiados climáticos. Esses dificilmente aceitarão o veredicto de morte sobre suas vidas. Romperão fronteiras nacionais, desestabilizando politicamente muitas nações. Como acolheremos ou rejeitaremos esses milhões de irmãos e irmãs nossos desesperados?

c) O aquecimento global

A crise climática global possui traços de tragédia. Segundo os dados do Painel Intergovernamental das Mudanças Climáticas (em inglês, IPCC) de 2 de fevereiro de 2007, não estamos indo de encontro a ela. A Terra já está se aquecendo. A roda começou a girar e não há mais como pará-la. Somente podemos nos *adaptar* a essas mudanças e procurar *mitigar* seus efeitos catastróficos.

Nicholas Stern, ex-economista sênior do Banco Mundial e assessor do Governo Tony Blair, calculou os efeitos econômicos do aquecimento global. Constatou que devemos investir anualmente centenas de milhões de dólares para estabilizar o clima em torno de 2°C a 3°C. Aí a vida poderia continuar. Mas mesmo esse nível configurará uma gigantesca devastação da biodiversidade e o holocausto de milhões de pessoas humanas, cujos territórios não serão habitáveis, especialmente na África e no sudeste da Ásia.

Os dados recentes do Massachusetts Institute of Technology (MIT) dos Estados Unidos e do Metoffice de Londres apontam dados preocupantes. Se não tomarmos já agora medidas drásticas para reduzir os gases de efeito estufa, já pelos anos 2050 a temperatura da Terra começará a subir e no fim do século poderá chegar a um aumento de 4°C a 5°C ou mais. Sob essas temperaturas, nenhuma vida hoje conhecida subsistiria. A própria existência humana estaria ameaçada de desaparecer.

Por isso, consideramos irresponsáveis aqueles governos, especialmente dos países ricos, que não querem estabelecer metas con-

280 Leonardo Boff

sistentes para a redução do clima, por ocasião do grande encontro em dezembro de 2009 em Copenhague.

A comunidade científica mundial sugere que dever-se-iam reduzir os gases de efeito estufa em 80%. Os vários encontros preparatórios não chegam a nenhum consenso. No máximo chegarão — se chegarão — a 40% para os países ricos e 20% para os países em desenvolvimento.

Talvez nunca antes na história humana enfrentamos desafios tão graves que podem significar a nossa vida ou a nossa morte e a impossibilidade de continuação do projeto planetário humano.

Entendemos agora a proposta de Edward Wilson, talvez o maior biólogo vivo, em seu último livro: *A criação: formas de salvar a vida na Terra*. Ele constata que o ser humano, pela primeira vez, se transformou numa força geofísica capaz de se autodestruir. Para evitar essa catástrofe, propõe a aliança entre, segundo ele, as duas forças maiores da Terra: a tecnociência e as religiões. As religiões ajudariam a ciência a ser ética e estar a serviço da vida, e não do mercado. E a tecnociência ajudaria as religiões a superarem seu fundamentalismo e a serem pedagogas da humanidade, ensinando reverência e respeito não só aos livros e lugares sagrados, mas a todos os seres e a toda a criação.

A questão não é tanto salvar a Terra, mas mudar nossa relação para com ela. A Terra pode tranquilamente viver sem nós. Nós, porém, não podemos viver sem a Terra.

A Teologia da Libertação, de onde venho, nasceu nos anos 1960 no esforço de escutar o grito dos pobres, das mulheres oprimidas, dos indígenas e dos negros e de outros marginalizados da sociedade. A partir dos anos 1980 deu-se conta de que também as florestas gritam, as águas gritam, os animais gritam e a Terra inteira grita, porque todos eles sofrem violência da cultura industrialista saqueadora. Então, dentro da opção pelos pobres contra a pobreza — marca registrada da Teologia da Libertação — deve

Cuidar da Terra — proteger a vida 281

entrar o grande pobre, a Terra. Assim nasceu uma vigorosa ecoteologia da libertação.

Direções para o futuro

Para onde vamos? Ninguém sabe ao certo. Podemos, entretanto, estabelecer algumas precondições para um novo paradigma de convivência sobre a Terra.

Em primeiro lugar, precisamos incorporar a nova visão da Terra, entendida como um superorganismo vivo, chamado pelos modernos de Gaia, que articula o físico, o químico e o biológico de forma tão interdependente que se torna sempre apta a produzir e reproduzir vida.

Os seres humanos não estão simplesmente sobre a Terra. Eles são a própria Terra, que, num estágio avançado de sua evolução e de sua complexificação, começou a sentir, a pensar, a amar e a venerar. Esse momento representa a emergência do ser humano.

Essa visão contemporânea se compagina com o mais ancestral dos povos originários, para os quais a Terra é a Magna Mater ou a Pacha Mama. Podemos dizer mais: essa compreensão de que a Terra é viva foi dominante em toda a história da humanidade, até o advento da modernidade, quando, com Isaac Newton e Descartes, se começo a interpretar a Terra como simples *res extensa*, algo meramente físico e sem qualquer espírito. Para Descartes, o ser humano foi chamado para ser o *maître* e *possesseur* da Terra. Ela podia ser torturada e violada sem escrúpulos, até entregar todos os seus segredos, como dizia Francis Bacon, fundador do método científico moderno.

Hoje entendemos que a missão do homem é a de ser o guardião e o cuidador da criação, um ser, portanto, ético.

Todo o projeto da modernidade se regeu por um certo tipo de exercício da razão, aquela utilitarista e instrumental-analítica. Criou uma cultura racionalista dos meios sem se preocupar com os fins. Colocou sob suspeita a outra forma de razão que hoje consideramos fundamental: a razão sensível, a razão cordial, a inteligência emocional e a inteligência espiritual. Esse tipo de razão é a sede dos valores, da percepção ética e da experiência espiritual, dimensões sem as quais a vida perde seu sentido e sua irradiação. Hoje precisamos enriquecer a razão científica com a razão cordial e sensível.

Se não temos em mão uma solução, pelo menos podemos indicar uma direção. Se essa estiver certa, o caminho poderá fazer curvas, subir e descer e até conhecer atalhos, essa direção nos levará a uma terra na qual os seres humanos poderão ainda viver humanamente e tratar com cuidado, com compaixão e com amor a Terra, Pacha Mama e nossa Grande Mãe.

Nesse novo paradigma, a centralidade será ocupada não mais pelo progresso sem fim nem pela acumulação ilimitada, mas pela vida, pela humanidade e pela Terra viva. A economia estará a serviço dessas realidades. Para dizer numa palavra, deve surgir uma *biocivilização*, que amará mais a vida do que o lucro, mais o bem coletivo do que a vantagem individual, mais a cooperação do que a competição. O ser humano sentir-se-á a parte consciente e inteligente da Terra, com a mesma origem e o mesmo destino. Essa seria a *Terra da boa esperança*, na expressão feliz do ecoeconomista polonês/francês Ignacy Sachs, grande conhecedor do Brasil.

Então passaremos de uma civilização industrial visando à riqueza e sacrificando a natureza para uma civilização de sustentação de toda a vida em consorciação com a natureza e com todos os povos.

Essa biocivilização se assentará nestes quatro eixos principais:

(1) um uso sustentável, responsável e solidário dos limitados recursos e serviços da natureza; temos de viver mais com menos e a humanidade será mais frugal.

(2) um controle democrático deve ser construído nas relações sociais, especialmente sobre os mercados e os capitais especulativos;

(3) o *ethos* mínimo mundial deve nascer do intercâmbio multicultural, dando ênfase à ética do cuidado, da compaixão, da cooperação e da responsabilidade universal;

(4) a espiritualidade, como dimensão antropológica, e não como monopólio das religiões, deve ser incentivada como expressão de uma consciência que se sente parte de um Todo maior e que percebe uma Energia poderosa que subjaz ao universo com a qual podemos dialogar e que representa sentido supremo de tudo.

O próximo passo: a noosfera

Depois do homem, a humanidade. Depois do espírito, a espiritualidade. Depois do capital material, o capital espiritual que se expressa pela *noofera*, vale dizer, pela prevalência da força que une mentes e corações (*nous* em grego). É a fase atual em que emerge persistentemente a consciência planetária de que formamos uma única espécie, a humana, uma grande comunidade coletiva, habitando a mesma Casa Comum, o planeta Terra.

Essa realidade é fruto das forças diretivas do universo e também do esforço humano ascendendo à escada da evolução. Para completar sua realização, ela precisa ser querida. As mentes e os corações necessitam se unir numa grande paixão e num incomensurável amor pela humanidade e pela Terra. É isso que importa fazer: amar a vida, a humanidade e a Terra.

284 Leonardo Boff

Feitos do pó das estrelas ancestrais, nascemos para brilhar, e não para sofrer. Por isso vamos irradiar. Esse é o sentido da evolução e o propósito do Criador.

15. Um sonho bom: o triunfo da razão cordial

Já se disse, com razão, que da história aprendemos que não aprendemos nada da história. Mas aprendemos tudo do sofrimento. E aprendemos.

Sabíamos dos alertas dos cientistas e sábios que nos advertiram acerca do aquecimento global que ocorria de forma irreversível. Devíamos proteger todos os ecossistemas e cuidar deles, da imensa biodiversidade da Terra, da água potável cada vez mais escassa. O que não podíamos era romper o limite do intransponível.

E rompemos o limite. Com isso, a Terra perdeu seu equilíbrio interno, entrou num processo de caos que se expressa pelos eventos extremos, ora de grandes secas, ora de grandes inundações, vendavais e tufões. É o que significa o aquecimento global que, dentro de poucos anos, vai alcançar a cifra de 2ºC já prejudicando sensivelmente a biodiversidade. Se nada fizéssemos até 2030-2050 conheceríamos a tribulação da desolação. Pelo fim do século XXI teríamos um planeta devastado, grande parte de nossas florestas dizimadas, a biodiversidade tremendamente reduzida e milhões de pessoas teriam desaparecido. Nos recantos ainda habitáveis, quais oásis e boias de salvamento, viveriam milhões de pessoas acotoveladas, com outros milhões de refugiados do clima, forçando os limites do espaço, na busca desesperada de alimentos e de chances de sobrevivência.

Mas eis que um ancestral sonho da humanidade aconteceu, algo inaudito, mas que finalmente irrompeu. Numa perspectiva quântica, podemos imaginar que estava dentro das possibilidades humanas. Era a emergência da cooperação e da razão cordial. Na civilização imperante, marcada pela competição e pela razão instrumental, tinha poucos espaços de realização.

Agora, em face do iminente perigo de que não houvesse uma Arca de Noé que salvasse alguns e deixasse perecer os demais e de que todos igualmente poderíamos perecer, verificou-se uma lenta, mais progressiva, transformação no estado de consciência da humanidade. Tomamos consciência de que somos uma única e grande família habitando uma única Casa Comum, o planeta Terra. Temos de salvar nós mesmos e nosso hábitat humano.

Governos, grandes instituições multilaterais, empresas globais, movimentos sociais mundiais, igrejas, religiões, centros de pesquisa e universidades, articulações de camponeses do mundo inteiro e outros grupos menores, mas não menos importantes, começaram a fazer encontros para identificar caminhos salvadores. Houve muitas discussões, contraposições, propostas e contrapropostas. Mas todos viam a urgência de encontrar pontos mínimos comuns. Ao redor deles dever-se-ia elaborar um consenso.

A primeira coisa que constataram foi que dispomos de meios técnicos e econômicos mais do que suficientes para enfrentar com sucesso o risco. Apenas faltava o consentimento de todos para participarem do projeto-salvação-da-vida-e-da-Terra. Todos teriam de fazer alguma renúncia e oferecer todo tipo de colaboração.

Quando grande é o perigo, grande também é a chance de salvação, à condição de que todos queiram ser salvos. Quem é tão inimigo de si mesmo e da vida a ponto de sucumbir ao apego aos bens materiais, que, na verdade, apenas pesam, que não nos podem assegurar a vida nem podemos levá-los conosco junto com a morte?

Mesmo com a relutância de um bom número de miliardários, todos convieram na seguinte decisão, baseada na sabedoria anti-

286 Leonardo Boff

ga da humanidade: quando estamos todos em perigo de vida, tudo fica comum. Então, os bens de todos os países e das pessoas deveriam servir a todos no propósito de salvar todos e o nosso querido planeta, que pode viver sem nós, mas que deve manter as condições de nossa estada sobre ele.

Essa decisão implicava fazer uma moratória no desenvolvimento e no crescimento. Parar para permitir universalizar todas as conquistas em benefício de todos, a começar pelos mais retardatários e pobres. Viu-se que com os capitais acumulados nos bancos mundiais, nos bancos centrais de cada país, nas bolsas do mundo inteiro e nas contas de grandes ricos e de todos haveria tantos meios capazes de dar casa, saúde, educação e lazer a todos os seres humanos.

Logicamente essa moratória implicaria fechar milhões e milhões de postos de trabalho. As fábricas cessariam de produzir e garantiriam somente o necessário para a reposição. Mas com os fundos globais da humanidade todos poderiam ganhar salário de subsistência e de decência. Não apenas para não morrer, mas para viver desafogados e felizes. Fariam os trabalhos de manutenção das cidades, das ruas, dos serviços essenciais, das fábricas e dos edifícios públicos. Grande parte do trabalho seria feito no resgate da natureza, levando a sério os quatro erres: reduzir, reutilizar, reciclar e rearborizar.

Ninguém seria perdulário ou viveria no luxo. O grande ideal não seria viver materialmente melhor, mas realizar o "bem viver" dos povos andinos, que é viver na simplicidade voluntária, em harmonia com todos e com a Mãe Terra. Mas todos decentemente, podendo comer três ou mais vezes ao dia de forma mais do que suficiente. O efeito seria um Índice de Felicidade Líquida inimaginável e se anulariam as causas principais que levam ao conflito e à vontade de dominação de uns sobre outros.

Todos decidiram fazer uma retirada sustentável das atividades que implicavam degradação da natureza. O propósito coletivo era regenerar a Terra das feridas infligidas e prevenir feridas futuras. Era o império da ética do cuidado, da responsabilidade coletiva, da colaboração e da compaixão.

Mais ainda, cientistas dos mais sérios sugeriram utilizar a tecnologia mais avançada, a nanotecnologia, para reduzir o aquecimento da Terra. Descobriram que milhões de nanopartículas de ferro colocadas nos oceanos diminuiriam o calor das águas, ao mesmo tempo que estimulariam os corais e os plânctons a produzirem mais oxigênio. Colocadas na estratosfera, refletiriam os raios solares para fora da Terra e, assim, a resfriariam. Haveria riscos com essa nanotecnologia, cujos efeitos finais ainda não controlamos. Mas, em face da iminência do perigo coletivo, fomos obrigados a aceitar certas ameaças.

As religiões, as igrejas e as tradições espirituais esqueceram suas diferenças e juntas se colocaram a serviço da vida e dos valores que mais protegem a vida, como a reverência e o respeito, a colaboração de todos com todos e a profunda compaixão por aqueles que ainda continuam sofrendo por causa da condição humana deficiente. Com isso criou-se uma aura espiritual nas sociedades que facilitou a aceitação das diferenças e o apreço dos valores dos mais diferentes povos. Elas nos ensinaram a tolerância em face das tensões e dos conflitos, sempre presentes na condição humana, e o diálogo incansável para chegar a convergências na diversidade e a conviver com limitações e falhas, impedindo que sejam destrutivas das relações sociais.

A referência comum são os direitos humanos e os direitos da natureza. Deslocou-se o eixo do desenvolvimento sustentável para o Bem Comum da Terra e da humanidade.

As quatro virtudes básicas do convívio humano foram cultivadas com extremo empenho: a hospitalidade de todos com todos, o respeito por todas as diferenças de raça, de religião, de cultura e de valores, a convivência irrestrita que levou a superar a intolerância e o fundamentalismo e, por fim, a comensalidade: todos sentados ao redor da mesma mesa planetária, como uma grande família reunida para conviver e celebrar. E todos começaram a agradecer à Fonte originária de onde tudo provém e que sustenta o universo e cada ser. A crença nesta Fonte levou os seres humanos a confiarem o seu futuro a um Maior e sentirem-se carregados na palma de sua mão.

Assim, todos, confiados na salvação da humanidade e da Terra, inauguram o reino da razão cordial.

E todos começaram a dançar e a louvar, a louvar e a celebrar, a celebrar e magnificar a alegria de estar juntos, irmanados entre si e reconciliados com a Terra, contentes por terem ainda futuro e por estarem certos de que a aventura terrenal e cósmica pode seguir pelos séculos sem fim.

16. Que futuro nos espera?

Muitos analistas, como James Lovelock, Martin Rees, Samuel P. Huntington, Jacque Attalli e outros, fazem prognósticos sombrios sobre o futuro que nos espera, É certo que a história não tem leis, pois ela se move no reino das liberdades, que estão submetidas ao princípio de indeterminação de Bohr/Heisenberg e das surpreendentes emergências, próprias do processo evolucionário. No entanto, um olhar de longo prazo nos permite constatar constantes que podem nos ajudar a entender, por exemplo, o surgimento, a floração e a queda dos impérios e de inteiras civilizações.

Quem se deteve mais acuradamente sobre essa questão foi o historiador inglês Arnold J. Toynbee (1889-1975), o último a escrever dez tomos sobre as civilizações historicamente conhecidas: *Um estudo da história* (*A Study of History*). Aí ele maneja uma categoria-chave, verdadeira constante sócio-histórica, que traz alguma luz ao tema em tela. Trata-se da correlação *desafio-resposta* (*chal*

Cuidar da Terra — proteger a vida   289

lenge-response). Assinala ele que uma civilização se mantém e se renova na medida em que consegue equilibrar o potencial de desafios com o potencial de respostas que ela lhes pode dar. Quando os desafios são de tal monta que ultrapassam a capacidade de resposta, a civilização começa seu ocaso, entra em crise e desaparece.

Estimo que nos confrontamos atualmente com semelhante fenômeno. Nosso paradigma civilizacional elaborado no Ocidente e difundido por todo o globo está fazendo água por todos os lados. Os desafios (*challenges*) globais são de tal gravidade, especialmente os de natureza ecológica, energética, alimentar e populacional, que perdemos a capacidade de lhes dar uma resposta (*response*) coletiva e includente. Esse tipo de civilização vai se dissolver.

O que vem depois? Há só conjeturas. O conhecido historiador Eric Hobsbawn vaticina: ou ingressamos num outro paradigma ou vamos de encontro à escuridão.

Merecem atenção os prognósticos de Jacques Attali, economista, ex-assessor de François Mitterrand e pensador francês, em seu livro *Uma breve história do futuro* (2006), pois parecem verossímeis, embora dramáticos. Ele pinta três cenários prováveis que resumirei brevemente.

O primeiro é o do *superimpério*. Trata-se dos EUA e de seus aliados. Eles conferem um rosto ocidental à globalização e lhe imprimem direção que atende a seus interesses. Sua força é de toda ordem, mas principalmente militar: pode exterminar toda a espécie humana. Mas está decadente, com muitas contradições internas que se mostram na incapacidade de encontrar soluções para a crise econômico-financeira, em sua dependência comercial da China e na inexorável desvalorização do dólar.

O segundo é o *superconflito*. É o que segue à quebra da ordem imperial. Entra-se num processo coletivo de caos (não necessariamente generativo). A globalização continua, mas predomina a balcanização, com domínios regionais que podem gerar conflitos

290 Leonardo Boff

de grande devastação. A anomia internacional abre espaço para que surjam grupos de piratas e corsários que cruzarão os ares e os oceanos, saqueando grandes empresas e gestando um clima de insegurança global. Essas forças podem ter acesso a armas de destruição em massa e, no limite, ameaçar a espécie humana. Essa situação extrema clama por uma solução também extrema.

E o terceiro cenário é o da *superdemocracia*. A humanidade, se não quiser se autodestruir, se vê forçada a elaborar um contrato social mundial, com a criação de instâncias de governabilidade global com a gestão coletiva e equitativa dos escassos recursos da natureza. Reger-se-á pelos princípios do Bem Comum da Terra e da humanidade. Se ela triunfar, inaugurar-se-á uma etapa nova da civilização humana, a verdadeira etapa planetária, como abordamos em outros lugares deste livro, possivelmente com menor conflitividade e com muito mais espírito de solidariedade e de cooperação. Só nos resta rezar para que este último cenário aconteça.

Notas

1. Soros, G. *A crise do capitalismo*. Rio de Janeiro: Campus, 1999, pp. 262-269.
2. De Duve, Ch. *Vital Dust*. Nova York: Basic Books, 1995. Ver todo o capítulo 30, sobre o futuro da vida.
3. Cf. Reuther, Rosemary R. *Gaia and God: an Ecofeminist Theology of Earth's Healing*. San Francisco: Harper San Francisco, 1992, p. 86.
4. Os dados sobre a crise ecológico-social podem ser lidos em muitas fontes. Ver, por exemplo, os Worldwatch Papers e o State of the World, publicados desde 1984 pelo Worldwatch Institute, Washington; Drewermann, E. *Der tödliche Fortschritt*. Regensburg: Gebundene Ausgabe, 1997, capítulo I: "Fatos que são sintomas"; Lutzenberger, J.A. *Fim do futuro?* Porto Alegre: Movimento, 1990; Hathaway, M.D. *Transformative Education. Awaking Humanity to*

Cuidar da Terra — proteger a vida   291

the Challange of the Global Crisis. Ontário: Scarborough, 1993; Gudynas, E. "La privatización de la vida: America Latina ante las nuevas políticas ambientales neoliberales", Revista *Pasos*, n° 81 (San José de Costa Rica), 1999, 1-15; e os relatórios do Pnud (Programa das Nações Unidas para o Desenvolvimento) publicados anualmente com os dados da situação social da Terra.

5. Ward, P. *The End of Evolution*. Nova York: Bantam Books, 1995.

6. Cf. Garaudy, R. *Le débat du siècle*. Paris: Desclée de Brouwer, 1996, p. 7.

7. Para toda essa parte, ver o clássico Berry, Th.; Swimme, B. *The Universe Story: from the Primordial Flaring Forth to the Ecozoic Era: a Celebration of the Unfolding of the Cosmos*. San Francisco: Harper San Francisco, 1992; Berry, Th. *The Dream of the Earth*. San Francisco: Sierra Club Books, 1988; Zohar, D.; Marshal, I. *The Quantum Society: Mind, Physics, and a New Social Vision*. Nova York: William Morrow, 1994; Hawking, S. *A Brief History of Time: from the Big Bang to the Black Holes*. Nova York: Bantam Books, 1988; Boff, L.; Hathaway, M. *The Tao of Liberation. Exploring the Ecology of Transfomation*. Nova York: Orbis Books, 2009.

8. Cf. Lovelock, J. *Gaia. A New Look at Natural History*. Oxford: Oxford University Press, 1997; Idem, *The Ages of Gaia: a Biography of Our Living Earth*. Nova York: Norton, 1988; *A vingança de Gaia*. Rio de Janeiro: Intrínseca, 2007; *Gaia: o alerta final*. Rio de Janeiro: Intrínseca, 2010; Sahtouris, E. *Earth Dance: Living Systems in Evolution*, Nova York: Simon & Schuster, 1996.

9. Ver a tese do conhecido físico quântico e seu grupo: Goswami, A.; Reed, Richard E.; Goswami, M. *The Self-aware Universe: How Counsciousness Creates the Material World*. Nova York: Putnam Books, 1993.

10. Conferência dada em francês a 29 de outubro de 2009 ao receber o título de doutor *honoris causa* em teologia pela Universidade suíça de Neuchâtel.

CAPÍTULO V

NARRATIVAS QUE FAZEM PENSAR

1. O triste fim do puro crescimento material

Um soldado da antiga Bassora, no atual Iraque, cheio de medo, foi ao rei e lhe disse: "Meu Senhor, salva-me, ajuda-me a fugir daqui; estava na praça do mercado e encontrei a Morte vestida toda de preto que me mirou com um olhar mortal; empresta-me seu cavalo real para que possa correr depressa para Samarra que fica longe daqui; temo por minha vida se ficar na cidade.' O rei fez-lhe a vontade. Mais tarde o próprio rei encontrou a Morte na rua e lhe disse: "O meu soldado estava apavorado; contou-me que te encontrou e que tu o olhavas de forma estranhíssima." "Oh, não", respondeu a Morte, "o meu olhar era apenas de estupefação, pois me perguntava como esse homem iria chegar a Samarra, que fica tão longe daqui, porque o esperava esta noite lá".

Essa história é uma parábola da aceleração do crescimento feito à custa da devastação da natureza e da exclusão das grandes maiorias. Ele nos está levando para Samarra. Em outras palavras: temos pouquíssimo tempo à disposição para entender o caos no sistema-Terra e tomar as medidas necessárias antes que ela desencadeie consequências irreversíveis.

296   Leonardo Boff

Já sabemos que não podemos mais evitar o aquecimento global, apenas impedir que seja catastrófico. Em nível dos governos, não se está fazendo nada de realmente significativo que responda à gravidade do desafio global. Muitos creem na capacidade mágica da tecnociência: no momento decisivo ela seria capaz de sustar os efeitos destrutivos. Mas a coisa não é bem assim. Há danos que uma vez ocorridos produzem um efeito-avalanche.

A natureza no campo físico-químico e mesmo as doenças humanas nos servem de exemplo. Uma vez desencadeada, não se pode mais bloquear uma explosão nuclear. Rompidos os diques de Nova Orleans nos EUA, não é mais possível frear a invasão do mar. Uma vez ocorrido o terremoto no Haiti e no Chile em 2010, as consequências são irrefreáveis, destruindo grande parte dos bens materiais e lançando as populações na fome, na miséria e no desespero.

Na maioria das doenças humanas ocorre a mesma lógica. O abuso de álcool e de fumo, o excesso na alimentação e a vida sedentária começam a princípio por produzir efeitos sem maior significação. Mas o organismo lentamente vai acumulando modificações, primeiramente funcionais, depois orgânicas e por fim, atingindo certo patamar, surge uma doença não mais reversível que pode levar à morte.

É o que está ocorrendo com a Terra. A "colônia" humana em relação ao organismo-Terra está se comportando como um grupo de células que, num dado momento, começa a se replicar caoticamente, a invadir os tecidos circundantes, a produzir substâncias tóxicas, como é o caso do câncer, que acabam por envenenar todo o organismo. Nós fizemos isso, ocupando 83% do planeta.

O sistema econômico e produtivo se desenvolveu já há três séculos sem tomar em conta sua incompatibilidade com o sistema ecológico. Hoje nos damos conta de que ecologia e modo industrialista de produção, que implica o saque desertificante da

Cuidar da Terra — proteger a vida   297

natureza, são, de fato, contraditórios. Ou mudamos ou chegaremos a Samarra, onde nos espera algo sinistro. Como passar de uma sociedade de produção industrial avassaladora para uma sociedade de sustentação de toda vida?

A Terra como um todo é a fronteira. Ela coloca em crise os atuais modos de produção, que sacrificam o capital natural e as formações sociais construídas sobre o consumismo, o desperdício, os maus-tratos dos rejeitos e a exclusão social.

Abstraindo o aquecimento global, três problemas básicos nos afligem: a alimentação, que inclui a água potável, transformada em mercadoria e, por isso, inacessível às grandes maiorias pobres. As fontes de energia não renováveis, pois a energia fóssil, como o carvão e o petróleo, tem seus dias contados. E a população humana, que não para de crescer e que necessita de meios de vida e serviços sem os quais a vida civilizada não se mantém.

Para cada um desses problemas não temos soluções globais à vista. E o tempo do relógio corre contra nós.

Agora é o momento de crise coletiva que nos obriga a pensar no Bem Comum da Terra e da Humanidade antes de qualquer outro problema nacional. Isso demanda uma nova consciência, uma nova prática coletiva e um novo sentido de pertença coletivo entre os humanos e dos humanos com a Mãe Terra. Aqui é o lugar de se fortalecer o crescimento espiritual da humanidade.

2. Um Deus que sabe chorar

As imagens de Deus, dominantes nas religiões atuais, nasceram, em sua grande maioria, no quadro da cultura patriarcal. É um Deus Senhor do Céu e da Terra, que dispõe de todos os poderes, justiceiro e Pai severo. Antes sob a cultura matriarcal, hoje atestada como uma das fases da história humana, vigente por volta de 20 mil anos atrás, a imagem de Deus era feminina, da Grande Mãe, da Mãe dos mil seios, geradora de toda vida. Produziu uma cultura mais em harmonia com a natureza e profundamente espiritual.

Nosso inconsciente, que é pessoal e coletivo, guarda na forma de arquétipos e de grandes sonhos essas experiências feitas sob as duas formas de organizar a convivência humana, sob a figura do pai e sob a figura da mãe. Elas estão presentes em nós e sempre vêm à tona pelo imaginário, pela arte, pela música e por símbolos de toda ordem.

Mas há uma outra imagem, presente na história das religiões e também na tradição judaico-cristã: ela fala do Deus que é fraco, que se faz criança, que não julga, mas caminha junto, um Deus que chora pela morte do amigo, que tem pavor em face da morte próxima e que finalmente morre, gritando, na cruz por causa do silêncio de Deus.

Vários místicos cristãos se referem ao Deus que sofre com os que sofrem e que chora por aqueles que morrem. Juliana de Norwich (1342-1416), grande mística inglesa, viu a conexão existente entre a paixão de Cristo e a paixão do mundo. Numa de suas visões, diz: "Então vi que, no meu entender, era uma grande união entre Cristo e nós; pois, quando ele padecia, padecíamos também. E todas as criaturas que podiam sofrer sofriam com ele." William Bowling, outro místico do século XVII, concretizava ainda mais, dizendo: "Cristo verteu seu sangue tanto pelas vacas e pelos cavalos quanto por nós homens." É a dimensão transpessoal e cósmica da redenção.

Professar, como se faz no credo cristão, que Cristo desceu até os infernos significa expressar existencialmente que ele não temeu experimentar o desamparo humano e a última solidão da morte.

Um grande biblista italiano, G. Barbaglio, em seu derradeiro livro, pouco antes de falecer, com o título *O Deus bíblico: amor e violência*, refere um medirá (relato) judaico sobre o choro de

Deus. Quando viu os cavaleiros egípcios com seus cavalos serem tragados pelas ondas do Mar Vermelho, depois da passagem a pé enxuto de todo o povo de Israel, Ele não se conteve. Chorou. Dizia comovido: "Os egípcios não são também meus filhos e filhas queridos, e não apenas os de Abraão e Jacó?"

É rica a tradição bíblica que fala da misericórdia de Deus. Em hebraico *misericórdia* significa ter entranhas de mãe e sentir em profundidade, lá dentro do coração. O Salmo 103 é nisso exemplar, ao afirmar que "Deus tem compaixão, é clemente e rico em misericórdia; não está sempre acusando nem guarda rancor para sempre... porque como um pai sente compaixão pelos seus filhos e filhas, porque conhece a nossa natureza e se lembra de que somos pó; sua misericórdia é desde sempre e para sempre". Haverá palavras mais consoladoras que essas para os tempos maus nos quais vivemos? Nunca estamos sós em nosso sofrimento. Deus sofre junto. É a partir desse transfundo de compaixão que deve ser entendida a ressurreição de Cristo. Se a ressurreição não for a ressurreição do Crucificado, portanto, daquele que se identificou com todos os crucificados da história, seria um mito a mais de exaltação vitalista da vida, e não resposta ao drama do sofrimento. Quando compartido, ele se torna suportável.

A ressurreição mostra o sentido último da solidariedade com os crucificados: a transfiguração da dor em vida nova, sinal antecipador do fim bom da história, da humanidade e do universo.

3. Cristo chorou sobre o Vaticano

Andando pelas comunidades eclesiais de base do norte amazônico, lá onde viceja uma Igreja pobre e libertadora, ouvi de um líder comunitário, bom conhecedor da leitura popular da Bíblia, a seguinte visão que ele pretende ter sido verdadeira.

300 Leonardo Boff

Estava um dia a caminho do centro comunitário quando se viu transportado, não sei se em sonho ou em espírito, aos jardins do Vaticano. Viu de repente um papa, não era nenhum dos conhecidos, todo de branco, cercado pelos seus principais cardeais conselheiros. Faziam o costumeiro passeio após o almoço, andando pelos jardins floridos do Vaticano. De repente, o papa vislumbrou, a uns poucos metros de distância, a figura do Mestre. Esse sempre aparece disfarçado, seja como jardineiro, seja como andarilho a caminho de Emaús. Mas o sucessor de Pedro, afastando-se do grupo de cardeais, com fino tato, identificou logo o Ressuscitado. Ajoelhou-se e quis proferir a profissão de fé que fez Pedro ser pedra sobre a qual se constrói a Igreja ("Tu és o Cristo, o Filho de Deus vivo") quando foi atalhado por Jesus. Olhando o palácio do Vaticano ao longe e o perfil dos prédios da Santa Sé, disse Jesus com voz entristecida: "Não te bendigo, Simão, filho de Jonas e sucessor de Pedro, porque tudo isso não foi inspirado por meu Pai que está nos céus, mas pela carne e pelo sangue. Digo-te a ti que não foi sobre estas pedras que edifiquei minha Igreja, porque se assim fosse, o inferno seguramente prevaleceria sobre ela."

O papa ficou perplexo e olhou o rosto do Senhor. Viu que caíam-lhe furtivamente duas lágrimas dos olhos. Lembrou-se de Pedro, que o havia traído duas vezes e que, arrependido, chorara amargamente. Quis proferir alguma palavra, mas essa lhe morreu na garganta. Começou também ele a chorar. Nisso o Senhor desapareceu.

Os cardeais ouviram as palavras do Mestre e se apressaram em amparar o papa. Esse logo lhes disse com grande severidade: "Irmãos, o Senhor me abriu os olhos. Por isso, as coisas não podem ficar assim. Ajudem-me a realizar a vontade do Senhor."

O cardeal camerlengo, o mais ancião de todos, afirmou: "Santidade, iremos, sim, fazer alguma coisa no seguimento de Jesus e na tradição dos Apóstolos. Amanhã reuniremos todo o colégio cardinalício presente em Roma e, invocando o Espírito Santo, decidiremos como vamos proceder, consoante as palavras do Senhor."

Todos se afastaram pesarosos, vindo-lhes à memória aquelas cenas do Novo Testamento que se referem a Jesus chorando sobre a cidade santa de Jerusalém, que matava seus profetas e apedrejava os enviados de Deus e que se negava a reunir seus filhos e suas filhas como a galinha que recolhe os pintinhos debaixo de suas asas. Alguns, entretanto, comentavam: "Irmãos, sejamos realistas e prudentes, pois nos toca viver neste mundo que ajudamos a construir. Podemos negar nossa história? Mas mesmo assim vejamos o que o Espírito vai nos inspirar."

No dia seguinte, quando os cardeais se dirigiam à sala do consistório, graves e cabisbaixos, o secretário do papa veio correndo e lhes comunicou quase aos gritos: "O papa morreu, o papa morreu."

Celebraram-se os funerais com a pompa costumeira dos cardeais em suas vestes luzidias e coloridas, próprias dos palácios reais, vindos de todas as partes do mundo. Uma semana após, sepultaram o papa. E ninguém mais se lembrou de que o Cristo havia chorado e das graves palavras que havia dito ao papa que acabavam de enterrar.

Por isso, a Igreja continua como continua, com poder e cheia de contradições quando confrontada com a prática do Filho do Homem que viveu pobre e entre os pobres, longe dos palácios reais. Como se dizia nos primeiros séculos: a Igreja é uma "casta meretriz", não raro mais meretriz do que casta. Mas é essa a vontade de seu fundador?

4. Jesus teve dúvidas, medo e desesperança

A interpretação *teológica* da morte de Jesus na cruz, como sacrifício por nossos pecados, fez-nos esquecer com demasiada pressa os reais motivos *históricos* que o levaram ao tribunal religioso e político e por fim ao assassinato judicial na cruz. Ele não morreu porque todos os homens morrem. Ele foi morto por assassínio em razão de uma causa que proclamou e sustentou até o fim.

Cristo não foi simplesmente a doce e mansa figura de Nazaré. Foi alguém que usou palavras duras, não fugiu a polêmicas e, para salvaguardar a sacralidade do templo, usou também da violência física, o chicote. O contexto de sua vida, como as pesquisas recentes mostraram, é comum ao dos camponeses e artesãos mediterrâneos que viviam uma resistência radical, mas não violenta, contra o desenvolvimento urbano de Herodes Antipas e o comercialismo rural de Roma, imposto na Baixa Galileia – terra de Jesus – que empobrecia toda a população. Pregou uma mensagem que constituiu uma crise radical para a situação política e religiosa da época. Anunciou o Reino de Deus em oposição ao reino de César e em vez da lei, o amor.

Reino de Deus apresenta duas dimensões, uma política e outra religiosa. A política se opunha ao reino de César em Roma, que se entendia filho de Deus, Deus e Deus de Deus, os mesmos títulos que os cristãos mais tarde irão atribuir a Jesus. Tal atribuição a Jesus era intolerável para um judeu piedoso e um crime de lesa-majestade para um romano.

A outra versão, a religiosa, se chamava apocalíptica, que significava: em face das perversidades do mundo, esperava-se a intervenção iminente de Deus e a inauguração de um reino de justiça e de paz. Jesus se filia a essa corrente. Apenas com a diferença: o Reino é um processo que apenas começou e vai se realizando à medida que as pessoas mudam mentes e corações. Só no termo da história ocorrerá a grande virada com um novo Céu e uma nova Terra. Essa *eutopia* (realidade boa), não a Igreja, é o projeto fundamental de Jesus. Ele se entende como aquele que em nome de Deus vai acelerar semelhante processo. Essa concepção de Reino colocou

Cuidar da Terra — proteger a vida 303

em crise os vários atores sociais, os publicanos e saduceus, aliados dos romanos, a classe sacerdotal, os guerrilheiros zelotas e principalmente os fariseus. Esses são os opositores principais do Filho do Homem, pois ao invés do amor pregavam a rigidez da lei, no lugar de um Deus bom, "Paizinho" (Abba), um Juiz severo. Para Jesus, Deus é um Pai com características de mãe misericordiosa.

Jesus faz dessa compreensão o centro de sua mensagem. Entende todo poder como mero serviço. Rejeita as hierarquias porque todos somos irmãos e irmãs, sem mestres e pais.

A crise que suscitou levou à decretação de sua morte na cruz. Jesus entrou numa aguda crise pessoal, chamada pelos estudiosos de "crise da Galileia". Sente-se abandonado pelos seguidores, vislumbra no horizonte a morte violenta, como a dos profetas. A tentação do monte Getsêmani representa um paroxismo: "Pai, afasta de mim este cálice." Mas também o propósito de tudo suportar e de levar seu compromisso até o fim. Na cruz grita quase desesperado: "Meu Deus, por que me abandonaste?" Mesmo assim continua chamando-o de "Meu Deus". A Epístola aos Hebreus testemunha: "Entre clamores e lágrimas suplicou Àquele que o podia salvar da morte." Versões críticas antigas dizem "e não foi atendido; apesar de ser Filho de Deus, teve de aprender a obedecer por meio dos sofrimentos" (5, 7-8).

Sua última palavra foi "Pai, em tuas mãos entrego o meu espírito", expressão suprema de uma confiança ilimitada. De fato, ele é apresentado como o protótipo do homem que suportou até o fim o fracasso do projeto de vida, crendo num sentido radical mesmo dentro do absurdo existencial.

A ressurreição mostrou o acerto de tal atitude. Foi a base para proclamá-lo mais tarde como Filho de Deus e Deus encarnado, assim aceito e proclamado pelos cristãos já há dois mil anos. Mas não antes de passar por perseguições, por dúvidas, por angústias e pela crucificação.

5. O feliz casamento entre o Céu e a Terra

Observando o processo de mundialização, entendido como nova etapa da humanidade e da Terra, no qual culturas, tradições e povos os mais diversos se encontram pela primeira vez, tomamos consciência de que podemos ser humanos de muitas maneiras diferentes e que se pode encontrar a Última Realidade, a mais íntima e profunda, seguindo muitos caminhos. Pensar que há uma única janela pela qual se pode vislumbrar a paisagem divina é a ilusão dos cristãos do Ocidente. É também o seu erro.

Hoje o papa Bento XVI vive repetindo a sentença medieval, superada pelo Vaticano II, de que "fora da Igreja não há salvação". Para ele, ela é a única religião verdadeira e as outras são tão somente estendidas ao Céu, sem a certeza de que Deus acolha essa súplica.

Pensar assim é ter pouca fé e imaginar que Deus tem o tamanho da nossa cabeça. Quem não encontrou pessoas profundamente piedosas de outras religiões, nas quais se percebe claramente a presença de Deus? Não reconhecer tal realidade é, na verdade, pecar contra o Espírito Santo, que está sempre alimentando a dimensão espiritual ao largo dos tempos históricos.

Nas minhas muitas viagens, nos encontros com culturas diferentes e com pessoas religiosas de todo tipo, me dei conta da necessidade que todos temos de aprender uns com os outros e da profunda capacidade de veneração da qual os mais diferentes povos dão convincente testemunho.

Há alguns anos, dei palestras em muitas cidades da Suécia sobre ecologia e espiritualidade. Numa ocasião me levaram quase ao polo Norte, onde vivem os samis (esquimós). Eles não gostam de encontrar estrangeiros. Mas sabendo que era um teólogo da libertação, quiseram conhecer, para eles, uma raridade. Vieram três líderes indígenas. O mais velho logo me perguntou: "Os índios do Brasil casam o Céu com a Terra ou não?" Eu logo enten-

Cuidar da Terra — proteger a vida   305

di a intenção e respondi de pronto: "Lógico que casam, pois desse casamento nascem todas as coisas." Ao que ele, feliz, retrucou: "Então são ainda índios e não são como nossos irmãos de Estocolmo, que já não acreditam no Céu." E daí seguiu-se um diálogo profundo sobre o sentido de unidade entre Deus, o mundo, o homem, a mulher, os animais, a terra, o sol e a vida.

Experiência semelhante vivi em 2008 na Guatemala, quando participei de uma densa celebração com sacerdotes maias junto o lago Atitlan, talvez um dos mais belos do mundo. Havia também sacerdotisas. Tudo se realizava ao redor do fogo sagrado.

Começaram invocando as energias das montanhas, das águas, das florestas, do Sol e da Mãe Terra. Durante a cerimônia, uma sacerdotisa se avizinhou de mim e disse: "Você está muito cansado e deve ainda trabalhar muito." Efetivamente, por 20 dias percorri, de carro, vários países, participando de eventos e dando muitas palestras. E então ela, com seu polegar, pressionou meu peito, na altura do coração, com tal força a ponto de quase me quebrar uma costela.

Tempos depois, retornou a mim e disse: "Você tem um joelho machucado." Eu lhe perguntei: "Como sabe?" E ela respondeu: "Eu o senti pela força da Mãe Terra." Com efeito, ao desembarcar na praia, retorci o joelho, que inchou. Levou-me junto ao fogo sagrado e por 30 a 40 vezes passou a mão do fogo ao joelho até que esse desinchasse totalmente.

Antes de terminar a celebração, que durou cerca de três horas, retornou a mim e disse: "Está ainda cansado." E novamente pressionou fortemente o polegar sobre meu peito. Senti estranho ardor e de repente estava relaxado e tranquilo como nunca antes.

São sacerdotes-xamãs que entram em contato com as energias do universo e ajudam as pessoas no seu bem viver.

Certa vez perguntei ao Dalai Lama: "Qual é a melhor religião?" E ele, com um sorriso entre sábio e malicioso, respondeu:

306   Leonardo Boff

"É aquela que te faz melhor." Perplexo, continuei: "O que é fazer-me melhor?" E ele: "Aquela que te faz mais compassivo, mais humano e mais aberto ao Todo, essa é a melhor."

Sábia resposta que guardo com reverência até os dias de hoje.

6. Uma ancestral sabedoria ecológica

Hoje enfrentam-se dois olhares contraditórios com referência à Terra. Um a vê como um grande objeto, destituído de espírito, à disposição do ser humano, que pode dispor de seus recursos como bem entender. Esse olhar permitiu o projeto técnico-científico de conquista e dominação da Terra, que está na base de nossa civilização e que produziu como efeito maléfico não querido o atual aquecimento global.

O outro entende a Terra como a nova biologia e a astrofísica o fazem: um superorganismo vivo que se autorregula e continuamente se auto-organiza para poder gestar vida nas suas mais diferentes formas. Curiosamente esta visão moderna se encontra com a visão mais ancestral dos povos que sempre sentiram a Terra como Mãe.

Esse segundo olhar foi o dominante na história da humanidade e foi responsável pelo equilíbrio que se estabeleceu entre a satisfação das necessidades humanas e a manutenção do capital natural em sua integridade e vitalidade. Hoje cresce a consciência de que o primeiro olhar – da dominação e devastação – precisa ser limitado e superado, pois, do contrário, pode provocar imenso desastre no sistema da vida. Daí a urgência de revisitarmos os portadores do primeiro olhar – da Terra como Grande Mãe e Casa Comum –, pois eles são portadores de uma sabedoria que nos falta e de formas de relação com a natureza que nos poderão salvar. Então nos encontramos com os povos originários, os indígenas, que,

Cuidar da Terra — proteger a vida   307

segundo dados da ONU, são mais de cem milhões no mundo inteiro, distribuídos em quase todos os países, como no extremo Norte, com os sami (esquimós), ou no extremo Sul, com os mapuche.

Em setembro de 2009 pude me entreter longamente com os mapuche que vivem na Patagônia argentina e chilena. São muitos, somente no sul do Chile mais de 500 mil. Vivem nessas regiões andinas há cerca de 15 mil anos. Resistiram a todas as conquistas. Quase foram exterminados, no lado argentino, pelo feroz general Rocca, e no lado chileno são muito discriminados. Aos que hoje ocupam terras que eram suas, se aplicam as leis contra os terroristas da constituição de Pinochet que foi mantida e é implacavelmente aplicada pela novel democracia chilena.

Falando com seus líderes (*lonko*) e sábios (*machis*), logo salta à vista a extraordinária cosmologia que elaboraram. Tudo é pensado em quatro termos. Segundo C.G. Jung, o número quatro constitui um dos arquétipos centrais da totalidade. Sentem-se tão vinculados à Terra que se chamam "mapu-che": seres (che) que são Um com a Terra (mapu). Por isso se sentem água, pedra, flor, montanhas, insetos, Sol, Lua, todos irmanados entre si. Aprenderam a descodificar e compreender o idioma da Mãe Terra (Ñeku Mapu): o soprar do vento, o pio do pássaro, o farfalhar das folhas, o movimentos das águas e, principalmente, os estados do Sol e da Lua. De tudo sabem tirar lições. Seu ideal maior é viver e alimentar profunda harmonia com todos os elementos, com as energias positivas e negativas e com o céu e com a terra. Sentem-se os cuidadores da natureza. A comunidade sobe ao morro mais alto. Toda a terra que avista até se encontrar com o céu é-lhe designada para cuidar. Perturbam-se quando outros não mapuches penetram essas terras para introduzir cultivos, pois entendem que assim se torna mais difícil cumprir a sua missão de cuidar.

Desenvolveram sofisticados métodos de cura. Toda doença representa uma quebra do equilíbrio com as energias da Terra e do

308 Leonardo Boff

universo. A cura implica reconstituir esse equilíbrio, de sorte que o enfermo se sinta novamente inserido no todo. Os mapuche são orgulhosos de seu conhecimento. Não aceitam que seja considerado folclore ou visão ancestral. Insistem em dizer que é um saber tão sério e importante como o nosso científico, apenas diferente. Na busca de regeneração da Terra, eles podem nos inspirar.

Precisamos tomar a sério as palavras do grande historiador inglês Eric Hobsbawm na última página de seu conhecido livro *A era dos extremos* (1994): "O futuro não pode ser a continuação do passado; nosso mundo corre o risco de explosão e implosão; tem de mudar; a alternativa para uma mudança da sociedade é a escuridão."

Como evitar essa escuridão, que pode significar a derrocada de nosso tipo de civilização e eventualmente o Armagedon da espécie humana?

É nesse contexto que nos remetemos à sabedoria ancestral dos povos originários. Além dos mapuches do sul do continente latino-americano, temos os maias na parte norte, especificamente na América Central, que realizaram um extraordinário ensaio civilizatório.

Nos inícios de 2009 tive a oportunidade de dialogar longamente com seus sábios, sacerdotes e xamãs. Daquela riqueza imensa quero ressaltar apenas dois pontos centrais que são grandes ausências em nosso modo de habitar o mundo: a cosmovisão harmônica com todos os seres e sua fascinante antropologia centrada no coração.

A sabedoria maia vem da mais alta ancestralidade e é conservada pelos avós e pelos pais. Como não passaram pela circuncisão da cultura moderna, guardam com fidelidade as antigas tradições e os ensinamentos, consignados também em escritos como no Popol-Vuh e nos Livros de Chilam Balam. A intuição básica de sua cosmovisão se aproxima muito da moderna cosmologia e física quântica. O Universo é construído e mantido por energias cósmicas pelo Criador e Formador de tudo. O que existe na natureza nasceu do encontro de amor entre o Coração do Céu com o Coração da Terra. A Mãe Terra é um ser vivo que vibra, sente, intui, trabalha, engendra e alimenta todos os seus filhos e todas as suas filhas. A dualidade de base entre formação-desintegração (nós diríamos entre caos e cosmos) confere dinamismo a todo o processo universal. O bem-estar humano consiste em estar permanentemente sincronizado com esse processo e cultivar um profundo respeito diante de cada ser. Então ele se sente parte consubstancial da Mãe Terra e desfruta de toda sua beleza e proteção. A própria morte não é inimiga: é um envolver-se mais radicalmente com o Universo.

Os seres humanos são vistos como "os filhos e filhas esclarecidos, os averiguadores e buscadores da existência". Para chegar a sua plenitude, o ser humano passa por três etapas, verdadeiro processo de individuação. Ele poderá ser "gente de barro": pode falar, mas não tem consistência em face das águas, pois se dissolve. Desenvolve-se mais e pode ser "gente de madeira"; tem entendimento, mas não alma que sente, porque é rígido e inflexível. Por fim alcança a fase de "gente de milho": esse "conhece o que está perto e o que está longe". Mas sua característica é ter coração. Por isso, "sente perfeitamente, percebe o Universo, a Fonte da vida" e pulsa ao ritmo do Coração do Céu e do Coração da Terra.

A essência do humano está no coração, naquilo que vimos dizendo há anos, na razão cordial e na inteligência sensível. É dando centralidade a elas, que se mostram pelo cuidado e pelo respeito, que podemos garantir um futuro de novas possibilidades e assim de salvar.

7. Índios e negros: má consciência para os cristãos

Sempre que se realizam encontros de bispos da América Latina e do Caribe surge inevitavelmente, como um pesadelo, a questão histórica ainda não resolvida acerca da forma como foram tratados os indígenas e os negros no processo de colonização e evangelização. Esse pesadelo se transforma em má consciência que não pode ser mais abafada, como o querem e o fazem aqueles grupos cristãos alienados e insensíveis ao padecimento que produziram a milhões e milhões de pessoas.

O cristianismo hierárquico em geral se mostrou sempre sensível ao pobre, mas implacável e etnocêntrico em face da alteridade cultural. O outro (o indígena, o negro e o muçulmano) foi considerado o inimigo, o pagão e o infiel. Contra ele se moveram "guerras justas" e na Conquista/Invasão se lhes leu o *requerimiento* (um documento em latim no qual se deveria reconhecer o rei de Espanha ou Portugal como soberano e o papa como representante de Deus). Caso não fosse aceito, se legitimava o sometimento forçado e até a guerra justa.

Em razão desse passado, não devemos jamais esquecer que nossa sociedade está assentada sobre grande violência, sobre o colonialismo que invadiu nossas terras e obrigou as populações a falarem e a pensarem nos moldes do outro; sobre o etnocídio indígena com sua quase exterminação; sobre o escravismo, que reduziu milhões de pessoas a "peças"; sobre a dependência histórica dos centros metropolitanos dificultando nosso caminho autônomo e até nos reduzindo à mera prescindência.

As desigualdades sociais, as hierarquias discriminatórias e a falta de sentido do bem comum se alimentam ainda hoje desse substrato cultural perverso, que foi traduzido pelo eminente sociólogo Gilberto Freyre pelas categorias "casa-grande" (os senhores) e "senzala" (os escravizados).

Por isso causou espanto, indignação e escândalo quando escutamos da boca do papa Bento XVI, quando esteve em Aparecida, no encontro continental dos bispos latino-americanos em 2005, que a primeira evangelização não foi uma "imposição nem

Cuidar da Terra — proteger a vida 311

uma alienação". Mas ainda: querer resgatar as religiões dos ancestrais seria "um retrocesso e uma involução".

Tal afirmação mostra o quão ignorante continua o Vaticano, repetindo as fórmulas dos exterminadores de indígenas e dos escravocratas europeus que aqui se fixaram. Aprende pouco ou praticamente nada da vasta pesquisa histórica feita sobre esses dramáticos temas. Com justa razão, historiadores e o próprio presidente da Venezuela, como chefe de Estado, e ele mesmo um mestiço, exigiu do papa um pedido de desculpa e uma retificação. O que se fez com palavras medidas, dizendo sem dizer, num falso arrependimento.

Em face dessa atitude desrespeitosa e ofensiva, devemos evocar a voz das vítimas que ecoam até os dias de hoje, testemunhas do reverso da Conquista, como aquela do profeta maia *Chilam Balam de Chumayel*: "Ai! Entristeçamo-nos porque chegaram... vieram fazer nossas flores murcharem para que somente a sua flor vivesse... vieram castrar o Sol." E sua lamúria continua: "Entre nós se introduziu a tristeza, se introduziu o cristianismo... Esse foi o princípio de nossa miséria, o princípio de nossa escravidão."

Segundo Oswald Spengler, em *A decadência do Ocidente*, a invasão ibérica do continente latino-americano significou o maior genocídio da história humana. A destruição foi da ordem de 90% da população. Dos 22 milhões de astecas que viviam em 1519, quando Hernán Cortés penetrou no México, só restou um milhão em 1600. E os sobreviventes, no dizer de Jon Sobrino, teólogo censurado pelo Vaticano, por dizer a verdade que desagrada aos ouvidos oficiais, são povos crucificados que pendem da cruz; a missão da Igreja é baixá-los da cruz e fazê-los ressuscitar.

Mas a esperança dos indígenas não morreu. Em toda a América Latina um sujeito novo está emergindo com renovado vigor: são as comunidades indígenas que resgatam sua cosmologia, a sabedoria dos avós e das avós, a dignidade de suas religiões, de

312 Leonardo Boff

seus ritos e de suas celebrações. Mas principalmente os valores que deram integração às suas sociedades e a profunda comunhão que viviam com a natureza.

Duas categorias ganham centralidade: o *bien vivir*, que não é viver melhor à custa da diminuição ou exploração do outro, mas o "viver bem" em solidariedade e reciprocidade com o outro e numa profunda inserção na comunidade. O *bien vivir* que entrou nas constituições da Bolívia e do Equador representa a utopia dos povos indígenas que é a de estar em harmonia consigo mesmo, com o homem e a mulher, com os outros, com as energias da natureza e com Deus. Não se trata de gestar uma sociedade rica, mas uma sociedade da produção do suficiente e do decente para todos, sem exclusões e preconceitos. Trata-se de uma sociedade de integração com a Pacha Mama e com o Universo.

A outra categoria é o *Sumak Kawsay*. Ela quer expressar a vida em plenitude, com excelência material, social e espiritual. *Sumak* é o sublime, o harmonioso, o excelente. *Kawsay* é a vida em seu dinamismo, em suas mutações e transfigurações. Buscar o *Sumak Kawsay* é construir relações harmônicas, interna e externamente à comunidade, acompanhando o ritmo da vida e da natureza.

Esse ideal pode ser visto como uma alternativa ao paradigma ocidental que desestabilizou todas as relações em nome do individualismo, da acumulação privada, da competição cada vez mais rude, ao preço de devastar a natureza e de criar uma imensa injustiça social.

Hoje esse modelo esgotou suas virtualidades históricas. Precisamos revisitar experimentos civilizacionais que deram certo no passado, que foram derrotados, mas que permaneceram com o vigor da semente. Hoje eles nos podem inspirar a sermos humanos de forma melhor e mais harmonizada com o Todo. Os povos indígenas têm consciência de que são portadores de valores e princípios bons para toda a humanidade.

Cuidar da Terra – proteger a vida   313

Em algumas comunidades andinas dos antigos incas celebra-se, de tempos em tempos, um ritual de grande significação: amarra-se um condor, a águia dos Andes, no dorso de um touro bravio. Trava-se, diante da multidão, uma luta feroz e dramática, até que o condor, com suas potentes bicadas, extenua e derruba o touro. Esse então é comido por todos. Trata-se de uma metáfora: o touro é o colonizar espanhol, e o condor, o inca do altiplano andino. Processa-se uma reversão simbólica: o vencedor de ontem é o vencido de hoje. O sonho de liberdade triunfa, pelo menos simbolicamente.

A missão da Igreja é de justiça, não de caridade no sentido do assistencialismo: reforçar o resgate das culturas antigas com sua alma que é a religião. E em seguida estabelecer um diálogo no qual ambos se complementam, se purificam e se evangelizam mutuamente. Então, sim, poderá irromper o amor como caridade que religa tudo à Fonte originária, à Energia cósmica, tão cara às culturas originárias, enfim a Deus.

8. O encanto dos orixás

Quando atinge grau elevado de complexidade, toda cultura encontra sua expressão artística, literária e espiritual. Mas ao criar uma religião a partir de uma experiência profunda do Mistério do mundo, ela alcança sua maturidade e aponta para valores universais. É o que representa a umbanda, religião nascida em Niterói, no Estado do Rio de Janeiro, em 1908, bebendo das matrizes da mais genuína brasilidade, feita de europeus, de africanos e de indígenas. Num contexto de desamparo social, com milhares de pessoas desenraizadas, vindas da selva e dos grotões do Brasil profundo, desempregadas, doentes pela insalubridade notória do Rio nos inícios do século XX, irrompeu uma fortíssima experiência espiritual.

314 Leonardo Boff

O interiorano Zélio Moraes atesta a comunicação da Divindade sob a figura do Caboclo das Sete Encruzilhadas da tradição indígena e do Preto Velho da dos escravos. Essa revelação tem como destinatários primordiais os humildes e destituídos de todo apoio material e espiritual. Ela quer reforçar neles a percepção da profunda igualdade entre todos, homens e mulheres, se propõe a potenciar a caridade e o amor fraterno, mitigar as injustiças, consolar os aflitos e reintegrar o ser humano na natureza sob a égide do Evangelho e da figura sagrada do Divino Mestre Jesus.

O nome umbanda é carregado de significação. É composto de *om* (o som originário do universo nas tradições orientais) e de *bandha* (movimento incessante da força divina). Sincretiza de forma criativa elementos das várias tradições religiosas de nosso país, criando um sistema coerente. Privilegia as tradições do candomblé da Bahia por serem as mais populares e próximas aos seres humanos em suas necessidades. Mas não as considera entidades, apenas forças ou espíritos puros que através dos guias espirituais se acercam das pessoas para ajudá-las. Os Orixás, a Mata Virgem, o Rompe Mato, o Sete Flechas, a Cachoeira, a Jurema e os Caboclos representam facetas arquetípicas da Divindade. Elas não multiplicam Deus num falso panteísmo, mas concretizam, sob os mais diversos nomes, o único e mesmo Deus. Esse se sacramentaliza nos elementos da natureza como nas montanhas, nas cachoeiras, nas matas, no mar, no fogo e nas tempestades. Ao confrontar-se com essas realidades, o fiel entra em comunhão com Deus.

A umbanda é uma religião profundamente ecológica. Devolve ao ser humano o sentido da reverência em face das energias cósmicas. Renuncia aos sacrifícios de animais para restringir-se somente às flores e à luz, realidades sutis e espirituais.

Há um diplomata brasileiro, Flávio Perri, que serviu em embaixadas importantes como Paris, Roma, Genebra e Nova York,

Cuidar da Terra — proteger a vida   315

que se deixou encantar pela religião da umbanda. Com recursos das ciências comparadas das religiões e dos vários métodos hermenêuticos, elaborou perspicazes reflexões que levam exatamente este título, *O encanto dos orixás*, desvendando-nos a riqueza espiritual da umbanda. Permeia seu trabalho com poemas próprios de fina percepção espiritual. Ele se inscreve no gênero dos poetas-pensadores e místicos, como Álvaro de Campos (Fernando Pessoa), Murilo Mendes, T.S. Elliot e o sufi Rûmi. Mesmo sob o encanto, seu estilo é contido, sem qualquer exaltação, pois é esse rigor que a natureza do espiritual exige.

Além disso, ajuda a desmontar preconceitos que cercam a umbanda, por causa de suas origens nos pobres da cultura popular, espontaneamente sincréticos. Que eles tenham produzido significativa espiritualidade e criado uma religião cujos meios de expressão são puros e singelos revela quão profunda e rica é a cultura desses humilhados e ofendidos, nossos irmãos e nossas irmãs. Como se dizia nos primórdios do cristianismo, que, em sua origem, também era uma religião de escravos e de marginalizados, "os pobres são nossos mestres, os humildes, nossos doutores".

Talvez algum leitor/a estranhe que um teólogo como eu escreva tudo isso que escrevi. Apenas respondo: um teólogo que não consegue ver Deus para além dos limites de sua religião ou igreja não é um bom teólogo. É antes um erudito de doutrinas. Perde a ocasião de se encontrar com o Deus que se esconde por trás das doutrinas, que se comunica por outros caminhos e que fala por diferentes mensageiros, seus verdadeiros anjos.

Deus desborda de nossas cabeças e de nossos dogmas. Na verdade, como dizem os místicos, Deus não tem religião. Nós as inventamos para poder sobreviver quando nos encontramos com Ele. Caso contrário, morreríamos de tanto êxtase e beleza.

9. A narrativa cosmológica e a questão de Deus

As tradições religiosas e sapienciais da humanidade denominam Deus àquele princípio que tudo cria e ordena. A palavra Deus aponta para o inefável, para aquela Realidade que é antes da realidade. A rigor, sobre Deus não se pode dizer nada, porque todos os nossos conceitos e nossas palavras vêm depois e derivam do universo. E queremos falar d'Aquele que é antes do universo. Como?

Com razão dizem os que conhecem Deus por experiência, os místicos: ao falar de Deus, mais negamos do que afirmamos, proferimos mais falsidades do que verdades. Apesar disso, devemos falar d'Ele com reverência e unção, porque colocamos questões que somente apelando para a categoria Deus podem ser, palidamente, respondidas.

Na palavra Deus está contido o ilimitado de nossa representação e a utopia suprema de ordem, de harmonia, de consciência, de paixão e de sentido supremo que movem as pessoas e as culturas. A palavra Deus somente possui significado existencial se ela encaminhar os sentimentos humanos para essas dimensões, no modo infinito e de suprema plenitude.

O primeiro que fascina os cientistas é a constatação da harmonia e da beleza do universo. Tudo parece ter sido montado para que, da profundidade abissal de um oceano de energia primordial, devessem surgir as partículas elementares, depois a matéria ordenada, em seguida a matéria complexa que é a vida e, por fim, a matéria em sintonia completa de vibrações, formando uma suprema unidade holística: a consciência.

Como dizem os formuladores do princípio andrópico forte e fraco, Brandon Carter, Hubert Reeves e outros, como apresentamos anteriormente: se as coisas não tivessem ocorrido como ocorreram (a expansão/explosão, a formação das grandes estrelas vermelhas, as galáxias, as estrelas, os planetas etc.), não estaríamos aqui para

Cuidar da Terra — proteger a vida   317

falar tudo o que estamos falando. Quer dizer, para que pudéssemos estar aqui, foi necessário que todos os fatores cósmicos, em todos os 13,7 bilhões de anos, tivessem se articulado e convergido de tal forma que fosse possível a complexidade, a vida e a consciência. Caso contrário, nós não existiríamos nem estaríamos aqui para refletir sobre tais coisas.

Portanto, tudo está implicado com tudo: quando ergo uma caneta do chão, entro em contato com a força gravitacional que atrai ou faz cair todos os corpos do universo. Se, por exemplo, a densidade do universo, nos dez segundos após a expansão/explosão, não tivesse mantido seu nível crítico adequado, o universo jamais poderia ter-se constituído, a matéria e a antimatéria ter-se-iam anulado e não haveria coesão suficiente para a formação das massas e, assim, da matéria.

Constata-se uma minuciosa calibragem de medidas, sem as quais as estrelas jamais teriam surgido ou eclodido a vida no universo. Por exemplo, caso a interação nuclear forte (aquela que mantém a coesão dos núcleos atômicos) tivesse sido 1% mais forte, jamais se formaria o hidrogênio, que, combinado com o oxigênio, nos daria a água, imprescindível aos seres vivos. Se fosse aumentada, por um pouco apenas, a força eletromagnética (que confere coesão aos átomos e às moléculas e permite as ligações químicas), estaria descartada a possibilidade do surgimento da cadeia ADN e, assim, da produção e reprodução da vida.

Em cada coisa encontramos o todo, as forças interagindo, as partículas se articulando, a estabilização de matéria acontecendo, a abertura para novas relações se dando e a vida criando ordens cada vez mais sofisticadas. Sobre todas as coisas há a marca registrada da natureza, uma assinatura que transmite mensagens que nós podemos decifrar.

A verificação dessa ordem do universo faz surgirem nos cientistas, como em Einstein, Bohm, Hawking, Prigogine e outros, os

318 Leonardo Boff

sentimentos de assombro e de veneração. Há uma ordem implícita em todas as coisas. Ela é pervadida de consciência e de espírito desde o seu primeiro momento. Essa ordem implícita remete a uma Ordem suprema, a consciência e o espírito apontam para uma Consciência para além desse cosmos e um Espírito transcendente.

Como explicar a existência do ser? O que havia antes do universo inflacionário e antes do *big bang*? Sobre isso a ciência não tem nada a dizer. Ela parte do universo já constituído. Mas o cientista, como ser humano, não deixa de colocar tais questionamentos. Max Planck, o formulador da teoria quântica, bem escreveu: "A ciência não pode resolver o mistério derradeiro da natureza porque, em última análise, nós próprios somos parte da natureza e, consequentemente, do mistério que procuramos desvendar."

O silêncio da ciência não sufoca todas as palavras. Há ainda uma última palavra que vem de outro campo do conhecimento humano, da espiritualidade e das religiões. Nelas, conhecer não é distanciar-se da realidade para desnudá-la em suas partes. Conhecer é uma forma de amor, de participação e de comunhão. É a descoberta do todo para além das partes, da síntese aquém da análise. Conhecer significa descobrir-se dentro da totalidade, interiorizá-la e mergulhar dentro dela.

Na verdade, somente conhecemos bem o que amamos. David Bohm, renomado físico que foi também místico, asseverou: "Poderíamos imaginar o místico como alguém em contato com as espantosas profundezas da matéria ou da mente sutil, não importa o nome que lhe atribuamos."

Do assombro surgiu a ciência como esforço de decifração do código escondido de todos os fenômenos. Da veneração derivam a mística e a ética da responsabilidade. A ciência quer explicar o como existem as coisas. A mística se deixa extasiar pelo fato de que as coisas são e existem; ela venera Aquele que se revela e se vela atrás de cada coisa e do todo. Ela procura experimentá-lo e

Cuidar da Terra – proteger a vida   319

estabelecer uma comunhão com ele. O que é a matemática para o cientista é a meditação para o místico. O físico busca a matéria até a sua última divisão possível e sua capacidade derradeira de detecção, chegando aos campos energéticos e ao vácuo quântico. O místico capta a energia que se densifica em muitos níveis até sua suprema pureza em Deus.

Hoje mais e mais cientistas, sábios e místicos encontram-se no assombro e na veneração em face do universo. Ambos sabem que nascem de uma mesma experiência de base. Ambos apontam para a mesma direção: para o mistério da realidade, conhecido racionalmente pela ciência e experimentado emocionalmente pela espiritualidade e pela mística. Tudo converge no nome d'Aquele que é sem nome: Deus.

Como poderíamos traçar a imagem de Deus que irrompe da reflexão cosmológica contemporânea? Ela surge da cadeia de remetências que a investigação se obriga a fazer: da matéria os remetemos ao átomo, às partículas elementares; dessas, para o vácuo quântico. Esse é a última referência da razão analítica. Dele tudo sai e para ele tudo retorna. Ele é o oceano de energia, o continente de todos os possíveis conteúdos, de tudo o que pode acontecer. Talvez ele seja também o "grande atrator" cósmico, pois se percebe que o conjunto universo está sendo atraído para um ponto central misterioso.

Mas o vácuo pertence ainda à ordem do universo. O que se passou antes do tempo? O que havia antes do vácuo quântico? É a realidade intemporal, no absoluto equilíbrio de seu movimento, a totalidade de simetria perfeita, a energia sem fim e a força sem fronteiras.

Num "momento" de sua plenitude, Deus decide criar um espelho no qual pudesse ver-se a si mesmo, intenciona criar companheiros de sua vida e de seu amor. Criar é decair, quer dizer, permitir que surja algo que não seja Deus nem tenha as características exclusivas de Deus (plenitude, absoluta simetria, vida sem entropia, coexistência de todos os contrários). Algo decai daquela originária plenitude. Portanto, decadência tem aqui uma compreensão ontológica, e não ética.

Deus cria aquele pontinho, bilionesimamente menor do que um átomo, o vácuo quântico. Um fluxo incomensurável de energia é transferido para dentro dele. Aí estão todas as probabilidades e possibilidades em aberto. Vigora uma onda universal. O Observador supremo as observa e, com isso, faz com que algumas se materializem, se componham umas com as outras. As outras colapsam e voltam ao reino das probabilidades. Tudo se expande e, então, explode. Surge o universo em expansão. O *big bang*, mais do que um ponto de partida, é um ponto de instabilidade que permite, pelas relações (consciência), emergirem unidades holísticas e ordens cada vez mais entrelaçadas. O universo em formação é uma metáfora de Deus mesmo, uma imagem de sua potência de ser e de viver.

Se tudo no universo constitui uma teia de relações, se tudo está em comunhão com tudo, se a imagem de Deus se apresenta estruturada na forma de comunhão, é indício de que essa suprema Realidade seja fundamental e essencialmente também comunhão, vida em relação e amor supremo.

Ora, essa reflexão é testemunhada pelas instituições místicas e pelas tradições espirituais da humanidade. A essência da experiência judaico-cristã articula-se nesse eixo, de um Deus em comunhão com sua criação, de um Deus pessoal, de uma vida que se mostra em três Viventes; o Pai, o Filho e o Espírito Santo.

O princípio dinâmico de auto-organização do universo está agindo em cada uma das partes e no todo. Sem nome e sem imagem. Como dissemos acima, Deus é o nome que as religiões encontraram para tirá-lo do anonimato e inseri-lo na nossa consciência e na nossa celebração. É um nome de mistério, uma expressão de nossa reverência. Ele está no coração do universo. O ser humano o sente em seu coração na forma de entusiasmo (filologicamente, *entusiasmo* significa *ter um deus dentro*). Percebe-se integrado nele como filho e filha. Na experiência cristã, testemunha-se que Ele se acercou de nós, fez-se mendigo para estar perto de cada um. É o sentido espiritual da encarnação de Deus.

A ânsia fundamental humana não reside apenas em saber de Deus por ouvir dizer, mas quer experimentar Deus. Atualmente, é a mentalidade ecológica, especialmente a ecologia profunda, a que melhor abre espaço para semelhante experiência de Deus. Mergulha-se então naquele Mistério que tudo circunda, tudo penetra, por tudo resplende, tudo suporta e tudo acolhe.

Mas para aceder a Ele não há apenas um caminho e uma só porta. Essa é a ilusão ocidental, particularmente das igrejas cristãs, com sua pretensão de monopólio da revelação divina e dos meios de salvação.

Para quem um dia experimentou o mistério que chamamos Deus, tudo é caminho e cada ser se faz sacramento e porta para o encontro com Ele. A vida, apesar de suas tribulações e das difíceis combinações de caos e cosmos e de dimensões diabólicas e simbólicas, pode então se transformar numa festa e numa celebração. Ela será leve, porque cheia da mais alta significação.

CONCLUSÃO

A era da mão estendida

A leitura deste livro poderá ter suscitado nos leitores e nas leitoras não poucas angústias. E é bom que assim seja, pois são as angústias que nos tiram de nossa inércia, nos fazem pensar, ler, conversar, discutir e buscar novos caminhos. A tranquilidade em tempos maus como os nossos se afigura como uma irresponsabilidade. Cada um e todos devemos agir rapidamente e juntos, porque o tempo do relógio corre contra nós. Temos de nos mobilizar para definir um novo rumo para nossa vida neste planeta, caso queiramos continuar habitando nele.

Os tempos de abundância e comodidade pertencem ao passado. O que ocorreu não é uma simples crise, mas uma irreversibilidade. A Terra mudou de modo que não tem mais retorno e nós temos de mudar com ela. Começou o tempo da consciência da finitude de todas as coisas, também daquilo que nos parecia mais perene: a persistência da vitalidade da Terra, a continuidade do equilíbrio da biosfera e a imortalidade da espécie humana. Todas essas realidades estão experimentando um processo de caos. No início ele se apresenta destrutivo, deixando cair tudo que é acidental e meramente agregado, mas em seguida se revela criativo, dando forma nova ao que é perene e essencial para a vida.

Até agora vivíamos sob a era do punho cerrado para dominar, subjugar e destruir. Agora começa a era da mão estendida e aber-

324 Leonardo Boff

ta para se entrelaçar com outras mãos e, na colaboração e na solidariedade, construir "o bem viver comunitário" e o Bem Comum da Terra e da Humanidade.

Como os astrofísicos e os cosmólogos nos asseguram, o universo está ainda em gênese, em processo de expansão e de autocriação. Há uma Energia de Fundo que subjaz a todos os eventos, sustenta cada ser e ordena todas as energias para a frente e para cima rumo a formas cada vez mais complexas e conscientes. Nós somos uma emergência dessa Energia poderosa e amorosa.

Ela está sempre em ação, mas se mostra especialmente ativa em momentos de crise sistêmica, quando se acumulam as energias para provocar rupturas e possibilitar saltos de qualidade. É então que ocorrem as assim chamadas "emergências": algo novo, ainda não existente, mas contido nas virtualidades do Universo emerge no cenário da história.

Estimo que estejamos às portas de uma dessas "emergências". Será a fase planetária da consciência e a unificação da espécie humana reunida num único lugar: no planeta Terra, descoberto como nossa Mãe e nossa única Casa Comum.

Então nos identificamos como irmãos e irmãs que se sentam juntos à mesa, para conviver, cantar, comer, beber e desfrutar alegremente da generosidade dos frutos da Mãe Terra, depois de haver trabalhado de forma cooperativa e respeitosa da natureza.

Confirmaremos, em fim, a verdade dita pelo filósofo do Princípio Esperança, Ernst Bloch, que "o gênesis não está no começo, mas no fim".

Faço minhas as palavras do pai da ecologia americana, o antropólogo das culturas e teólogo, Thomas Berry: "Não nos faltarão nunca as energias necessárias para forjar o futuro. Vivemos, na verdade, imersos num oceano de Energia, maior do que podemos imaginar. Essa Energia nos pertence, não pela via da dominação, mas pela via da invocação."

Temos de invocar essa Energia de Fundo. Ela sempre está aí, disponível. Basta abrir-se a ela com a disposição de acolhê-la e de fazer as transformações que ela pede.

Pelo fato de ser uma Energia benfazeja e criadora, ela nos permite proclamar com o poeta Thiago de Mello, no meio dos impasses e das ameaças que pesam sobre nosso futuro: "Faz escuro, mas eu canto." Sim, cantaremos o advento dessa "emergência" nova para a Terra e para a Humanidade.

Porque amamos as estrelas não temos medo da noite escura. Lá se encontra nossa origem, pois somos feitos do pó das estrelas. Elas nos guiarão e nos farão novamente brilhar. Porque é para isso que emergimos neste planeta: para brilhar.

BIBLIOGRAFIA

Azevedo, M. Soares. *Mística islâmica*. Petrópolis: Vozes, 2000.

Boff, L. *A oração de São Francisco. Uma mensagem de paz para o tempo atual*. Petrópolis: Vozes, 2009.

_____*Ecologia: grito da Terra, grito dos pobres*. Rio de Janeiro: Sextante, 2003.

_____*Ethos mundial. Um consenso entre os humanos*. Rio de Janeiro: Sextante, 2003a (em espanhol, Madri: Trotta; Cidade do México: Dabar).

_____*Ética e espiritualidade*. Campinas: Verus, 2003.

_____*Ética e Moral. A busca dos fundamentos*. Petrópolis: Vozes, 2003b.

_____*Francisco de Assis: ternura e vigor*. Petrópolis: Vozes, 2009.

_____*Homem: satã ou anjo bom?*. Rio de Janeiro: Record, 2008 (em espanhol, Cidade do México: Dabar).

_____*Saber cuidar: ética do humano – compaixão pela Terra*. Petrópolis: Vozes, 1999 (em espanhol, Madri: Trotta).

_____*Virtudes para um outro mundo possível*, 3 vol. Petrópolis: Vozes, 2005-2006 (em espanhol, Santander: Sal Terrae).

Boff, L.; Hathaway, M. *The Tao of Liberation. Exploring the Ecology of Transformation*. Nova York: Orbis Books, 2010.

Capra, F.; Steindal-Rast, D. *Pertencendo ao universo*. São Paulo: Cultrix, 1993.

Carta de la Tierra. Valores y principios para un futuro sostenible. San José de Costa Rica: Secretaria Internacional del Proyecto Carta de la Tierra, 1999.

Chinn, P.L. *Anthology on Caring*. Nova York: Nation League of Nursing Press, 1991.

Damásio, A. *O erro de Descartes*. São Paulo: Companhia das Letras, 1996.

Duarte, J.F. *O sentido dos sentidos*. Curitiba: Edições Criar, 2004.

328 Leonardo Boff

Dupuy, J.-P. *Ordres et Désordres, Essai sur un nouveau paradigme*. Paris: Seuil, 1982.

Dussel, E. *Ética comunitária*. Petrópolis: Vozes, 1986.

_____*Ética de la liberación en la edad de la globalización y de la exclusión*. Madri: Trotta, 1998 (em português, Petrópolis: Vozes, 2000).

Ehrlich, P.R. *O mecanismo da natureza*. São Paulo, Campus, 1993.

Fontes Clarianas e Franciscanas. Petrópolis: Vozes, 2005.

Fry, S.T. "The Philosophical Foundations of Caring", in M.M. Leininger (ed.). *Ethical and Moral Dimensions of Care*. Detroit: Wayne State University Press, 1990.

_____*A Global Agenda for Caring*. Nova York: National League for Nursing Press, 1993, pp. 175-179.

Garaudy, R. *Promessas do Islã*. Rio de Janeiro: Nova Fronteira, 1988.

Georgescu-Roegen, N. *The Promethean Destiny*. Nova York: Penguin Books, 1987.

Gleick, J. *Chaos: Making a New Science*. Nova York: Penguin Books. 1988.

Golemann, D. *A inteligência emocional*. Rio de Janeiro: Objetiva, 1995.

Gore, A. *Wege zum GleichgewichtI*. Frankfurt: S. Fischer, 1992.

Goswami, A. *O universo autoconsciente*. Rio de Janeiro: Rosa dos Tempos, 1998.

Haussmann, G. *L'uomo simbionte*. Firenze: Vellecchi Editore, 1992.

Hawking, S. *Uma breve história do tempo*. Rio de Janeiro: Rocco, 1988.

Heidegger, M. *Ser e tempo, Parte I*. Petrópolis: Vozes, 1989.

Huntington, P.S. *O choque de civilizações*. Rio de Janeiro: Objetiva, 1997.

Jomier, J. *Islamismo. História e doutrina*. Petrópolis: Vozes, 1993.

Küng, H. *O princípio de todas as coisas*. Petrópolis: Vozes, 2007.

_____*Projekt Weltethos*. Munique-Zurique: Piper, 1997 (em português, São Paulo, Paulinas, 1991).

_____*Weltethos für Weltpolitik und Weltwirtschaft*. Munique-Zurique: Piper, 1997 (em português, Petrópolis: Vozes, 2001).

Leininger, M.M.; Watson, J. *The Caring Imperative in Education*. Nova York: Nation League for Nursing, 1990.

Lima Vaz, H.C. *Ética e cultura. Escritos de Filosofia II*. São Paulo: Loyola, 1993.

Cuidar da Terra – proteger a vida   329

Lovelock, J. *A vingança de Gaia*. Rio de Janeiro: Intrínseca, 2006.

_____*As eras de Gaia. A biografia da nossa Terra viva*. São Paulo: Campus, 1991.

_____*Gaia: um novo olhar sobre a vida na Terra*. Lisboa: Edições 70, 1989.

Luchesi, M. *Caminhos do Islã*. Rio de Janeiro: Record, 2002.

Lutzenberger, J. *Gaia, o planeta vivo*. Porto Alegre: L&PM, 1990.

Maffesoli, M. *Elogio da razão sensível*. Petrópolis: Vozes: 1998.

Margulis, L. *Microcosmos. Quatro bilhões de anos de evolução microbiana*. Lisboa: Edições 70, 1990.

Massoud, Z. *Terre vivante*. Paris: Odile Jacob, 1992.

Mayeroff, M. *On Caring*. Nova York: Harper Perennial, 1971.

Moltmann, J. "Die Erde und die Menschen. Zumtheologischen Verständnis der Gaja-Hipothese", in *Evangelische Theologie*, Göttingen, n° 53, 1993.

Moltmann-Wendel, E. "Gott und Gaia, Rückehr zur Erde", in *Evangelische Theologie*, Göttingen, n° 53, 1993.

Monod, Th. *Et si l'aventure humaine devait échouer?* Paris: Grasset, 2000.

Montgomery, W. et al. *Le grandi figure dell'Islam*. Assisi: Cittadella Editrice, 1986.

Morse, J.M. et al. "Concepts of Caring and Caring As a Concept", in *Advances in Nursing Science*, v. 13, n° 1, 1990, pp. 1-14.

Neuman, E.; Kerény K. *La Terra Madre e Dea. Sacralitàdella natura che ci fa viverel*. Como: Red Edizioni, 1989.

Noddings, N. *Caring: a Feminine Approach to Ethics and Moral Education*. Berkeley: University of California Press, 1984.

O'Muchu, D. *Evolutionary Faith. Rediscovering God in Our Great Story*. Nova York: Orbis Books, 2002.

Oliveira, M. *Desafios éticos da globalização*. São Paulo: Paulinas, 2001.

Pace, E. *Sociologia do Islã*. Petrópolis: Vozes, 2005.

Prigogine, Y. *Order out of Chaos*. Londres: Heinemann, 1984.

_____*Self organization in Non Equilibrium*. Nova York: Wiley-Interscience, 1977.

330 Leonardo Boff

Rossi, M.J.S. "O curar e o cuidar — A história de uma relação", in *Revista Brasileira de Enfermagem*, Brasília, v. 44, n° 1, 1991, pp. 16-21.

Ruether, R.R. *Gaia and God*. San Francisco: Harper San Francisco, 1992.

Rûmî. *Fihi-Ma-Fihi. O livro interior*. São Paulo: Dervish, 1993.

_____*Masnavi*. São Paulo: Dervish, 1992.

_____*Poemas místicos — Divan de Shams de Tabriz*. São Paulo: Attar, 1996.

_____*Rubayat. Canzone d'amore per Dio*. Torino: Piero Gribaudi Editore, 1991.

Sahtouris, E. *Gaia: the Human Journey from Chaos to Cosmos*. Nova York: Pocket Books, 1989.

Swedish, M. *Living Beyond the "End of the World"*. Nova York, Orbis Books, 2008.

Taha, M. *Um Islam à vocation libératrice*. Paris: Harmattan, 2002.

Toolan, D. *At Home in the Cosmos*. Nova York: Orbis Books, 2001.

Torralba i Roselló, F. A*ntropología del Cuidar*. Barcelona: Fundación Mapfre Medicina, 1998.

Waldow, V.R. *Cuidado Humano — Resgate necessário*. Porto Alegre: Sagra Luzzatto, 1998.

Ward, P. *O fim da evolução: extinções em massa e a preservação da biodiversidade*. Rio de Janeiro: Campus, 1997.

White, F. *The Overview Effect*. Boston: Houghton Mifflin, 1987.

Wilson, E.O. *A Criação: como salvar a vida na Terra*. São Paulo: Companhia das Letras, 2008.

_____*O futuro da vida*. Rio de Janeiro: Campus, 2002.

OUTRAS OBRAS DO AUTOR

Jesus Cristo libertador. 19ª edição. Petrópolis: Vozes, 1972.

Die Kirche als Sakrament im Horizont der Welterfahrung. Paderborn: Verlag Bonifacius-Druckerei, 1972 (edição esgotada).

A nossa ressurreição na morte. 10ª edição. Petrópolis: Vozes, 1972.

Vida para além da morte. 23ª edição. Petrópolis: Vozes, 1973.

O destino do homem e do mundo. 11ª edição. Petrópolis: Vozes, 1973.

Atualidade da experiência de Deus. Petrópolis: Vozes, 1974 (edição esgotada). Reeditado sob o título *Experimentar Deus hoje.* 4ª edição. Campinas: Verus, 2002.

Os sacramentos da vida e a vida dos sacramentos. 26ª edição. Petrópolis: Vozes, 1975.

A vida religiosa e a igreja no processo de libertação. 2ª edição. Petrópolis: Vozes/CNBB, 1975 (edição esgotada).

Graça e experiência humana. 6ª edição. Petrópolis: Vozes, 1976.

Teologia do cativeiro e da libertação. Lisboa: Multinova, 1976. Reeditado pela Vozes em 1998 (6ª edição).

Natal: a humanidade e a jovialidade de nosso Deus. 4ª edição. Petrópolis: Vozes, 1976. Edição atualizada em 2000 (7ª edição).

Paixão de Cristo, paixão do mundo. 6ª edição. Petrópolis: Vozes, 1977.

A fé na periferia do mundo. 4ª edição. Petrópolis: Vozes, 1978 (edição esgotada).

Via sacra da justiça. 4ª edição. Petrópolis: Vozes, 1978 (edição esgotada).

O rosto materno de Deus. 10ª edição. Petrópolis: Vozes, 1979.

O Pai-Nosso. A oração da libertação integral. 11ª edição. Petrópolis: Vozes, 1979.

Da libertação. O teológico das libertações sócio-históricas. 4ª edição. Petrópolis: Vozes, 1976 (edição esgotada).

O caminhar da Igreja com os oprimidos. Rio de Janeiro: Codecri, 1980 (edição esgotada). Reeditado pela Vozes em 1998 (2ª edição).

A Ave-Maria. O feminino e o Espírito Santo. 8ª edição. Petrópolis: Vozes, 1980.

Libertar para a comunhão e participação. Rio de Janeiro: CrB, 1980 (edição esgotada).

Vida segundo o Espírito. Petrópolis: Vozes, 1981. Reedição modificada pela Verus em 2002, sob o título *Crise, oportunidade de crescimento* (3ª edição).

Francisco de Assis – ternura e vigor. 11ª edição. Petrópolis: Vozes, 1981.

Via-sacra da ressurreição. Petrópolis: Vozes, 1982. Reeditado pela Verus em 2003 sob o título *Via-sacra para quem quer viver* (2ª edição).

Mestre Eckhart: a mística do ser e do não ter. Petrópolis: Vozes, 1983. Reeditado sob o título *O livro da Divina Consolação* (6ª edição).

Do lugar do pobre. 3ª edição. Petrópolis: Vozes, 1984. Reedição revista pela Verus em 2003 sob os títulos *Ética e eco-espiritualidade* (2ª edição) e *Novas formas da Igreja: o futuro de um povo a caminho* (2ª edição).

Teologia à escuta do povo. Petrópolis: Vozes, 1984 (edição esgotada).

Como pregar a cruz hoje numa sociedade de crucificados. Petrópolis: Vozes, 1984. Reeditado pela Verus em 2004, sob o título *A cruz nossa de cada dia* (2ª edição).

Teologia da libertação no debate atual. Petrópolis: Vozes, 1985 (edição esgotada).

Francisco de Assis. Homem do paraíso. 4ª edição. Petrópolis: Vozes, 1985.

A Trindade, a sociedade e a libertação. 5ª edição. Petrópolis: Vozes, 1986.

Como fazer Teologia da Libertação? 9ª edição. Petrópolis: Vozes, 1986.

Die befreiende Botschaft. Herder: Freiburg, 1987.

A Santíssima Trindade é a melhor comunidade. 10ª edição. Petrópolis: Vozes, 1988.

Nova evangelização: a perspectiva dos pobres. Petrópolis: Vozes, 1990 (edição esgotada).

La missión del teólogo en la Iglesia. Verbo Divino: Estella, 1991.

Leonardo Boff. Seleção de textos espirituais. Petrópolis: Vozes, 1991 (edição esgotada).

Leonardo Boff. Seleção de textos militantes. Petrópolis: Vozes, 1991 (edição esgotada).

Con la libertad del Evangelio. Madrid: Nueva Utopia, 1991.

América Latina: da conquista à nova evangelização. São Paulo: Ática, 1992.

Mística e espiritualidade (com frei Betto). 4ª edição. Rio de Janeiro: Rocco, 1994. Reedição revista e ampliada pela Garamond em 2005 (6ª edição).

Nova Era: a emergência da consciência planetária. 2ª edição. São Paulo: Ática, 1994. Reeditado pela Sextante em 2003 sob o título *Civilização planetária, desafios à sociedade e ao cristianismo.*

Je m'explique. Paris: Desclée de Brower, 1994.

Ecologia – grito da terra, grito dos pobres. 3ª edição. São Paulo: Ática, 1995. Reeditado pela Sextante em 2004.

Princípio Terra. A volta à Terra como pátria comum. São Paulo: Ática, 1995 (edição esgotada).

Igreja: entre norte e sul (org.). São Paulo: Ática, 1995 (edição esgotada).

A Teologia da Libertação: balanços e perspectivas (com José Ramos Regidor e Clodóvis Boff). São Paulo, Ática, 1996 (edição esgotada).

Brasa sob cinzas. 5ª edição. Rio de Janeiro: Record, 1996.

A águia e a galinha: uma metáfora da condição humana. 46ª edição. Petrópolis: Vozes, 1997.

Espírito na saúde (com Jean-Yves Leloup, Pierre Weil e Roberto Crema). 7ª edição. Petrópolis: Vozes, 1997.

Os terapeutas do deserto. De Filon de Alexandria e Francisco de Assis a Graf Dürckheim (com Jean-Yves Leloup). 11ª edição. Petrópolis: Vozes, 1997.

O despertar da águia: o dia-bólico e o sim-bólico na construção da realidade. 20ª edição. Petrópolis: Vozes, 1998.

Das Prinzip Mitgefühl. Texte für eine bessere Zukunft. Herder: Freiburg, 1998.

Saber cuidar. Ética do humano – compaixão pela Terra. 15ª edição. Petrópolis: Vozes, 1999.

A oração de São Francisco: uma mensagem de paz para o mundo atual. 9ª edição. Rio de Janeiro: Sextante, 1999. Reeditado pela Vozes em 2009.

Depois de 500 anos: que Brasil queremos? 3ª edição. Petrópolis: Vozes, 2000 (edição esgotada).

Voz do arco-íris. 2ª edição. Brasília: Letraviva, 2000. Reeditado pela Sextante em 2004.

Tempo de transcendência. O ser humano como um projeto infinito. 4ª edição. Rio de Janeiro: Sextante, 2000 (edição esgotada).

Espiritualidade. Um caminho de transformação. 3ª edição. Rio de Janeiro: Sextante, 2001.

Princípio de compaixão e cuidado (em colaboração com Werner Müller). 3ª edição. Petrópolis: Vozes, 2001.

Globalização: desafios socioeconômicos, éticos e educativos. 3ª edição. Petrópolis: Vozes, 2001.

O casamento entre o Céu e a Terra. Contos dos povos indígenas do Brasil. Rio de Janeiro: Salamandra, 2001.

Fundamentalismo: a globalização e o futuro da humanidade. Rio de Janeiro: Sextante, 2002 (edição esgotada).

Feminino e masculino: uma nova consciência para o encontro das diferenças (com Rose Marie Muraro). 5ª edição. Rio de Janeiro: Sextante, 2002. Reeditado pela Record em 2010.

Do iceberg à Arca de Noé: o nascimento de uma ética planetária. 2ª edição. Rio de Janeiro: Garamond, 2002.

Terra América: imagens (com Marco Antonio Miranda). Rio de Janeiro: Sextante, 2003 (edição esgotada).

Ética e moral: a busca dos fundamentos. 4ª edição. Petrópolis: Vozes, 2003.

O Senhor é meu pastor: consolo divino para o desamparo humano. 3ª edição. Rio de Janeiro: Sextante, 2004. Reeditado pela Vozes em 2009.

Ética e eco-espiritualidade. 2ª edição. São Paulo: Verus, 2004 (edição revista de *Do lugar do pobre e da Igreja se fez povo*, Vozes, 1984 e 1986, respectivamente).

Novas formas da Igreja: o futuro de um povo a caminho. 2ª edição. São Paulo: Verus, 2004 (edição revista de *Do lugar do pobre e da Igreja se fez povo*, Vozes, 1984 e 1986, respectivamente).

Responder florindo. Rio de Janeiro: Garamond, 2004.

Igreja, carisma e poder. Rio de Janeiro: Record, 2005.

São José: a personificação do Pai. 2ª edição. Campinas: Verus, 2005.

Virtudes para um outro mundo possível vol. I – Hospitalidade: direito e dever de todos. Petrópolis: Vozes, 2005.

Virtudes para um outro mundo possível vol. II – Convivência, respeito e tolerância. Petrópolis: Vozes, 2006.

Virtudes para um outro mundo possível vol. III – Comer e beber juntos e viver em paz. Petrópolis: Vozes, 2006.

A força da ternura. Pensamentos para um mundo igualitário, solidário, pleno e amoroso. 3ª edição. Rio de Janeiro: Sextante, 2006.

Ovo da esperança: o sentido da festa da Páscoa. Rio de Janeiro: Mar de Idéias, 2007.

Masculino, feminino: experiências vividas (com Lucia Ribeiro). Rio de Janeiro: Record, 2007.

Sol da esperança. Natal: histórias, poesias e símbolos. Rio de Janeiro: Mar de Idéias, 2007.

Eclesiogênese. A reinvenção da Igreja. Rio de Janeiro: Record, 2008.

Ecologia, mundialização e espiritualidade. Rio de Janeiro: Record, 2008.

Evangelho do Cristo Cósmico. Rio de Janeiro: Record, 2008.

Homem: satã ou anjo bom. Rio de Janeiro: Record, 2008.

Mundo eucalipto (com José Roberto Scolforo). Rio de Janeiro: Mar de Idéias, 2008.

Ethos mundial. Rio de Janeiro: Record, 2009.

Ética da vida. Rio de Janeiro: Record, 2009.

A opção Terra. Rio de Janeiro: Record, 2009.

Cuidar da Terra, proteger a vida. Como evitar o fim do mundo. Rio de Janeiro: Record, 2010.

Este livro foi composto na tipologia
Rotis Serif, em corpo 11/15,6 e impresso em
papel off-white 80g/m² no Sistema Cameron da
Divisão Gráfica da Distribuidora Record.